Johannes Orlob

Untersuchungen zu Tensorprodukten von Moduln symmetrischer Gruppen

Johannes Orlob

Untersuchungen zu Tensorprodukten von Moduln symmetrischer Gruppen

Theoretische und rechnerische Ergebnisse

Südwestdeutscher Verlag für Hochschulschriften

Impressum/Imprint (nur für Deutschland/ only for Germany)
Bibliografische Information der Deutschen Nationalbibliothek: Die Deutsche Nationalbibliothek verzeichnet diese Publikation in der Deutschen Nationalbibliografie; detaillierte bibliografische Daten sind im Internet über http://dnb.d-nb.de abrufbar.

Alle in diesem Buch genannten Marken und Produktnamen unterliegen warenzeichen-, marken- oder patentrechtlichem Schutz bzw. sind Warenzeichen oder eingetragene Warenzeichen der jeweiligen Inhaber. Die Wiedergabe von Marken, Produktnamen, Gebrauchsnamen, Handelsnamen, Warenbezeichnungen u.s.w. in diesem Werk berechtigt auch ohne besondere Kennzeichnung nicht zu der Annahme, dass solche Namen im Sinne der Warenzeichen- und Markenschutzgesetzgebung als frei zu betrachten wären und daher von jedermann benutzt werden dürften.

Verlag: Südwestdeutscher Verlag für Hochschulschriften Aktiengesellschaft & Co. KG
Dudweiler Landstr. 99, 66123 Saarbrücken, Deutschland
Telefon +49 681 37 20 271-1, Telefax +49 681 37 20 271-0
Email: info@svh-verlag.de
Zugl.: Aachen, RWTH, Diss., 2009

Herstellung in Deutschland:
Schaltungsdienst Lange o.H.G., Berlin
Books on Demand GmbH, Norderstedt
Reha GmbH, Saarbrücken
Amazon Distribution GmbH, Leipzig
ISBN: 978-3-8381-1852-9

Imprint (only for USA, GB)
Bibliographic information published by the Deutsche Nationalbibliothek: The Deutsche Nationalbibliothek lists this publication in the Deutsche Nationalbibliografie; detailed bibliographic data are available in the Internet at http://dnb.d-nb.de.

Any brand names and product names mentioned in this book are subject to trademark, brand or patent protection and are trademarks or registered trademarks of their respective holders. The use of brand names, product names, common names, trade names, product descriptions etc. even without a particular marking in this works is in no way to be construed to mean that such names may be regarded as unrestricted in respect of trademark and brand protection legislation and could thus be used by anyone.

Publisher: Südwestdeutscher Verlag für Hochschulschriften Aktiengesellschaft & Co. KG
Dudweiler Landstr. 99, 66123 Saarbrücken, Germany
Phone +49 681 37 20 271-1, Fax +49 681 37 20 271-0
Email: info@svh-verlag.de

Printed in the U.S.A.
Printed in the U.K. by (see last page)
ISBN: 978-3-8381-1852-9

Copyright © 2010 by the author and Südwestdeutscher Verlag für Hochschulschriften Aktiengesellschaft & Co. KG and licensors
All rights reserved. Saarbrücken 2010

Inhaltsverzeichnis

Einleitung		**iii**
1	**Grundlagen**	**1**
	1.1 Allgemeine Grundlagen der Darstellungstheorie	2
	1.2 Modulare Systeme	5
	1.3 Moduln über Gruppenalgebren	7
	1.4 Greenkorrespondenz	9
	1.5 Modul mit trivaler Quelle	10
	1.6 Darstellungstheorie symmetrischer Gruppen	13
2	**Tensorprodukte von Youngmoduln**	**17**
	2.1 Youngmoduln	18
	2.2 Darstellungsring	21
	2.3 Youngring	27
	2.4 Verallgemeinertes Signum	32
	2.5 Auswertung innerer Produkte	38
	2.6 Greenkorrespondenz und Tensorprodukte	39
3	**Spezielle Produkte**	**45**
	3.1 Tensorprodukte des natürlichen Moduls	46
	3.2 Haupt-Spinmodul	56
	3.3 Zyklischer Defekt	66
	3.4 Projektive Summanden	71
4	**Kohomologie**	**77**
	4.1 Eigenschaften von Ext_A^n	77
	4.2 Angewandte Methoden und Kniffe	79
	4.3 Rechnerische Ergebnisse	83
	4.3.3 $\mathbb{F}_9 \mathcal{A}_6$	85
	4.3.4 $\mathbb{F}_3 \mathcal{S}_6$ & $\mathbb{F}_3 \hat{\mathcal{S}}_6$	85
	4.3.5 $\mathbb{F}_9 \mathcal{A}_7$	86
	4.3.6 $\mathbb{F}_3 \mathcal{S}_7$ & $\mathbb{F}_3 \hat{\mathcal{S}}_7$	86
	4.3.7 $\mathbb{F}_9 \mathcal{A}_8$	87
	4.3.8 $\mathbb{F}_3 \mathcal{S}_8$ & $\mathbb{F}_9 \hat{\mathcal{S}}_8$	87
	4.3.9 $\mathbb{F}_3 \mathcal{S}_{10}$	88
	4.3.10 $\mathbb{F}_3 \mathcal{S}_{11}$	89
	4.3.11 $\mathbb{F}_9 L_3(4)$	91

		4.3.12	$\mathbb{F}_9 U_3(5)$	91
		4.3.13	$\mathbb{F}_3 M_{11}$	92
		4.3.14	$\mathbb{F}_9 M_{22}$	92
		4.3.15	$\mathbb{F}_9 M_{23}$	93
		4.3.16	$\mathbb{F}_3 HS$	94
	4.4	Theoretische Ergebnisse		95

A Spezies verallgemeinerter Youngringe   **101**
    A.1 Verallgemeinerte Youngringe 101
    A.2 Praktisches Vorgehen 104
    A.3 Tafeln in Charakteristik 3 106

B Konstituenten von sgn_n^q   **113**
    B.1 Theoretische Ergebnisse zu sgn_n^q 113
    B.2 Tabellen 121

Einleitung

Gebiete der Arbeit

Endliche Gruppen sind zunächst abstrakt gegebene algebraische Objekte. Sie kommen nicht nur in der Algebra und in vielen anderen Zweigen der Mathematik, sondern auch in anderen Wissenschaften, wie Chemie oder Physik, vor. Mit der Darstellungstheorie endlicher Gruppen versucht man, diese abstrakten Objekte anhand von konkreten Realisierungen zu untersuchen. Eine Möglichkeit einer Realisierung sind Matrixdarstellungen einer endlichen Gruppe G. Dabei ist eine Matrixdarstellung von G vom Grad n ein Gruppenhomomorphismus

$$D: G \to \mathrm{Gl}_n(k)$$

von der Gruppe G nach $\mathrm{Gl}_n(k)$, der Gruppe der invertierbaren $n \times n$-Matrizen über einem Körper k. Ein Grundproblem in der Darstellungstheorie ist die Klassifikation der elementaren Bausteine, der sogenannten irreduziblen Darstellungen, aus denen sich die Darstellungen einer Gruppe zusammensetzen. Zudem möchte man auch möglichst viele Eigenschaften der irreduziblen Darstellungen, wie zum Beispiel ihre Grade, kennen.

Die Darstellungstheorie einer endliche Gruppe G über einem Körper k lässt sich dabei in zwei wesentlich verschiedene Fälle einteilen. Nämlich ob die Charakteristik des zugrunde liegenden Körpers teilerfremd zur Ordnung der Gruppe ist oder nicht. Im ersten Fall lassen sich fast alle gewünschten Informationen einer Matrixdarstellung durch die entsprechende Spurabbildung, auch Charakter der Darstellung genannt, gewinnen. Der zweite Fall gestaltet sich im Allgemeinen wesentlich schwieriger. Dieser Zweig der Darstellungstheorie endlicher Gruppen wird auch modulare Darstellungstheorie genannt.

Zu einer gegebenen Gruppe G kann man man auf verschiedene Weise Darstellungen erhalten. Eine wichtige Klasse sind Matrix-Permutationsdarstellungen. Eine solche Darstellung erhält man aus der Operation der Gruppe G auf den Nebenklassen zu einer Untergruppe. Eine weitere Möglichkeit neue Darstellungen zu gewinnen, ist das Kronecker-Produkt zweier Darstellungen zu bilden. Hat die Gruppe G eine treue Darstellung D, so lassen sich nach einem Ergebnis, das auf Burnside zurückgeht, alle irreduziblen Darstellungen als Kompositionsfaktoren von endlich vielen iterierten Kronecker-Produkten von D realisieren. Dies ist oft auch in der Praxis eine hilfreiche Methode, um aus einer kleinen treuen Darstellung weitere irreduzible Darstellungen einer Gruppe zu konstruieren. Produkte von Darstellungen treten auch in vielen anderen Fragestellungen in der Darstellungstheorie auf.

Obwohl Kronecker-Produkte von Darstellungen schon lange bekannt sind und auch häufig in der Darstellungstheorie vorkommen, ist im Allgemeinen relativ wenig über deren Struktur bekannt. Eine der ersten nahe liegenden Fragen zu der Struktur eines solchen Produktes lautet: Was sind die Kompositionsfaktoren eines Produktes zweier Darstellungen? Man kann in gewissen Fällen schon einige Aussagen über die Kompositionsfaktoren solcher Produkte treffen, eine generelle Antwort auf diese Frage ist bisher nicht bekannt.

Ist die Charakteristik des Körpers Null, so kann man statt des Kronecker-Produktes zweier Darstellungen das Produkt der entsprechenden Charaktere betrachten. Doch über das Produkt von Charakteren ist generell nur sehr wenig bekannt. Viele weiter und tiefer gehende Fragen zu der Struktur von Produkten von Darstellungen sind im Allgemeinen nur äußerst schwierig zu beantworten.

Über diese Arbeit

Die symmetrischen Gruppen stellen eine Klasse von endlichen Gruppen dar, deren Darstellungstheorie relativ weit entwickelt ist. Diese Klasse von Gruppen wird daher oft herangezogen, um allgemeine Vermutungen in der Darstellungstheorie endlicher Gruppen zu überprüfen. Zudem bieten sie sich auch zur Betrachtung von Beispielen zu strukturellen Untersuchungen an. Über einem Körper der Charakteristik Null sind sämtliche einfachen Darstellungen dieser Gruppen klassifiziert. Sie lassen sich anhand von Partitionen parametrisieren. Weiter lassen sich mit dieser Parametrisierung auch die jeweiligen Dimensionen der einfachen Darstellungen bestimmen. Im modularen Fall ist zwar eine Parametrisierung der einfachen Darstellungen bekannt, ihre Dimensionen sind aber im Allgemeinen unbekannt.

In Charakteristik Null wird schon seit langer Zeit in vielen Arbeiten der Frage nach den irreduziblen Konstituenten eines Produkt zweier irreduzibler gewöhnlicher Charaktere symmetrischer Gruppen nachgegangen. Exemplarisch seien hier die Arbeiten von Littlewood [46] und Murnaghan [54] genannt. Es gibt zwar einige Ergebnisse zu diesem Problem, aber einen zufriedenstellenden Algorithmus, mit dem man die Konstituenten des Produktes zweier gegebener irreduzibler Charaktere bestimmen kann, ist bis heute noch nicht gefunden worden.

Im modularen Fall sind Tensorprodukte von Moduln noch wenig erforscht. Viele dieser Produkte lassen sich meist nur auf eine individuelle Art und Weise untersuchen. Im Allgemeinen ist wohl keine einheitliche Herangehensweise bei der Analyse der Struktur solcher Produkte zu erwarten. Es gibt einige isolierte Resultate zu Tensorprodukten einfacher Moduln. Wir wollen an dieser Stelle auf zwei interessante Ergebnisse aufmerksam machen. Aus der Arbeit [8] von Bessenrodt und Kleshchev ist bekannt, dass es einfache Produkte zweier einfacher Moduln, deren Dimension größer als eins ist, nur über einem Körper der Charakteristik zwei geben kann. Zudem werden dort auch noch weitere notwendige Bedingungen für die Existenz solcher Produkte angegeben. Ist die Charakteristik des Körpers ungerade, so kann man das Produkt eines einfachen Moduls mit dem Modul zur Signumsdarstellung betrachten. Dies ist wieder ein einfacher Modul. In [22] haben Ford und Kleshchev einen Beweis zu einer Vermutung von Mullineux angegeben. Diese Vermutung besagt, dass man diese Tensorprodukte mit Hilfe der sogenannten Mullineux-Abbildung beschreiben kann.

Um Einblicke in die Struktur von Tensorprodukten von Moduln symmetrischer Gruppen zu bekommen, ist eine Betrachtung von Beispielen ein erster Schritt. Ein Problem dabei ist aber die Berechnung von nicht-trivialen Beispielen. Im Allgemeinen ist es fast unmöglich, interessante Tensorprodukte per Hand zu bestimmen, da diese durch ihre schiere Größe nicht mehr handhabbar sind. Man kann zwar auch im modularen Fall mittels Brauercharakteren die Kompositionsfaktoren solcher Produkte bestimmen, aber weitere Informationen über die Struktur solcher Produkte erhält man auf diese Weise nicht.

Hier kann man mit Methoden der computergestützten Darstellungstheorie ansetzen. Programme zum Rechnen mit Charakteren und eine Fülle von Charaktertafeln vieler endlicher Gruppen stellt das Computeralgebrasystem **GAP**, [23], zur Verfügung. Zur expliziten Behandlung von Matrixdarstellungen auf einem Rechner haben Richard Parker und Jon Thackray Anfang der achtziger Jahre des zwanzigsten Jahrhunderts eine Sammlung von Computermethoden entwickelt, die sogenannte **MeatAxe**, [59]. Mit

Einleitung

ihr ist es möglich, die Struktur von Moduln durch eine Matrixdarstellung auf einem Computer praktisch zu untersuchen, natürlich nur solange diese Darstellungen für den Rechner auch zu bewältigen sind. Zum Beispiel kann man mit der **MeatAxe** Kompositionsfaktoren einer Matrixdarstellung finden. Seitdem haben auch noch einige andere Personen zur Erweiterung der **MeatAxe** durch zusätzliche Programme beigetragen. Michael Ringe hat eine C-Implementierung der **MeatAxe** umgesetzt, [62], die auch für den praktischen Teil dieser Arbeit verwendet wurde. Magdolna Szöke hat für die **MeatAxe** Methoden entwickelt und implementiert, mit denen man die Zerlegung von Moduln in unzerlegbare Moduln bestimmen kann, man siehe [67]. Mit diesen und weiteren Methoden der rechnergestützten Darstellungstheorie sind wir in der Lage, nicht-triviale Beispiele zur Untersuchung von Tensorprodukten von Darstellungen zu betrachten, deren Bestimmung mit Stift und Papier ein aussichtsloses, wenn nicht gar unmögliches Unterfangen darstellt.

Das Ziel dieser Arbeit ist es, Aussagen über die Struktur von Tensorprodukten von Moduln symmetrischer Gruppen zu machen. Dabei werden wir solche Produkte unter verschiedenen Aspekten betrachten. Insbesondere steht bei den meisten Untersuchungen die direkte Zerlegung der Produkte in unzerlegbare Summanden im Mittelpunkt. Wir wollen dabei auch bestimmte unzerlegbare Summanden mit gewissen Eigenschaften näher betrachten. Hauptsächlich werden wir uns auf die Analyse von Tensorprodukten einfacher Moduln sowie Moduln zweier weiterer Klassen von unzerlegbaren Moduln, nämlich Youngmoduln und verallgemeinerte Youngmoduln, beschränken. Diese Beschränkungen haben einen praktischen und auch einen theoretischen Hintergrund. Zum einen sind die einfachen Moduln von der Dimension relativ kleine Moduln, und somit ist die Handhabung ihrer Produkte mit dem Rechner eher zu gewährleisten. Zum anderen kann man bei Youngmoduln und verallgemeinerten Youngmoduln schon viel mit Hilfe ihrer gewöhnlichen Charaktere über deren Struktur aussagen. Dies ist für die Praxis, aber auch für theoretische Belange von Vorteil. Eine alternative Möglichkeit zur expliziten Betrachtung von Tensorprodukten von Moduln bietet der Darstellungsring einer Gruppe. Manche Eigenschaften dieses Ringes lassen Rückschlüsse auf Tensorprodukte von Moduln zu. Deshalb wollen wir in dieser Arbeit auch bestimmte Unterringe der Darstellungsringe symmetrischer Gruppen und deren Algebrenhomomorphismen behandeln. In dieser Arbeit wollen wir Muster und Phänomene, die bei der Betrachtung berechneter Beispiele beobachtet wurden, theoretisch beweisen. Dabei werden auch die in [58] berechneten Ergebnisse für die Beobachtungen genutzt. Weiter wollen wir einige im Zuge dieser Arbeit berechneten Beispiele und rechnerischen Ergebnisse vorstellen.

Inhalte der Kapitel

Das erste Kapitel befasst sich mit Grundlagen aus der allgemeinen modularen Darstellungstheorie endlicher Gruppen und im Speziellen mit Grundlagen aus der Darstellungstheorie symmetrischer Gruppen. Da Moduln mit trivialer Quelle in dieser Arbeit eine wesentliche Rolle spielen, werden wir auf diese Klasse von Moduln etwas näher eingehen.

Tensorprodukte von Youngmoduln sind das zentrale Thema des zweiten Kapitels. Wir werden den Unterring im Darstellungsring zu einer symmetrischen Gruppe betrachten, der von den Youngmoduln erzeugt wird. Wir werden hierbei die Spezies dieses Ringes bestimmen und uns mit der Frage nach der Auswertung von zwei inneren Produkten auf diesem Unterring beschäftigen. Wir werden feststellen, dass beide inneren Produkte für Youngmoduln sich mittels der entsprechenden gewöhnlichen Charaktere bestimmen lassen. Bei einem dieser Produkte spielt eine gewisse Klassenfunktion, wir werden sie q-Signum nennen, eine wichtige Rolle. Wir wollen diese Funktion hier einführen, um ein Hauptergebnis des zweiten Kapitels formulieren zu können:

Es sei $2 \leq q \in \mathbb{N}$, $\pi \in \mathcal{S}_n$ und $\pi = \pi_1 \ldots \pi_l$ eine Zerlegung von π in disjunkte Zykel. Wir setzen

$$\mathrm{sgn}_n^q(\pi) := (1-q)^{z_q(\pi)},$$

wobei $z_q(\pi) := |\{i : q \mid |\pi_i|, 1 \leq i \leq l\}|$ die Anzahl der Zykel mit durch q teilbare Länge sei. Weiter bezeichne $\langle M, N \rangle := \dim_k(\mathrm{Tr}_1^G(\mathrm{Hom}_{k\mathcal{S}_n}(M,N)))$ die Dimension des Vektorraumes der projektiven $k\mathcal{S}_n$-Homomorphismen zweier $k\mathcal{S}_n$-Moduln M und N. Es ist bekannt, dass $\langle M, N \rangle$ gleich der Vielfachheit von $P(k)$, der projektiven Hülle des trivialen Moduls, als direkter Summand in einer Zerlegung von $M^* \otimes N$ ist. Eine Hauptaussage des zweiten Kapitels, man vergleiche dazu Lemma 2.5.2, lautet nun wie folgt:

Satz Es sei $p = q$ eine Primzahl und k ein Körper der Charakteristik p. Sind M, N zwei Youngmoduln von $k\mathcal{S}_n$, dann gilt:

$$\langle M, N \rangle = (\mathrm{sgn}_n^p, \chi_M \cdot \chi_N)_{\mathcal{S}_n}.$$

Dabei seien χ_M und χ_N die gewöhnlichen Charaktere von Lifts der Moduln M und N mit trivialer Quelle.
□

Unter anderem werden wir in diesem Kapitel auch einige Untersuchungen zu sgn_n^q anstellen. Wir werden sehen, dass das q-Signum ein verallgemeinerter Charakter ist. Weiterführende Untersuchungen zum q-Signum, die über die in Kapitel 2 benötigten Informationen hinausgehen, finden sich im Anhang B. Zudem beschäftigt sich ein Abschnitt des zweiten Kapitels mit der Anwendung der Greenkorrespondenz, in der Version von Grabmeier für Moduln mit trivialer Quelle, auf das Tensorprodukt von Youngmoduln. Das Ergebnis dabei ist, dass bestimmte direkte Summanden eines solchen Tensorproduktes mit Hilfe von Produkten gewöhnlicher Charaktere kleinerer symmetrischer Gruppen bzw. direkter Produkte solcher bestimmt werden können; man siehe dazu Korollar 2.6.11.

Im dritten Kapitel betrachten wir, unter vier verschiedenen Aspekten, spezielle Produkte einfacher Moduln symmetrischer Gruppen. Zuerst beschäftigen wir uns in ungerader Charakteristik mit Tensorprodukten einfacher Moduln zu Hakenpartitionen. Wir bestimmen in einigen Fällen die direkte Summenzerlegung in unzerlegbare Moduln solcher Produkte. Unter anderem stellt sich heraus, dass einige der betrachteten Produkte halbeinfach und andere unzerlegbar sind. Wir geben an dieser Stelle die Ergebnisse von Korollar 3.1.15 und Satz 3.1.17 an. Es sei $D_{n,r} := \mathrm{hd}(S^{[n-r,1^r]})$ der einfache Kopf des Spechtmoduls zur Partition $[n-r, 1^r]$ für $0 \leq r \leq n-2$, und mit $U(M)$ bezeichnen wir einen unzerlegbaren Modul mit Sockel M. Ist λ eine Partition von n, so bezeichne λ^R die p-Regularisierung von λ.

Satz Es sei p ungerade, $1 \leq r \leq n-3$ und $p \mid n$. Dann gilt

$$D_{n,1} \otimes D_{n,r} \cong \begin{cases} D_{n,r-1} \oplus D_{n,r+1} \oplus D^{[n-r-1,2,1^{r-1}]^R}, & \text{falls } r \not\equiv p-1 \pmod{p}, \\ U(D_{n,r-1} \oplus D_{n,r+1}), & \text{sonst.} \end{cases}$$

□

In gerader Charakteristik bestimmen wir die Kompositionsfaktoren des Tensorquadrats des sogenannten Haupt-Spinmoduls $S(n)$, inklusive ihrer Vielfachheiten. Der Modul $S(n)$ sei dabei wie folgt definiert: $S(n) := D^{[l+1,l-1]}$ falls $n = 2l$ ist, und $S(n) := D^{[l+1,l]}$ falls $n = 2l+1$ ist. Es stellt sich heraus, dass die Kompositionsfaktoren von $S(n)^{\otimes 2}$ nur einfache Moduln zu Zweiteil-Partitionen sind, Korollar 3.2.7, und dass deren Vielfachheiten Zweier-Potenzen sind. Genauer gilt im Fall n ungerade folgende Aussage; man vergleiche Korollar 3.2.19:

Einleitung

Satz Es sei $2l+1 = n$ und $0 \leq m \leq l$. Weiter sei $t := l - m$ und $t+1 = \sum_{i=1}^{s} 2^{a_i}$ die 2-adische Entwicklung von $t+1$, wobei $0 \leq a_1 < \cdots < a_s$ sei, dann gilt:

$$[S(n)^{\otimes 2} : D^{[n-m,m]}] = 2^{s+a_s-1}.$$

□

Zudem geben wir eine Vermutung zu der Zerlegung von $S(n)^{\otimes 2}$ in unzerlegbare Summanden an.

In einem weiteren Teil des dritten Kapitels wollen wir Produkte einfacher und nicht-projektiver Moduln in ungerader Charakteristik bei zyklischem Defekt betrachten. Es werden die Greenkorrespondenten der einfachen nicht-projektiven kS_n-Moduln bestimmt. Unter der Benutzung schon vorhandener Ergebnisse zu Tensorprodukten von Moduln von Gruppen mit einer zyklischen und normalen Sylowgruppe reduziert sich dabei die Frage nach dem nicht-projektiven Anteil eines Tensorproduktes einfacher kS_n-Moduln auf Tensorprodukte der Greenkorrespondenten der einfachen Moduln. Diese Tensorprodukte wiederum lassen sich mittels Produkte gewöhnlicher Charaktere von Moduln kleinerer symmetrischer Gruppen bestimmen.

Die projektiv unzerlegbaren Moduln der symmetrischen Gruppen sind bis auf drei Ausnahmen immer irreduzibel erzeugt. Das heißt, jeder unzerlegbare projektive Modul ist ein direkter Summand eines Tensorproduktes mehrerer einfacher Moduln. Im letzten Teil des dritten Kapitels wollen wir der Frage nachgehen, wie viele einfache Moduln man in Charakteristik 2 und 3 mindestens benötigt, um die projektive Hülle des trivialen Moduls als direkten Summanden eines entsprechenden Tensorproduktes einfacher Moduln zu realisieren. Wir werden unter anderem praktisch ermittelte Ergebnisse für eine obere Schranke für diese Anzahl angeben. Diese basieren zum einem Teil auf der Verwendung der q-Signumsfunktion, welche im zweiten Kapitel eingeführt wird, und zum anderen Teil auf weiteren Methoden der computergestützten Darstellungstheorie.

Das vierte Kapitel präsentiert hauptsächlich einige berechnete Beispiele zu der Frage nach unzerlegbaren Moduln, die eine nicht-triviale erste Kohomologiegruppe haben und die als direkte Summanden in einem Tensorprodukt zweier einfacher Moduln vorkommen. Die betrachteten Beispiele beschränken sich auf den Fall, dass die Charakteristik des Körpers 3 ist, und auf Gruppen, deren 3-Sylowgruppe isomorph zu $C_3 \times C_3$ ist. Wir werden uns außer den symmetrischen Gruppen auch deren Schurschen Überlagerungen und einige andere endliche einfachen Gruppen ansehen. Und wir werden auch zwei weitere Gruppen betrachten, die Blöcke mit Defektgruppe $C_3 \times C_3$ haben. Wir geben für die jeweiligen Gruppen und Tensorprodukte der einfachen Moduln die unzerlegbaren Summanden mit nicht-trivialer erster Kohomologiegruppe und deren Radikalreihen an. Exemplarisch wollen wir hier das Ergebnis zu S_{11} angeben; man siehe 4.3.10:

Beispiel Es gibt genau einen Block von $\mathbb{F}_3 S_{11}$ mit Defektgruppe $C_3 \times C_3$. Dieser hat fünf einfache Moduln: $45a, 45b, 252a, 693a, 693b$. Es gibt einen unzerlegbaren Modul $3816a$ mit $\text{Ext}^1_{kS_{11}}(k, 3816a) \cong k$, dessen Loewylänge gleich 3 ist. Dieser Modul kommt als einziger direkter Summand mit nicht-trivialer erster Kohomologiegruppe in den in Frage stehenden Tensorprodukten vor:

$$3816a \mid 45a \otimes 252a \cong 45b \otimes 252a, \ 252a \otimes 693a \cong 252a \otimes 693b.$$

□

Das vierte Kapitel schließt mit ein paar theoretischen Aussagen zu solchen Summanden in einigen Spezialfällen.

Die verallgemeinerten Youngmoduln bilden eine Teilmenge der Menge unzerlegbarer Moduln symmetrischer Gruppen mit trivialer Quelle. Im Anhang A findet man die im Zuge dieser Arbeit rechnerisch bestimmten Spezies in Charakteristik 3 des Unterrings des Darstellungsrings symmetrischer Gruppen, der von verallgemeinerten Youngmoduln erzeugt wird.

In Anhang B werden die Untersuchungen zu der q-Signumsfunktion aus Kapitel 2 fortgeführt. Es werden im Fall, dass q eine Primzahl ist, auch die Menge der Konstituenten der q-Signumsfunktion bestimmt. Zudem werden wir feststellen, dass die Vielfachheit eines Konstituenten ± 1 ist; man siehe Korollar B.1.10. Im Fall $p = 3$ wird sogar explizit die Vielfachheit aller Konstituenten von sgn_n^3 bestimmt; man siehe Lemma B.1.11. Dem schließen sich die mit GAP ermittelten Ergebnisse zu den Konstituenten dieser Funktion an.

Danksagungen

Ich bedanke mich bei meinem Doktorvater Herrn Prof. Dr. Gerhard Hiß für die gute Betreuung meiner Arbeit, für das interessante und vielseitige Thema, das er mir gegeben hat, und für all seine stets sehr guten Vorlesungen, die ich bei ihm hören durfte. Zudem danke ich ihm für die Freiheit, die er mir bei der Bearbeitung dieser Arbeit gewährt hat.

Bei Herrn Prof. Dr. Herbert Pahlings bedanke ich mich für seine Bereitschaft, als Berichterstatter zu Verfügung zu stehen.

Herrn Dr. Jürgen Müller bin ich für sein Interesse an meiner Arbeit und die Gespräche rund um die modulare Darstellungstheorie zu Dank verpflichtet. Zudem danke ich ihm dafür, dass er sich als Gutachter für mein Stipendium zur Verfügung gestellt hat.

Ein großer Dank geht an Herrn Prof. Dr. Klaus Lux für seine Hilfe bei all meinen Fragen zur MeatAxe und zur modularen Darstellungstheorie. Seine Antworten kamen immer sehr schnell, trotz der manchmal weiten Entfernung, und waren immer sehr hilfreich.

Herrn Christian Weber verdanke ich sehr viel. Zum einen stand er mir für unzählige Frage und Gespräche zur Darstellungstheorie symmetrischer Gruppen immer zur Verfügung. Dabei hat er mich durch sein profundes Wissen das ein oder andere mal vor Irrtümern bewahrt. Zum anderen danke ich ihm für das Korrekturlesen dieser Arbeit.

Herzlich möchte ich mich auch bei Herrn Dr. Kay-Jin Lim bedanken. Mit ihm konnte ich während meines Aufenthalts in Aberdeen immer interessante Gespräche und Diskussionen über die Darstellungstheorie symmetrischer Gruppen führen. Stellvertretend für alle anderen Doktoranden und Mitarbeitern des Department of Mathematical Sciences der University of Aberdeen möchte ich mich bei Herrn Jay Taylor für die gute und freundschaftliche Atmosphäre, die ich während meines Aufenthalts in Aberdeen erleben durfte, bedanken.

An dieser Stelle möchte ich auch noch allen anderen Mitarbeitern des Lehrstuhls D für Mathematik für die gute Arbeitsumgebung danken. Immer fanden sie Zeit meine Fragen zu beantworten. Besonders möchte ich dabei Herrn Dr. Frank Lübeck und Herrn Dr. Felix Noeske erwähnen.

Herrn Dr. Jean-Baptiste Gramain danke ich für seine Hilfe bei meinen Problemen mit Abaki und Kernen von Partitionen.

Der RWTH Aachen danke ich für die finanzielle Unterstützung durch das Graduierten-Stipendium. Dem Erasmus-Programm verdanke ich die Möglichkeit für meinen Aufenthalt an der University of Aberdeen, Schottland.

Ich möchte mich auch noch bei allen Freunden, die meine gesamte Studienzeit in Aachen bereichert haben, bedanken. Namentlich möchte ich dabei erwähnen: Sebastian Dany, Sebastian Köhler, Daniel Nett, Jörg Rosenberg, Daniel Schmidt, Klaus Schmidt.

Einen besonderen Dank möchte ich meiner Familie und insbesondere meinen Eltern für ihre Unterstützung in allen Bereichen aussprechen.

Kapitel 1

Grundlagen

Der Zweck dieses Kapitels ist die Zusammenstellung der Grundlagen aus der Darstellungstheorie für diese Arbeit. Zudem werden die meisten der in dieser Arbeit verwendeten Notationen eingeführt. Jeder Leser, der mit der Darstellungstheorie endlicher Gruppen und symmetrischer Gruppen vertraut ist, kann dieses Kapitel ohne Skrupel übergehen.

Für die gewöhnliche und modulare Darstellungstheorie endlicher Gruppen gibt es eine Vielzahl von Büchern. Wir werden uns in diesem Kapitel weitestgehend auf [44] und [55] beschränken. Die Hauptreferenzen für die Darstellungstheorie symmetrischer Gruppen bilden [36] und [38].

Der erste Abschnitt behandelt Zerlegungen von Idempotenten eines Rings und die daraus folgenden Konsequenzen für den entsprechenden Ring, seine Ideale und seine Moduln. Weiter beschäftigen wir uns mit unzerlegbaren und projektiven Moduln eines Rings sowie mit dem Zusammenhang zwischen der Zerlegung eines Moduls in unzerlegbare Moduln und der Zerlegung seines Endomorphismenrings in unzerlegbare Ideale.

Im zweiten Abschnitt führen wir Grundlagen aus der modularen Darstellungstheorie auf. Wichtig und zentral dabei sind p-modulare Systeme. Diese werden benötigt, um bestimmte Moduln über einem Körper der Charakteristik Null und bestimmte Moduln über einem Körper mit Charakteristik $p > 0$ in Beziehung zu setzen.

Im dritten Teil des Kapitels werden Moduln von Gruppenalgebren betrachtet. Es werden dort wichtige Grundlagen und Ergebnisse zu diesen Moduln vorgestellt, wie zum Beispiel Mackeys Tensorproduktsatz und die Greenkorrespondenz. Die Greenkorrespondenz ist Gegenstand des vierten Abschnittes. Mit Permutationsmoduln und deren unzerlegbaren Summanden beschäftigt sich der fünfte Teil des Kapitels. Diese Moduln spielen in weiten Teilen der Arbeit eine große Rolle.

Den Schluss des Kapitels bildet der Abschnitt über die modulare Darstellungstheorie symmetrischer Gruppen. Hier werden die für diese Arbeit wichtigen Moduln eingeführt. Zudem werden wir dort fundamentale Aussagen angeben, wie die Klassifizierung der einfachen Moduln symmetrischer Gruppen und Nakayamas Vermutung.

Grundsätzliches In dieser Arbeit haben alle Ringe ein Einselement. Es sei $\mathbb{Z}$ der Ring der ganzen Zahlen und $\mathbb{N} = \{0, 1, 2 \ldots\}$ bezeichne die Menge der nicht-negativen ganzen Zahlen. Weiter seien alle Moduln über einem Ring Rechtsmoduln und endlich erzeugt. Mit G bezeichnen wir in dieser Arbeit immer eine endliche Gruppe. Insbesondere operieren die betrachteten Gruppen von rechts. Wenn es Ausnahmen zu diesen Konventionen gibt, so wird darauf an der betreffenden Stelle hingewiesen.

1.1 Allgemeine Grundlagen der Darstellungstheorie

In diesem Abschnitt bezeichne R einen artinschen Ring.

1.1.1 Definition
Ein Element $0 \neq e \in R$ heißt *Idempotent*, falls $e^2 = e$ ist. Zwei Idempotente $e, f \in R$ heißen *orthogonal*, falls $ef = 0 = fe$ gilt. Wir nennen ein Idempotent *primitiv*, falls es nicht die Summe zweier orthogonaler Idempotente ist. Ein Idempotent $e \in R$ heißt *zentral primitiv*, wenn es im Zentrum $Z(R)$ von R liegt und primitiv in $Z(R)$ ist.

1.1.2 Satz
Es sei $e \in R$ ein Idempotent. Dann sind äquivalent:

- e ist primitiv.
- eR ist unzerlegbar.
- e ist das einzige Idempotent von eRe.

Beweis. Man siehe Theorem 4.2., Kapitel 1 in [55]. □

Ein R-Modul M heißt *unzerlegbar*, falls für jede Zerlegung $M \cong M_1 \oplus M_2$ von M in zwei R-Moduln folgt, dass $M_1 = 0$ oder $M_2 = 0$ ist. Wir wollen die Zerlegung des regulären R-Moduls R_R in unzerlegbare Moduln betrachten.

1.1.3 Satz
Es sei $R_R \cong P_1 \oplus \ldots \oplus P_t$ eine Zerlegung des rechtsregulären-Moduls R in unzerlegbare Moduln. Es sei $1 = \sum_{i=1}^{t} e_i$ die Zerlegung der Eins von R mit $e_i \in P_i$, dann ist $\{e_i : 1 \leq i \leq t\}$ eine Menge von primitiven und paarweise orthogonalen Idempotenten. Ist $1 = \sum_{j=1}^{s} f_j$ eine weitere Zerlegung der Eins in primitive Idempotente, so ist $t = s$ und es existiert ein $\pi \in S_t$ und eine Einheit $u \in A$ mit $u^{-1} f_i u = e_{\pi(i)}$ für alle $1 \leq i \leq t$.

Beweis. Dies folgt mit Theorem 3.12 und Corollary 3.13, Kapitel 1 in [44]. □

1.1.4 Definition
Einen unzerlegbaren direkten Summanden des regulären Moduls R_R nennen wir einen PIM (projective indecomposable module) von R.

Folgende Notationen wollen wir fixieren: Es sei $J(R) := \bigcap_{I \triangleleft_{\max} R} I$ das *Jacobson-Radikal* von R. Weiter bezeichne $\overline{R} := R/J(R)$ die kanonische Reduktion von R modulo $J(R)$. Für $x \in R$ sei entsprechend $\overline{x} = xJ(R) \in \overline{R}$.

1.1.5 Satz
Es seien e_1, e_2 zwei primitive Idempotente von R und $P_i := e_i R$ für $i \in \{1, 2\}$. Dann gilt:

(a) $e_i J(R)$ ist der eindeutig bestimmte maximale Untermodul von P_i, für $i \in \{1, 2\}$.

(b) Folgende Aussagen sind äquivalent:

  (i) $P_1/e_1 J(R) \cong P_2/e_2 J(R)$.
  (ii) $P_1 \cong P_2$.

1.1. Allgemeine Grundlagen der Darstellungstheorie

(iii) e_1 und e_2 sind in R assoziiert.

(iv) $\bar{e}_1$ und $\bar{e}_2$ sind in $\bar{R}$ assoziiert.

(c) Es gibt eine Bijektion zwischen den Isomorphieklassen einfacher R-Moduln und den Isomorphieklassen der PIMs von R.

Beweis. Dies sind die Aussagen von Theorem 3.14 und Corollary 3.15, Kapitel 1 in [44]. □

1.1.6 Definition und Bemerkung
Da R artinsch ist, existieren zentral primitive Idempotente $e_i \in R$, $1 \leq i \leq r$, sodass

$$1_R = e_1 + \cdots + e_r$$

ist. Nach Theorem 4.6, Kapitel 1 in [55], gilt dann $e_i e_j = 0 = e_j e_i$, falls $i \neq j$ ist, und $\{e_1, \ldots, e_r\}$ ist genau die Menge der zentral primitiven Idempotenten von R. Diese Zerlegung der Eins von R korrespondiert zu einer Zerlegung von R in zweiseitige Ideale

$$R = B_1 \oplus \ldots \oplus B_r$$

mit $B_i = Re_i = e_i R = e_i Re_i$. Wir nennen B_i einen *Block* von R und e_i das zugehörige *Blockidempotent* von B_i. Wir sagen, ein R-Modul M *gehört* zu B_i oder *liegt* in B_i, falls $Me_i = M$ ist. □

1.1.7 Korollar
Ist M ein unzerlegbarer R-Modul, so gehört M zu genau einem Block. Zudem gehören alle Unter- und Faktormoduln von M zum selben Block.

Beweis. Es sei $1 = e_1 + \cdots + e_r$ die Zerlegung der Eins von R in zentral primitive Idempotente. Dann gilt:

$$M = M1 = Me_1 \oplus \ldots \oplus Me_r.$$

Da M unzerlegbar ist und Me_i ein R-Modul für $1 \leq i \leq r$ ist, gibt es genau ein j mit $M = Me_j$ und $Me_i = 0$ für $j \neq i$. Damit gilt für $m \in M$ dann $m1 = me_j$. Daraus folgt direkt die Aussage über die Blockzugehörigkeit der Unter- und Faktormoduln von M. □

Wir wollen nun einen Zusammenhang zwischen Idempotenten von R und $\bar{R}$ betrachten.

1.1.8 Satz
Es sei $f \in \bar{R}$ ein zentral primitives Idempotent. Dann existiert ein zentral primitives Idempotent $e \in R$ mit $\bar{e} = f$. Zudem ist e eindeutig bestimmt. Wir nennen e einen *Lift* von f.

Beweis. Dies ist Proposition 12.2, Kapitel 1 in [44]. □

1.1.9 Bemerkung
Zwischen den Blöcken von R und den Blöcken von $\bar{R}$ besteht folgende Verbindung: Ist

$$1_{\bar{R}} = \overline{e_1} + \cdots + \overline{e_r}$$

die Zerlegung der Eins von $\bar{R}$ in zentral primitive Idempotente, so ist nach Satz 1.1.8 dann $1_R = \sum_{i=1}^{r} e_i$ die Zerlegung der Eins von R in zentral primitive Idempotente von R, wobei e_i jeweils der Lift von $\overline{e_i}$ sei. Sind also $B_i = Re_i$, $1 \leq i \leq r$, die Blöcke von R, so sind $\overline{B_i} = \overline{R}\overline{e_i}$, $1 \leq i \leq r$, die Blöcke von $\bar{R}$. Somit stehen die Menge der Blöcke von R in Bijektion zu der Menge von Blöcken von $\bar{R}$. □

Wir wollen nun eine Beziehung zwischen dem Endomorphismenring eines Moduln und der Zerlegung des Moduls in Untermoduln betrachten.

1.1.10 Satz
Es sei M ein R-Modul und $E := \operatorname{End}_R(M)$. Weiter sei

$$M = M_1 \oplus \ldots \oplus M_n \tag{1.1}$$

eine direkte Summenzerlegung von M in R-Untermoduln, und es sei $\pi_i \in E$ die Projektion auf M_i für $1 \leq i \leq n$. Dann ist

$$\operatorname{id}_M = \pi_1 + \cdots + \pi_n \tag{1.2}$$

eine Zerlegung von id_M in Idempotente von E. Ist umgekehrt eine Zerlegung von id_M wie in (1.2) gegeben, so bekommen wir mit $M_i := M\pi_i$ eine Zerlegung von M wie in (1.1). Zudem haben wir die folgende Zerlegung von E in Rechtsideale:

$$E = E_1 \oplus \ldots \oplus E_n$$

mit $E_i := \pi_i E$. Somit stehen die Summanden einer direkten Summenzerlegung von M, die Summanden der entsprechenden Zerlegung in Idempotente von id_M und die Summanden der entsprechenden direkten Zerlegung von E in Rechtsideale in Bijektion zueinander. Zudem gilt für $1 \leq i, j \leq n$: Genau dann ist $V_i \cong V_j$ als R-Moduln, wenn $E_i \cong E_j$ als E-Moduln ist.

Beweis. Man siehe Theorem 5.4, Kapitel 1 in [55]. □

Da wir uns in dieser Arbeit mit unzerlegbaren Summanden von Tensorprodukten beschäftigen, geben wir jetzt eine Charakterisierung an, wann ein Modul unzerlegbar ist. Dazu benötigen wir noch folgenden Begriff:

1.1.11 Definition
Ein Ring R heißt *lokal*, falls die Nicht-Einheiten von R ein Ideal bilden.

1.1.12 Lemma
Es sind äquivalent:

- R ist lokal.

- $J(R)$ ist ein maximales Ideal.

- $R/J(R)$ ist ein Schiefkörper.

Beweis. Dies ist Theorem 5.7, Kapitel 1 in [55]. □

1.1.13 Lemma
Ein R-Modul M ist genau dann unzerlegbar, wenn $\operatorname{End}_R(M)$ ein lokaler Ring ist.
Beweis. Das ist die Aussage von Theorem 5.10, Kapitel 1 in [55]. □

Zu guter Letzt wollen wir noch folgende Bezeichnung einführen.

1.1.14 Definition
Es sei k ein Körper und A eine endlich-dimensionale k-Algebra. Gilt $\operatorname{End}_A(V) \cong k$ für alle einfachen A-Moduln V, so heißt k ein *Zerfällungskörper* von A.

1.2 Modulare Systeme

In diesem gesamten Abschnitt sei p eine Primzahl.

1.2.1 Definition
Ist R ein vollständiger diskreter Bewertungsring mit maximalem Ideal $J(R) = R\pi$, K der Quotientenkörper von R mit $\mathrm{char}(K) = 0$ und $k := R/R\pi$ ein Körper mit $\mathrm{char}(k) = p$, dann nennen wir das Tripel (K, R, k) ein *p-modulares System*.

Ein Beispiel für ein p-modulares System ist $(\mathbb{Q}_p, \mathbb{Z}_p, \mathbb{F}_p)$. Mit p-modularen Systemen können wir die gewöhnliche und modulare Darstellungstheorie verknüpfen. Für den Rest des Abschnitts sei (K, R, k) ein p-modulares System, und wir bezeichnen im Folgenden mit A eine R-Algebra, die frei und endlich erzeugt als R-Modul sei. Zudem sei $\pi \in R$ mit $J(R) = \pi R$.

1.2.2 Bezeichnungen
Wir setzen $A^K := A \otimes_R K$. Ein A-Modul X ist ein *A-Gitter*, falls es als R-Modul frei und endlich erzeugt ist. Für ein A-Gitter X setzen wir $X^K := X \otimes_R K$. Ist M ein A^K-Modul und X ein A-Gitter mit $X^K \cong M$ als A^K-Moduln, so nennen wir X eine *R-Form* von M. Weiter bezeichnen wir mit $\overline{A} := A/A\pi$ und mit $\overline{X} := X/X\pi$ die jeweilige *Reduktion modulo π*. Es ist $\overline{A}$ eine k-Algebra und $\overline{X}$ ein $\overline{A}$-Modul.

Eine Antwort auf die Frage nach der Existenz von R-Formen gibt folgender Satz:

1.2.3 Satz
Es sei M ein A^K-Modul. Dann hat M eine R-Form. Ist X eine R-Form von M, so gilt $\mathrm{rank}_R(X) = \dim_K(M)$.
Beweis. Es sei $\{a_1, \ldots, a_n\}$ eine R-Basis von A und $\{v_1, \ldots, v_m\}$ eine K-Basis von M. Es sei
$$X := \langle v_j a_i : 1 \leq i \leq n, 1 \leq j \leq m \rangle$$
als R-Modulerzeugnis. Offensichtlich ist X ein A-Modul und endlich erzeugt als R-Modul. Des Weiteren gilt $xr \neq 0$ für alle $0 \neq r \in R$ und $0 \neq x \in X$. Da also X torsionsfrei über dem Hauptidealring R ist, ist X ein freier R-Modul. Nach Konstruktion ergibt sich $X^K \cong M$. Ist zudem $\{x_1, \ldots, x_n\}$ eine R-Basis von X, dann ist $\{x_1 \otimes_R 1, \ldots, x_n \otimes_R 1\}$ eine K-Basis von X^K. Damit folgt auch die zweite Behauptung. □

Nun kommen wir zu einem wichtigen Punkt, der eine wesentliche Verbindung zwischen den Moduln von A^K und $\overline{A}$ herstellt. Das folgende Ergebnis stellt die Grundlage zur Einführung der Zerlegungsmatrix von A dar.

1.2.4 Satz
Es sei M ein A^K-Modul, und es seien X und Y zwei R-Formen von M. Dann haben $\overline{X}$ und $\overline{Y}$ bis auf Isomorphie die gleichen Kompositionsfaktoren als $\overline{A}$-Moduln.
Beweis. Man siehe Theorem 1.9, Kapitel 2 in [55]. □

1.2.5 Definition
Es sei A^K halbeinfach, und es seien $T_1, \ldots, T_n$ Vertreter der Isomorphieklassen der einfachen A^K-Moduln, und $X_1, \ldots, X_n$ seien entsprechende R-Formen davon. Weiter seien $S_1, \ldots, S_l$ Vertreter der einfachen $\overline{A}$-Moduln. Mit d_{ij} bezeichnen wir die Vielfachheit von S_j als Kompositionsfaktor in $\overline{X}_i$. Diese Vielfachheit ist nach Satz 1.2.4 wohldefiniert. Die Matrix $D := (d_{ij})_{i,j}$ heißt *Zerlegungsmatrix* von A; sie ist bis auf Permutation der Spalten und Zeilen eindeutig bestimmt. Ist $A = RG$, so nennt man D auch *p-modulare Zerlegungsmatrix* von G.

Der folgende Satz gibt einen Zusammenhang zwischen den PIMs von A und der Zerlegungsmatrix von A an.

1.2.6 Satz (Brauer-Reziprozität)

Es sei A^K halbeinfach, K ein Zerfällungskörper für A^K und k ein Zerfällungskörper für $\overline{A}$. Es seien weiter $P_1,\ldots,P_l$ Repräsentanten der Isomorphieklassen von PIMs von A, sodass $\overline{P}_1,\ldots,\overline{P}_l$ Repräsentanten der PIMs von $\overline{A}$ und $S_i = \overline{P}_i/\mathrm{rad}(\overline{P}_i)$ Repräsentanten der einfachen $\overline{A}$-Moduln sind. Ist D die Zerlegungsmatrix von A, dann gilt mit den Bezeichnungen von Definition 1.2.5

$$d_{ij} = \text{Vielfachheit von } T_i \text{ in } P_j^K.$$

Beweis. Siehe Lemma 15.4, Kapitel 1 in [44]. □

Im letzten Teil dieses Abschnitts wollen wir noch weitere Begriffe einführen.

1.2.7 Definition

Ein $\overline{A}$-Modul M heißt *hebbar* oder *liftbar*, falls ein A-Gitter N existiert, sodass $\overline{N} \cong M$ ist. Wir nennen N einen *Lift* von M.

1.2.8 Lemma

Es sei P ein PIM von $\overline{A}$. Dann ist P hebbar, und jeder Lift ist bis auf Isomorphie eindeutig bestimmt. Der Lift von P ist ein PIM von A.

Beweis. Dies ist Lemma 14.4, Kapitel 1 in [44]. □

Wir wollen die p-modulare Reduktion von Homomorphismen zwischen zwei A-Moduln betrachten.

1.2.9 Satz

Es seien M_1, M_2 zwei A-Moduln. Dann gilt

$$\mathrm{Hom}_A(M_1,M_2)/\mathrm{Hom}_A(M_1,M_2)\pi \subseteq \mathrm{Hom}_{\overline{A}}(\overline{M}_1,\overline{M}_2).$$

Und es ist

$$\mathrm{Hom}_A(M_1,M_2) \otimes_R K \cong \mathrm{Hom}_{A^K}(M_1^K, M_2^K).$$

Beweis. Dies ist die Aussage von Lemma 14.5, Kapitel 1 in [44]. □

1.2.10 Definition

Es seien M_1, M_2 zwei A-Moduln. Wir nennen $\varphi \in \mathrm{Hom}_{\overline{A}}(\overline{M}_1,\overline{M}_2)$ *liftbar* oder *hebbar*, falls

$$\varphi \in \mathrm{Hom}_A(M_1,M_2)/\mathrm{Hom}_A(M_1,M_2)\pi$$

ist.

Ist $A = RG$ eine Gruppenalgebra, so wollen wir die folgenden Bezeichnungen verwenden.

1.2.11 Satz

Es sei m der Exponent von G. Enthält K alle m-ten Einheitswurzeln, so sind K und k Zerfällungskörper für G und für alle Untergruppen von G. Zudem enthält k auch alle m-ten Einheitswurzeln.

Beweis. Dies ist die Aussage von Corollary 17.2 in [15]. □

1.2.12 Definition

Es sei m der Exponent von G. Enthält K alle m-ten Einheitswurzeln, dann nennen wir (K,R,k) ein p-modulares *Zerfällungssystem (für G)*.

1.3 Moduln über Gruppenalgebren

Es seien k ein Körper und G eine endliche Gruppe. In diesem Abschnitt werden wir eine Zusammenstellung der für uns wichtigen Eigenschaften und grundlegenden Ergebnisse von Moduln über Gruppenalgebren angeben. Vieles aus diesem Abschnitt gilt auch allgemeiner für Moduln über einer endlichdimensionalen k-Algebra. Als Erstes halten wir ein paar Notationen fest.

1.3.1 Bezeichnungen
Unter den Blöcken von kG wollen wir einen bestimmten auszeichnen. Wir nennen den Block von kG, in dem der triviale kG-Modul k liegt, den *Hauptblock*. Den Hauptblock von kG bezeichnen wir mit B_0.

Ist $H \leq G$ eine Untergruppe von G und $g \in G$, so sei $H^g := g^{-1}Hg$. Es seien M und N kG-Moduln und L ein kH-Modul. Es gibt zwei wichtige Operationen, mit denen man einen Zusammenhang von kG-Moduln und kH-Moduln herstellen kann. Mit $\mathrm{Ind}_H^G(L) := L \otimes_{kH} kG$ bezeichnen wir den induzierten Modul. Durch das Einschränken der Operation von G auf H können wir den kG-Modul M als einen kH-Modul auffassen. Diesen kH-Modul bezeichnen wir mit $\mathrm{Res}_H^G(M)$.

Haben M und N die gleichen Kompositionsfaktoren, so schreiben wir $M \leftrightarrow N$. Ist N ein einfacher Modul, so bezeichne $[M:N]$ die Vielfachheit von N als Kompositionsfaktor von M. Ist M isomorph zu einem direkten Summanden von N, so schreiben wir $M \mid N$. Sind S, T zwei kG-Moduln mit $S \leq M$ und $M/S \cong T$, so symbolisieren wir das durch

$$M \cong \begin{bmatrix} T \\ S \end{bmatrix}.$$

Wir interessieren uns auch für den inneren Aufbau eines Moduls. Ein Aspekt der Struktur eines Moduls ist seine Radikalreihe.

1.3.2 Definition
Es sei M ein kG-Modul, $J := J(kG)$, und es sei $l \in \mathbb{N}$ mit $MJ^{l-1} \neq 0$ und $MJ^l = 0$. Dann heiße l die *Loewylänge* von M und MJ^i/MJ^{i+1} der i-te Loewyschicht von M, $0 \leq i \leq l-1$. Weiter heiße

$$M/MJ, MJ/MJ^2, \ldots, MJ^{l-1}/MJ^l$$

die *Radikalreihe* von M. Wir nennen $\mathrm{hd}(M) := M/MJ$ den *Kopf* von M und $\mathrm{soc}(M) := \{m \in M : mJ = 0\}$ den *Sockel* von M.

Aus Abschnitt 7, Kapitel 1 in [44] folgt, dass die Gruppenalgebra kG insbesondere eine symmetrische Algebra ist. Damit haben wir die folgende Aussage über PIMs von kG.

1.3.3 Satz
Es sei P ein PIM von kG. Dann gilt $\mathrm{hd}(P) \cong \mathrm{soc}(P)$.
Beweis. Man siehe Proposition 7.5, Kapitel 1 in [44]. □

1.3.4 Definition
Ist P ein PIM von kG und S ein einfacher kG-Modul mit $\mathrm{hd}(P) \cong S$, so heißt P die *projektive Hülle* von S. Wir schreiben $P(S) := P$. Ist $S \cong k$, dann nennen wir $P(k)$ auch den 1-PIM.

1.3.5 Definition
Es seien M und N zwei kG-Moduln. Der Vektorraum $\mathrm{Hom}_k(M,N)$ wird durch $fg: m \mapsto f(mg^{-1})g$ mit $f \in \mathrm{Hom}_k(M,N)$ und $g \in G$ zu einem kG-Modul. Ist $N = k$ der triviale kG-Modul, dann setzen wir $M^* := \mathrm{Hom}_k(M,k)$. Wir nennen den kG-Modul M^* den *Kontragradienten* von M oder den *dualen* Modul von M. Der Modul M ist *selbstdual*, falls $M \cong M^*$ als kG-Moduln ist.

1.3.6 Bezeichnungen

Es seien M ein kG-Modul und N ein kH-Modul, wobei H eine endliche Gruppe sei. Dann wird $M \otimes_k N$ durch $(m \otimes n)(g,h) := mg \otimes nh$ für $m \in M, n \in N, g \in G$ und $h \in H$ zu einem Modul für $k(G \times H)$. In diesem Fall bezeichnen wir den $k(G \times H)$-Modul $M \otimes_k N$ mit $M \boxtimes N$. Ist $H = G$ so wird $M \otimes_k N$ durch $(m \otimes n)g := mg \otimes ng$ für alle $g \in G$ zu einem kG-Modul. Da wir meistens das Tensorprodukt zweier kG-Moduln über einem Körper k bilden, schreiben wir in dieser Arbeit $M \otimes N$ statt $M \otimes_k N$.

Wir listen nun ein paar nützliche Standardergebnisse zu Tensorprodukten von kG-Moduln auf.

1.3.7 Lemma
Sind L, M, N drei kG-Moduln, so gelten:

- $(M \otimes N)^* \cong M^* \otimes N^*$.

- $M^* \otimes N \cong \operatorname{Hom}_k(M,N)$.

Und zudem gilt folgende Isomorphie von k-Vektorräumen:

$$\operatorname{Hom}_{kG}(M, L \otimes N) \cong \operatorname{Hom}_{kG}(M \otimes L^*, N).$$

Beweis. Man siehe Theorem 1.14, Kapitel 3 in [55]. □

1.3.8 Lemma
Es sei $H \leq G$, L ein kH-Modul und M ein kG-Modul. Dann gilt

$$M \otimes \operatorname{Ind}_H^G(L) \cong \operatorname{Ind}_H^G(\operatorname{Res}_H^G(M) \otimes L).$$

Beweis. Man siehe Lemma 1.15, Kapitel 3 in [55]. □

Wir haben folgenden Zusammenhänge zwischen induzierten und eingeschränkten Moduln.

1.3.9 Lemma
Es sei $H \leq G$, M ein kG-Modul und N ein kH-Modul. Dann gelten:

- $\operatorname{Hom}_{kG}(M, \operatorname{Ind}_H^G(N)) \cong \operatorname{Hom}_{kH}(\operatorname{Res}_H^G(M), N)$.

- $\operatorname{Hom}_{kG}(\operatorname{Ind}_H^G(N), M) \cong \operatorname{Hom}_{kH}(N, \operatorname{Res}_H^G(M))$.

Beweis. Das ist Theorem 1.19, Kapitel 3 in [55]. □

Ist $H \leq G$ eine Untergruppe und $g \in G$ sowie M ein kH-Modul, dann sei $M^g := M \otimes_{kH} g \subseteq M \otimes_{kH} kG$. Damit ist M^g offensichtlich ein kH^g-Modul, denn es gilt $(m \otimes_{kH} g)h^g = m \otimes_{kH} hg = mh \otimes_{kH} g$ für alle $h \in H$ und $m \in M$. Mackeys Tensorproduktsatz gibt eine Zerlegung für das Tensorprodukt zweier induzierter Moduln an.

1.3.10 Satz (Mackeys Tensorproduktsatz)
Es seien $H, U \leq G$ und M ein kH-Modul sowie N ein kU-Modul. Dann gilt:

$$\operatorname{Ind}_H^G(M) \otimes \operatorname{Ind}_U^G(N) \cong \bigoplus_{g \in \operatorname{Rep}(H\backslash G/U)} \operatorname{Ind}_{H^g \cap U}^G(\operatorname{Res}_{H^g \cap U}^{H^g}(M^g) \otimes \operatorname{Res}_{H^g \cap U}^{U}(N)),$$

wobei $\operatorname{Rep}(H\backslash G/U)$ ein Vertretersystem der Doppelnebenklassen $H\backslash G/U$ sei.

Beweis. Man siehe Theorem 1.17, Kapitel 3 in [55]. □

1.4 Greenkorrespondenz

In diesem Abschnitt sei k ein Körper der Charakteristik p. Wir werden ein wichtiges Hilfsmittel der modularen Darstellungstheorie, die Greenkorrespondenz, einführen. Diese stellt einen Zusammenhang zwischen unzerlegbaren kG-Moduln und unzerlegbaren Moduln gewisser Untergruppen von G her. Wir benötigen für ihre Einführung noch einige Begriffe.

1.4.1 Definition
Es sei $H \leq G$. Ein unzerlegbarer kG-Modul M heißt *relativ H-projektiv*, falls ein kH-Modul N existiert mit $M \mid \mathrm{Ind}_H^G(N)$. Ist M relativ 1-projektiv, so sagen wir auch, M ist *projektiv*.

1.4.2 Definition und Bemerkung
Es sei M ein unzerlegbarer kG-Modul.

(a) Ein minimales Element V von $\{U \leq G : M \text{ ist relativ } U\text{-projektiv}\}$ heißt *Vertex* von M. Ein Vertex von M ist eine p-Gruppe, und sind V und V' Vertizes von M, so existiert ein $g \in G$ mit $V^g = V'$. Mit $\mathrm{vx}(M)$ bezeichnen wir einen Vertex von M. Ist M relativ U-projektiv, so gilt $\mathrm{vx}(M)^g \leq U$ für ein $g \in G$.

(b) Ist V ein Vertex von M, so nennen wir einen kV-Modul S ein *Quelle* von M, falls $M \mid \mathrm{Ind}_V^G(S)$, $S \mid \mathrm{Res}_V^G(M)$ und $\mathrm{vx}(S) = V$ ist. Sind S und S' zwei kV-Moduln und beides Quellen von M, so existiert ein $g \in N_G(V)$ mit $S^g \cong S'$.

Beweis. Dies sind die Aussagen von Theorem 3.3 und Theorem 3.6, Kapitel 4 in [55]. $\square$

1.4.3 Lemma
Es seien $H \leq G$, M ein unzerlegbarer kG-Modul sowie N ein unzerlegbarer kH-Modul. Dann gilt:

(i) Ist $M \mid \mathrm{Ind}_H^G(N)$, so ist $\mathrm{vx}(M)^g \leq \mathrm{vx}(N)$ für ein $g \in G$.

(ii) Ist $N \mid \mathrm{Res}_H^G(M)$, so ist $\mathrm{vx}(N)^g \leq \mathrm{vx}(M)$ für ein $g \in G$.

Beweis. Dies ist Lemma 3.4, Kapitel 4 in [55]. $\square$

Über die Vertizes direkter Summanden von Tensorprodukten erhalten wir mit Mackeys Tensorproduktsatz folgende Aussage:

1.4.4 Lemma
Es seien M und N zwei unzerlegbare kG-Moduln mit $\mathrm{vx}(M) = V$ und $\mathrm{vx}(N) = W$. Ist S ein unzerlegbarer kG-Modul mit $S \mid M \otimes N$, so hat S einen Vertex mit $\mathrm{vx}(S) \leq V^g \cap W$ für ein $g \in G$.
Beweis. Es sei T eine Quelle von M und T' eine Quelle von N. Dann gilt $S \mid M \otimes N \mid \mathrm{Ind}_V^G(T) \otimes \mathrm{Ind}_W^G(T')$. Nun folgt mit Satz 1.3.10, dass ein $g \in G$ existiert mit

$$S \mid \mathrm{Ind}_{V^g \cap W}^G(\mathrm{Res}_{V^g \cap W}^{V^g}(T^g) \otimes \mathrm{Res}_{V^g \cap W}^W(T')).$$

Die Behauptung folgt nun aus Definition und Bemerkung 1.4.2. $\square$

Nun kommen wir zu einem wichtigen Werkzeug der modularen Darstellungstheorie, der Greenkorrespondenz von Moduln. Sind P und H Untergruppen von G, so benutzen wir folgende Bezeichnungen für bestimmte Mengen von Untergruppen von G:

$$\mathfrak{X} := \mathfrak{X}(G,P,H) := \{Q : Q \leq P^x \cap P \text{ für ein } x \in G \setminus H\},$$
$$\mathfrak{Y} := \mathfrak{Y}(G,P,H) := \{Q : Q \leq P^x \cap H \text{ für ein } x \in G \setminus H\},$$
$$\mathfrak{Z} := \mathfrak{Z}(G,P,H) := \{Q : Q \leq P, Q^x \notin \mathfrak{X} \text{ für alle } x \in G\}.$$

1.4.5 Satz (Greenkorrespondenz)
Es sei P eine p-Untergruppe von G, und es sei $N_G(P) \leq H \leq G$. Dann gibt es eine Bijektion f zwischen den Isomorphieklassen unzerlegbarer kG-Moduln mit Vertex in $\mathfrak{Z}$ und den Isomorphieklassen unzerlegbarer kH-Moduln mit Vertex in $\mathfrak{Z}$ mit den folgenden Eigenschaften:

(i) Ist M ein unzerlegbarer kG-Modul mit Vertex in $\mathfrak{Z}$, so ist $f(M)$ ein unzerlegbarer kH-Modul mit Vertex in $\mathfrak{Z}$, und es gilt:
$$\operatorname{Res}_H^G(M) \cong f(M) \oplus Y,$$
für einen kH-Modul Y. Jeder unzerlegbare direkte Summand von Y hat einen Vertex, der in $\mathfrak{Y}$ liegt.

(ii) Ist N ein unzerlegbarer kH-Modul mit Vertex in $\mathfrak{Z}$, so ist $f^{-1}(N)$ ein unzerlegbarer kG-Modul mit Vertex in $\mathfrak{Z}$, und es gilt:
$$\operatorname{Ind}_H^G(N) \cong f^{-1}(N) \oplus X,$$
für einen kG-Modul X. Jeder unzerlegbare direkte Summand von X hat einen Vertex, der in $\mathfrak{X}$ liegt.

Wir nennen die Bijektion $f = f(G,H,P)$ die *Greenkorrespondenz* bezüglich (G,H,P). Weiter nennen wir $f(M)$ den *Greenkorrespondenten* von M in H und $f^{-1}(N)$ den *Greenkorrespondenten* von N in G.
Beweis. Man siehe Theorem 4.3, Kapitel 4 in [55]. □

1.5 Moduln mit trivialer Quelle

In diesem Abschnitt sei (K,R,k) ein p-modulares Zerfällungssystem für G. Ist M ein unzerlegbarer RG- bzw. kG-Modul mit Vertex V, dann sagen wir M hat *eine triviale Quelle*, falls eine Quelle S von M isomorph zu R bzw. k ist. Moduln mit trivialer Quelle werden eine größere Rolle in dieser Arbeit spielen. Deshalb wollen wir uns einige spezielle Eigenschaften dieser Moduln näher betrachten.

1.5.1 Definition
Ist $H \leq G$, so nennen wir $\operatorname{Ind}_H^G(k)$ bzw. $\operatorname{Ind}_H^G(R)$ einen *Permutationsmodul*.

Wir haben folgenden Zusammenhang zwischen Moduln mit trivialer Quelle und direkten Summanden von Permutationsmoduln.

1.5.2 Bemerkung
Es sei M ein kG-Modul mit trivialer Quelle und V ein Vertex von M. Somit ist $M \mid \operatorname{Ind}_V^G(k)$. Also ist M ein direkter Summand eines Permutationsmoduls. Ist umgekehrt M ein direkter Summand von $\operatorname{Ind}_H^G(k)$ für ein $H \leq G$, V ein Vertex von M sowie S eine Quelle von M, dann gilt $S \mid \operatorname{Res}_V^G(M) \mid \operatorname{Res}_V^G(\operatorname{Ind}_H^G(k))$. Mit Mackeys Satz, Theorem 1.9, Kapitel 3 in [55], folgt $S \mid \operatorname{Ind}_{H^g \cap V}^V(k)$ für ein $g \in G$. Da der Vertex von S aber V ist, muss $H^g \cap V = V$ gelten, und somit ist S trivial. Also hat jeder unzerlegbare Summand eines Permutationsmoduls eine triviale Quelle. □

1.5. Moduln mit trivaler Quelle

Moduln mit trivaler Quelle verhalten sich im Bezug auf das Tensorprodukt zweier solcher Moduln relativ gutmütig. Denn nach Mackeys Tensorproduktsatz lässt sich ein solches Produkt in eine direkte Summe von Moduln mit trivialen Quellen zerlegen. Wir werden in einem späteren Kapitel darauf noch eingehen. Im Allgemeinen ist nämlich nicht klar, was mögliche Quellen von Summanden eines Tensorproduktes sind, auch wenn die Quellen der beiden Faktoren bekannt sind.

Nach Abschnitt 3, Kapitel 4 in [55], gibt es für unzerlegbare RG-Moduln Vertizes mit den analogen Eigenschaften wie für kG-Moduln. Die Aussagen von eben sind, bei entsprechender Umformulierung, auch für RG-Moduln mit trivaler Quelle gültig, da Mackeys Tensorproduktsatz ganz allgemein für Gruppenalgebren über kommutativen Ringen gültig ist; man siehe die entsprechenden Stellen in [55].

In einem Permutationsmodul gibt es einen besonderen unzerlegbaren Summanden. Nämlich den, der den trivalen Modul im Sockel hat. Über diesen Modul gibt der folgende Satz Auskunft.

1.5.3 Satz (Scott-Alperin)
Es sei sei $H \leq G$ und P ein p-Sylowgruppe von H. Dann gelten folgende Aussagen:

(a) Es existiert ein unzerlegbarer direkter Summand $S(H)$ von $\mathrm{Ind}_H^G(k)$, sodass folgende Bedingungen erfüllt sind:

  (i) $k \mid \mathrm{soc}(S(H))$,
  (ii) $k \mid \mathrm{hd}(S(H))$,
  (iii) $\mathrm{vx}(S(H)) = P^g$ für ein $g \in G$. Es sei $N := N_G(P)$ und $f = f(G,P,N)$. Dann ist $f(S(H))$ als $k(N/P)$ Modul die projektive Hülle von k als N/P-Modul.

(b) Für jede Zerlegung von $\mathrm{Ind}_H^G(k)$ in unzerlegbare Moduln existiert ein eindeutiger unzerlegbarer Summand $S(H)$ von $\mathrm{Ind}_H^G(k)$ mit den oben genannten Eigenschaften.

(c) Es sei $H' \leq G$ und $P' \in \mathrm{Syl}_p(H')$. Genau dann ist $S(H) \cong S(H')$, wenn $P^g = P'$ für ein $g \in G$ ist.

Den bis auf Isomorphie eindeutig bestimmten direkten Summanden $S(H)$ von $\mathrm{Ind}_H^G(k)$ nennen wir den *Scottmodul* von kG (bezüglich H).
Beweis. Dies sind die Aussagen von Theorem 8.4 und Corollary 8.5, Kapitel 4, in [55]. □

Die Scottmoduln für eine p-Sylowgruppe P einer Gruppe G und für die triviale Untergruppe kann man leicht identifizieren. Offensichtlich sind dies $k \cong S(P)$ und $P(k) \cong S(1)$. Der folgende Satz gibt uns hinreichende Bedingungen, wann ein Scottmodul ein direkter Summand eines Tensorproduktes zweier Moduln ist.

1.5.4 Satz (Benson und Carlson)
Es sei M ein absolut unzerlegbarer kG-Modul mit Vertex V und Quelle Q. Genau dann ist $S(V)$ ein direkter Summand von $M \otimes M^*$, wenn $p \nmid \dim_k(Q)$.
Beweis. Das ist Proposition 2.4 in [6]. □

Wir wollen einem Modul mit trivaler Quelle einen gewöhnlichen Charakter zuordnen. Dafür benötigen wir das Ergebnis, dass kG-Moduln mit trivaler Quelle bis auf Isomorphie eindeutig hebbar sind zu RG-Moduln mit trivaler Quelle.

1.5.5 Satz
Es sei $H \leq G$. Dann gelten folgende Aussagen:

(i) Jedes $\varphi \in \text{End}_{kG}(\text{Ind}_H^G(k))$ ist liftbar.

(ii) Ein kG-Modul mit trivialer Quelle ist hebbar zu einem RG-Modul mit trivialer Quelle, und dieser Lift ist bis auf Isomorphie eindeutig.

(iii) Sind M und N kG-Moduln mit trivialer Quelle, dann ist jedes $\varphi \in \text{Hom}_{kG}(M,N)$ liftbar.

Beweis. Man siehe Theorem 3.11.3 und Corollary 3.11.4 in [5]. □

Im Allgemeinen ist der RG-Lift eines liftbaren kG-Moduls nicht eindeutig, und zwei solche Lifts sind auch nicht notwendigerweise isomorph, selbst für einen Modul mit trivialer Quelle. Dazu haben wir haben folgendes Beispiel.

1.5.6 Beispiel
Es sei (K,R,k) ein 2-modulares Zerfällungssystem für die symmetrische Gruppe $\mathcal{S}_n$ auf n Punkten und $2 \leq n$. Weiter seien R und k die jeweiligen trivialen Moduln und sgn der $R\mathcal{S}_n$-Modul zur Signumsdarstellung von $\mathcal{S}_n$. Für die 2-modularen Reduktionen gilt: $\overline{R} \cong k \cong \overline{\text{sgn}}$. Nun sind k und R Moduln mit trivialer Quelle. Nach Theorem 7.5, Kapitel 4 in [55] ist $\text{vx}(\text{sgn}) = P$, wobei P eine 2-Sylowgruppe von $\mathcal{S}_n$ sei. Da aber $\text{Res}_P^{\mathcal{S}_n}(\text{sgn}) \not\cong R$ ist, hat sgn keine triviale Quelle. Aber sgn ist offensichtlich ein RG-Lift von k. □

Nach Satz 1.5.5 ist es möglich, einem kG-Modul mit trivialer Quelle eindeutig einen RG-Modul mit trivialer Quelle zuzuordnen, nämlich einen entsprechenden RG-Lift mit trivialer Quelle. Damit sind wir in der Lage, einem kG-Modul mit trivialer Quelle einen gewöhnlichen Charakter zuzuordnen.

1.5.7 Definition
Es sei M ein kG-Modul mit trivialer Quelle. Und es sei $\widetilde{M}$ ein RG-Lift von M mit trivialer Quelle; dieser existiert nach Satz 1.5.5. Dann setzen wir $\chi_M := \chi_{\widetilde{M}}$, wobei $\chi_{\widetilde{M}}$ der gewöhnliche Charakter von $\widetilde{M}^K$ sei. Da $\widetilde{M}$ nach Satz 1.5.5 bis auf Isomorphie eindeutig ist, ist somit χ_M wohldefiniert.

1.5.8 Satz
Es seien M_1, M_2 zwei RG-Gitter. Dann gilt: Alle Elemente von $\text{Hom}_{kG}(\overline{M_1}, \overline{M_2})$ sind genau dann hebbar, wenn
$$\dim_k(\text{Hom}_{kG}(\overline{M_1}, \overline{M_2})) = (\chi_1, \chi_2)_G$$
ist, wobei χ_i der gewöhnliche Charakter von M_i^K ist, $i \in \{1,2\}$. Hierbei bezeichne $(-,-)_G$ das gewöhnliche Skalarprodukt von Klassenfunktionen von G.

Beweis. Dies ist die Aussage der Proposition 14.8, Kapitel 1 in [44]. □

Wir fassen nun die beiden letzten Sätze zusammen und erhalten:

1.5.9 Korollar
Es seien M und N zwei kG-Moduln mit trivialer Quelle, dann gilt: $\dim_k(\text{Hom}_{kG}(M,N)) = (\chi_M, \chi_N)_G$.
Beweis. Aus Satz 1.5.5 folgt, dass jedes $\varphi \in \text{Hom}_{kG}(M,N)$ hebbar ist. Nun folgt die Behauptung mit Satz 1.5.8. □

Im Zusammenhang mit Charakteren wollen wir die folgenden Notationen verwenden. Mit $\mathrm{Irr}(G)$ bezeichnen wir die Menge der gewöhnlichen irreduziblen Charaktere von G und mit $\mathrm{IBr}(G)$ die Menge der irreduziblen Brauercharaktere von G bezüglich des p-modularen Systems (K,R,k). Ist $\chi \in \mathrm{Irr}(G)$ und $\psi \in \mathrm{Irr}(H)$ so sei $\chi \boxtimes \zeta \in \mathrm{Irr}(G \times H)$ der Charakter mit $\chi \boxtimes \psi(g,h) = \chi(g)\psi(h)$, für $(g,h) \in G \times H$. Analog sei diese Notation auch für Brauercharaktere definiert.

1.6 Darstellungstheorie symmetrischer Gruppen

Ein Großteil dieser Arbeit beschäftigt sich mit Tensorprodukten von Moduln symmetrischer Gruppen über einem Körper mit Charakteristik $p > 0$. In diesem Abschnitt wollen wir einige grundlegende Notationen und Ergebnisse der Darstellungstheorie dieser Gruppen angeben. Zudem werden wir wichtige Protagonisten dieser Arbeit und deren Eigenschaften vorstellen. Die Quellen, aus denen wir unsere Informationen schöpfen, sind hauptsächlich [36] und [38]. Soweit nicht näher spezifiziert wird, sei in diesem Abschnitt k ein Körper mit $\mathrm{char}(k) \geq 0$ und $1 \leq n \in \mathbb{N}$. Wir wollen in der gesamten Arbeit mit $\mathcal{S}_n$ die symmetrische Gruppe auf n Punkten bezeichnen. Omnipräsent in der Darstellungstheorie symmetrischer Gruppen sind die folgenden Objekte.

1.6.1 Definition
Eine Folge von natürlichen Zahlen $\lambda = [\lambda_1, \lambda_2, \ldots]$ heißt eine *Partition* von n, falls $\lambda_1 \geq \lambda_2 \geq \ldots$ und $\sum_i \lambda_i = n$ ist. Wir schreiben dann auch $\lambda \vdash n$. Wir nennen $l(\lambda) := l$ die *Länge* von λ, falls $\lambda_l \neq 0$ und $\lambda_{l+1} = 0$ ist. Meist lassen wir die Nullen weg und schreiben $\lambda = [\lambda_1, \ldots, \lambda_l]$. Die Menge der Partitionen von n bezeichnen wir mit $\mathbb{P}_n := \{\lambda \vdash n\}$.

Folgende abkürzende Schreibweise wollen wir benutzen: Es sei $\lambda = [m_1^{l_1}, \ldots, m_r^{l_r}]$, falls

$$\lambda = [\underbrace{m_1, \ldots, m_1}_{l_1\text{-mal}}, \ldots, \underbrace{m_r, \ldots, m_r}_{l_r\text{-mal}}]$$

ist. Für $\lambda = [\lambda_1, \ldots, \lambda_l] \vdash n$ setzen wir: $s(\lambda, i) := \sum_{j=1}^{i} \lambda_j$ und $n_i^{\lambda} := \{j \in \mathbb{N} : s(\lambda, i-1) < j \leq s(\lambda, i)\}$ für $1 \leq i \leq l$. Dann sei

$$\mathcal{S}_{\lambda} := \{\pi \in \mathcal{S}_n : n_i^{\lambda} \pi = n_i^{\lambda}, 1 \leq i \leq l\}$$

die *Younguntergruppe* von $\mathcal{S}_n$ zu λ. Diese Gruppen spielen eine relevante Rolle in der gesamten Darstellungstheorie von $\mathcal{S}_n$. Die Kombinatorik von Partitionen von n nimmt eine bedeutende Stellung in der Darstellungstheorie von $\mathcal{S}_n$ ein. Wir wollen einige wichtige Konzepte dafür nun anführen.

1.6.2 Definition
Es seien $\lambda, \mu \vdash n$. Existiert ein i, sodass $\lambda_j = \mu_j$ für alle $1 \leq j \leq i-1$ und $\lambda_i > \mu_i$ ist, so sagen wir, λ ist *lexikographisch größer* als μ. In Symbolen: $\lambda \geq \mu$. Gilt $s(\lambda, j) \geq s(\mu, j)$ für alle j, dann sagen wir, λ *dominiert* μ. In diesem Fall schreiben wir $\lambda \trianglerighteq \mu$. Offensichtlich gilt: Aus $\lambda \trianglerighteq \mu$ folgt $\lambda \geq \mu$. Die *assoziierte* Partition $\lambda' \vdash n$ zu λ sei wie folgt definiert: $\lambda' := [\lambda'_1, \ldots, \lambda'_r]$, wobei $\lambda'_i = |\{j : \lambda_j \geq i\}|$ und $r = \lambda_1$ sei.

Wir ordnen jeder Partition auf folgende Weise ein Diagramm zu: Für $\lambda \vdash n$ sei

$$[\lambda] := \{(x,y) \in \mathbb{Z}_{>0} \times \mathbb{Z}_{>0} : y \leq \lambda_x\}$$

das *Youngdiagramm* zu λ. Wir werden aber meistens das Youngdiagramm mit der Partition identifizieren, sodass keine Notwendigkeit besteht, zwischen den beiden Objekten zu unterscheiden. Deshalb werden wir im Folgenden auch die Klammern für diese Diagramme weglassen. Im Kommenden sei $2 \leq q \in \mathbb{N}$.

1.6.3 Definition
Es sei $\lambda \vdash n$. Der (i,j)-*Haken* von λ sei $H_{i,j}^\lambda := \{(x,y) \in \lambda : x = i, y \geq j \text{ oder } x \geq i, y = j\}$. Man nennt den Knoten (i, λ_i), die *Hand* und den Knoten (λ_j', j) den *Fuß* des Hakens $H_{i,j}^\lambda$. Der zu $H_{i,j}^\lambda$ gehörende *Rand* $R_{i,j}^\lambda$ ist der Rand des Youngdiagramms zwischen Fuß und Hand des Hakens. Hat der Haken $H_{i,j}^\lambda$ Länge q, so nennt man ihn einen q-*Haken*. Der entsprechende Rand eines q-Hakens wird q-*Randhaken* genannt. Der *Rand* von λ ist $R_{1,1}^\lambda$. Man nennt λ einen q-*Kern*, falls λ keinen q-Haken enthält.

Wir wollen diese Konzepte an einem Beispiel veranschaulichen.

1.6.4 Beispiel
Es sei $n = 22$, $\lambda = [6, 4^3, 3, 1]$. Dann haben wir das folgende Youngdiagramm:

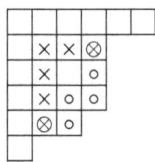

Der Haken $H_{2,2}^\lambda$ besteht aus den Kästchen, die mit × markiert sind. Der Randhaken $R_{2,2}^\lambda$ besteht aus den Kästchen, die mit ○ markiert sind. □

Hat eine Partition λ von n einen q-Haken, so erhalten wir aus λ durch Entfernen der Knoten des entsprechenden q-Randhakens eine Partition μ von $n - q$. Der folgende Satz garantiert, dass man durch sukzessives Entfernen von q-Randhaken einer Partition bei einem eindeutigen q-Kern endet. Das heißt, es spielt keine Rolle, in welcher Reihenfolge die q-Randhaken entfernt werden.

1.6.5 Satz
Es sei $\lambda \vdash n$. Dann existiert ein eindeutiges $m \leq n$ und ein q-Kern $\mu \vdash m$, sodass wir μ von λ durch sukzessives Entfernen von q-Haken erhalten.
Beweis. Dies ist die Aussage von Theorem 2.7.16 in [36]. □

Wenn wir in dem obigen Beispiel, $\lambda = [6, 4^3, 3, 1]$ mit $q = 6$, nun $R_{2,2}^\lambda$ aus λ entfernen, erhalten wir $\mu = [6, 3^2, 2, 1^2] \vdash 16$. Durch sukzessives Entfernen von 6-Randhaken erhalten wir $[2, 1^2]$, den 6-Kern von λ.

1.6.6 Definition
Es sei $\lambda \vdash n$. Wir nennen die Anzahl der q-Haken, die von λ entfernt werden, um den entsprechenden q-Kern von λ zu erhalten, das q-*Gewicht* von λ. Ist $(i,j) \in \lambda$, dann ist das q-*Residuum* dieses Knotens gegeben durch r, mit $0 \leq r < q$ und $r \equiv j - i \pmod{q}$. Für $0 \leq i \leq q - 1$ sei a_i die Anzahl der Knoten von λ mit q-Residuum i. Wir nennen $(a_0, \ldots, a_{q-1})$ den q-*Inhalt* von λ.

1.6.7 Satz
Es seien $\lambda, \mu \vdash n$. Die Partitionen λ und μ haben genau dann denselben q-Kern, wenn λ und μ denselben q-Inhalt haben.
Beweis. Dies ist Theorem 2.7.41 in [36]. □

Kommen wir nun zu wichtigen Moduln der Darstellungstheorie symmetrischer Gruppen.

1.6. Darstellungstheorie symmetrischer Gruppen

1.6.8 Definition
Es sei $\lambda \vdash n$. Wir nennen $M^\lambda := \mathrm{Ind}_{\mathcal{S}_\lambda}^{\mathcal{S}_n}(k)$ den *Youngpermutationsmodul* zu λ. Es sei

$$c^\lambda := \sum_{g \in \mathcal{S}_{\lambda'}} \mathrm{sgn}(g) g \in k\mathcal{S}_n.$$

Dabei sei sgn der Signumscharakter von $\mathcal{S}_n$. Dann definieren wir den *Spechtmodul* S^λ wie folgt

$$S^\lambda := \langle M^\lambda c^\lambda \rangle_{k\mathcal{S}_n}.$$

Wir wollen anmerken, dass man die Youngpermutations- und Spechtmoduln über jedem kommutativen Ring definieren kann, also insbesondere über $\mathbb{Z}$. Zudem bildet $\{S^\lambda : \lambda \vdash n\}$ über einem Körper k der Charakteristik Null ein vollständiges Vertretersystem von Isomorphietypen einfacher $k\mathcal{S}_n$-Moduln, man siehe Theorem 7.1.9 in [36]. Die Dimension eines Spechtmoduls hängt auch nicht von der Charakteristik des Körpers ab, über dem er definiert ist, sondern nur von der entsprechenden Partition, man siehe Corollary 8.5 in [38]. Die Dimension eines Spechtmoduls zu einer gegebenen Partition lässt sich mit der Hakenformel, Theorem 20.1 in [38], auch leicht bestimmen.

Von jetzt an und bis zum Schluss des Abschnitts sei $\mathrm{char}(k) = p > 0$. Wir wollen auch in diesem Fall eine Vertretermenge der Isomorphietypen einfacher $k\mathcal{S}_n$-Moduln angeben.

1.6.9 Definition
Es sei $\lambda \vdash n$. Wir nennen λ *p-singulär*, falls ein i und ein r mit $r \geq p$ existieren, sodass $0 \neq \lambda_i = \cdots = \lambda_{i+r}$ gilt. Andernfalls nennen wir λ *p-regulär*. Gilt $\lambda_i - \lambda_{i+1} < p$ für alle i, so heißt λ *p-beschränkt*. Es sei $\mathbb{P}_n^{reg} := \{\lambda \vdash n : \lambda \; p\text{-regulär}\}$ die Menge der p-regulären Partitionen von n.

Wir haben folgenden offensichtlichen Zusammenhang zwischen p-regulären und p-beschränkten Partitionen. Genau dann ist $\lambda \vdash n$ p-regulär, wenn λ' p-beschränkt ist. Mit diesen speziellen Partitionen können wir die einfachen $k\mathcal{S}_n$-Moduln parametrisieren.

1.6.10 Satz
Ist $\lambda \vdash n$ p-regulär, so ist $D^\lambda := \mathrm{hd}(S^\lambda)$ absolut einfach und selbstdual. Die Menge $\{D^\lambda : \lambda \in \mathbb{P}_n^{reg}\}$ bildet ein vollständiges Vertretersystem von Isomorphietypen einfacher $k\mathcal{S}_n$-Moduln. Zudem sind diese Moduln auch paarweise nicht isomorph. Jeder Körper ist ein Zerfällungskörper für $\mathcal{S}_n$.
Beweis. Man siehe Theorem 11.5 in [38]. □

Im Gegensatz zu den Spechtmoduln sind die Dimensionen der einfachen Moduln D^λ im Allgemeinen unbekannt. Über die Kompositionsfaktoren der Youngpermutations- und Spechtmoduln haben wir folgende Aussage.

1.6.11 Satz
Es sei $\lambda, \mu \vdash n$, μ p-regulär. Ist D^μ ein Kompositionsfaktor von M^λ bzw. S^λ so gilt $\mu \trianglerighteq \lambda$. Falls $\lambda = \mu$ ist, so gilt: $[M^\lambda : D^\lambda] = [S^\lambda : D^\lambda] = 1$.
Beweis. Die Aussagen folgen aus Theorem 12.1 und Corollary 12.2 in [38]. □

In Charakteristik Null können wir die Induktion nach $\mathcal{S}_{n+1}$ oder die Einschränkung nach $\mathcal{S}_{n-1}$ der einfachen Moduln durch die Verzweigungs-Regel bestimmen, Theorem 2.4.3 in [36]. Im modularen Fall können wir mit der modularen Verzweigungs-Regel, Theoreme 11.2.7 und 11.2.8 in [41], Informationen über die Einschränkung der einfachen Moduln bekommen.

Die modulare Verzweigungs-Regel gibt im Allgemeinen keine vollständige Beschreibung dieser Moduln an; man erhält aber Informationen über den Kopf und Sockel der induzierten und eingeschränkten einfachen Moduln, die jeweiligen Dimensionen der Endomorphismenringe der einzelnen unzerlegbaren Summanden; zudem liegen zwei verschiedene direkte unzerlegbare Summanden einer Induktion nach $\mathcal{S}_{n+1}$ bzw. Einschränkung nach $\mathcal{S}_{n-1}$ eines einfachen $k\mathcal{S}_n$-Moduls in verschiedenen p-Blöcken.

Über die Einteilung der gewöhnlichen irreduziblen Charaktere bezüglich der p-Blöcke gibt die sogenannte Nakayama-Vermutung Auskunft. Diese wurde 1940 von Nakayama geäußert, und zuerst 1947 von Brauer und Robinson bewiesen. Dennoch wird auch noch heute der Name Nakayama-Vermutung beibehalten. Die p-Blöcke von $k\mathcal{S}_n$ lassen sich durch die Nakayama-Vermutung kombinatorisch durch die Menge der p-Kerne von n parametrisieren. Wir geben hier eine Folgerung dieses Resultates für die Spechtmoduln und die einfachen Moduln an.

1.6.12 Satz (Nakayama-Vermutung)

Es sei (K, R, k) ein p-modulares System. Sind $\lambda, \mu \vdash n$, dann gilt: Genau dann gehören S^λ und S^μ zum selben p-Block, wenn λ und μ den selben p-Kern haben. Sind zusätzlich $\lambda, \mu \vdash n$ p-regulär, so sind D^λ und D^μ genau dann im selben p-Block, wenn λ und μ denselben p-Kern haben.

Beweis. Nach Corollary 7.2.13 in [36] sind S^λ und S^μ die p-modularen Reduktionen der Spechtmoduln zu λ und μ über R. Nach der Nakayama-Vermutung, 6.1.21 in [36], sind diese RG-Lifte der beiden Spechtmoduln genau dann im selben p-Block, wenn der p-Kern von λ gleich dem p-Kern von μ ist. Mit Theorem 6.19, Kapitel 3 in [55], folgt mit der p-modularen Reduktion dieser Lifts, dass die Konstituenten von S^λ und S^μ genau dann zum selben p-Block gehören, wenn die p-Kerne von λ und μ gleich sind. Damit folgt die Behauptung. □

Damit steht die Menge der p-Blöcke von $k\mathcal{S}_n$ in Bijektion zur der Menge von p-Kernen von n. Wir wollen noch folgende Sprechweise einführen: Ist S^λ im Block B, so sagen wir auch: λ *gehört zu* B.

Kapitel 2

Tensorprodukte von Youngmoduln

Der Darstellungsring $A(G)$ einer endlichen Gruppe G gibt uns eine Möglichkeit, durch ringtheoretische Eigenschaften von $A(G)$ Aussagen über Tensorprodukte von kG-Moduln zu erhalten. Green untersuchte als einer der Ersten Anfang der sechziger Jahre des letzten Jahrhunderts systematisch den Ring $A(G)$, [27]. Eines seiner Ergebnisse lautet wie folgt: Ist G eine endliche zyklische p-Gruppe, so ist $A(G)$ halbeinfach, [28]. Einige anschließende Untersuchungen zur Halbeinfachheit von $A(G)$ haben sich auf die folgende Frage konzentriert: Hat $A(G)$ nicht-triviale nilpotente Elemente? Es stellte sich heraus, dass der Darstellungsring einer Gruppe, bis auf wenige Ausnahmen, nicht-triviale nilpotente Elemente hat. Dieses Ergebnis kann man beispielsweise der Arbeit [6] von Benson und Carlson entnehmen.

Statt Brauercharakteren von G kann man Spezies betrachten. Spezies sind $\mathbb{C}$-Algebrenhomomorphismen von $A(G)$ nach $\mathbb{C}$. Diese stellen eine Art Verallgemeinerung von Brauercharakteren dar. Brauercharaktere haben den Nachteil, dass man mit ihrer Hilfe nicht zwischen zwei Moduln mit gleichen Kompositionsfaktoren unterscheiden kann. Da nilpotente Elemente von $A(G)$ durch eine Spezies auf Null abgebildet werden, kann man im Allgemeinen die Elemente von $A(G)$ auch nicht immer anhand von Spezies unterscheiden.

Um dieses Problem zu umgehen, kann man sich aber auf gewisse Klassen von Moduln beschränken, sodass der von ihnen erzeugte Unterring in $A(G)$ keine nilpotenten Elemente enthält. Benson und Parker betrachten in ihrem Artikel [7] unter anderem Spezies gewisser direkter Summanden von $A(G)$, die insbesondere abgeschlossen bezüglich der Summen- und Produktbildung sind. Sie geben in ihrer Arbeit zwei Typen von Charaktertafeln von Spezies für diese direkten Summanden von $A(G)$ an. Anhand dieser Tafeln kann man die Zerlegung des Tensorproduktes zweier entsprechender Moduln bestimmen.

Einer der Ringe, die in [7] speziell betrachtet werden, ist der Ring, der von den Moduln mit trivialer Quelle erzeugt wird. Dieser ist zwar endlich-dimensional, aber bei wachsender Gruppenordnung wird auch dieser sehr schnell sehr groß. Im Fall, dass $G = S_n$ ist, kann man noch einen besonderen Unterring von $A(S_n)$ betrachten, nämlich den Ring der von den Youngmoduln erzeugt wird. Wir nennen ihn den Youngring. Wir wollen uns in diesem Kapitel mit dem Youngring und insbesondere mit dem Tensorprodukt von Youngmoduln befassen. Dabei teilt sich das Kapitel wie folgt auf:

Die Youngmoduln und verallgemeinerten Youngmoduln werden im ersten Abschnitt eingeführt. Es werden dort einige grundlegende Eigenschaften dieser Moduln vorgestellt.

Im zweiten Abschnitt wollen wir einige allgemeine Eigenschaften des Darstellungsrings einer endlichen Gruppe zitieren. Weiter werden wir den Unterring, der von Moduln mit trivialer Quelle erzeugt wird, und dessen Spezies betrachten. Am Ende des Abschnitts befassen wir uns mit zwei inneren Produkten auf dem Darstellungsring.

Der dritte Teil ist dem Youngring gewidmet. Wir bestimmen die Spezies des Youngrings und werden feststellen, wie die Charaktertafel dieses endlich-dimensionalen Unterrings von $A(\mathcal{S}_n)$ mit der Charaktertafel der gewöhnlichen irreduziblen Charaktere von $\mathcal{S}_n$ und der Zerlegungsmatrix der Schuralgebra $S(n,n)$ zusammenhängt.

Für ein $2 \leq q \in \mathbb{N}$ kann man eine Klassenfunktion sgn_n^q von $\mathcal{S}_n$ definieren, die in gewisser Weise eine Verallgemeinerung des Signums darstellt. Diese Klassenfunktion wollen wir im vierten Abschnitt des Kapitels untersuchen. Wir werden einige Eigenschaften und Konstituenten dieser Funktion bestimmen, die wir im vierten Abschnitt noch für die Auswertung von inneren Produkten benötigen.

Die Auswertung der inneren Produkte von $A(\mathcal{S}_n)$ auf dem Youngring wird im fünften Abschnitt behandelt. Es wird sich zeigen, dass sich beide inneren Produkte durch Skalarprodukte gewöhnlicher Charaktere auswerten lassen, wobei bei einem der Produkte die in Abschnitt vier eingeführte Klassenfunktion eine Rolle spielt.

Im letzten Teil des Kapitels wollen wir die Greenkorrespondenz bezüglich eines bestimmten Mackeysystems für Moduln mit trivialer Quelle, die von Grabmeier [25] ausgearbeitet wurde, auf das Tensorprodukt von Youngmoduln anwenden. Dieses Ergebnis gibt uns eine Möglichkeit, einige Summanden eines Tensorproduktes von Youngmoduln mit gleichem Vertex zu bestimmen.

In diesem Kapitel sei $1 \leq n \in \mathbb{N}$ und (K, R, k) ein p-modulares Zerfällungssystem für $\mathcal{S}_n$.

2.1 Youngmoduln

Mit den Youngmoduln führen wir nun eine weitere Klasse von $k\mathcal{S}_n$-Moduln für die symmetrischen Gruppen ein. In diesem Abschnitt werden wir zudem auch noch die verallgemeinerten Youngmoduln für $k\mathcal{S}_n$ einführen.

Es sei $\lambda \vdash n$. Der Spechtmodul zu λ wurde, mit den Bezeichnungen aus Definition 1.6.8, wie folgt definiert: $S^\lambda = \langle M^\lambda c^\lambda \rangle_{k\mathcal{S}_n}$. Nach Lemma 7.1.5, in [36] ist $M^\lambda c^\lambda$ als Vektorraum eindimensional. Damit gilt für einen Untermodul X von M^λ dann $Xc^\lambda = 0$ oder $Xc^\lambda = M^\lambda c^\lambda$. Im zweiten Fall gilt $S^\lambda \leq X$. Es sei nun $M^\lambda = M_1 \oplus M_2$ für zwei $k\mathcal{S}_n$-Moduln M_1 und M_2. Da $M^\lambda c^\lambda$ eindimensional ist und den Modul S^λ erzeugt, gilt entweder $M_1 c^\lambda \neq 0$ oder $M_2 c^\lambda \neq 0$. Also gilt entweder $S^\lambda \leq M_1$ oder $S^\lambda \leq M_2$. Damit können wir nun die Youngmoduln wie folgt definieren.

2.1.1 Definition
Es sei $\lambda \vdash n$. Mit Y^λ bezeichnen wir den minimalen Untermodul von M^λ, der Folgendes erfüllt: $S^\lambda \leq Y^\lambda \leq M^\lambda$ und $Y^\lambda \mid M^\lambda$. Wir nennen Y^λ den *Youngmodul* zu λ.

Mit der Diskussion vor der Definition ist auch klar, dass Youngmoduln unzerlegbar sind. Da Youngmoduln insbesondere direkte Summanden von Permutationsmoduln sind, folgern wir mit Bemerkung 1.5.2, dass die Youngmoduln triviale Quellen haben. Es stellt sich sogar heraus, dass die Youngmoduln genau die Isomorphietypen der unzerlegbaren Summanden von Youngpermutationsmoduln sind. Wir haben nämlich folgenden Satz von James.

2.1.2 Satz
Es sei $\lambda \vdash n$. Dann gilt $M^\lambda \cong Y^\lambda \oplus \bigoplus_{\nu \triangleright \lambda} \kappa_{\lambda,\nu}^p Y^\nu$, mit $\kappa_{\lambda,\nu}^p \in \mathbb{N}$. Und es gilt genau dann $Y^\lambda \cong Y^\mu$, wenn $\lambda = \mu$ ist.
Beweis. Man siehe Theorem 3.1 in [39]. □

2.1. Youngmoduln

Da ein Großteil dieser Arbeit sich mit Youngmoduln beschäftigt, wollen wir hier nun verstärkt diese Moduln betrachten und häufig genutzte Ergebnisse über diese Moduln vorstellen. Als eine Hauptquelle werden wir dafür Grabmeiers Arbeit [25] nutzen. Wir haben zunächst folgende Aussagen:

2.1.3 Korollar
Es sei $\lambda \vdash n$. Ist D^μ ein Kompositionsfaktor von Y^λ, so gilt $\mu \trianglerighteq \lambda$. Ist $\lambda \in \mathbb{P}_n^{reg}$, so gilt $[Y^\lambda : D^\lambda] = 1$.
Beweis. Dies folgt aus Satz 2.1.2 und Satz 1.6.11. □

2.1.4 Satz
Die Youngmoduln sind selbstdual und absolut unzerlegbar.
Beweis. Es sei $\lambda \vdash n$. Wir wollen zeigen, dass Y^λ selbstdual ist. Nach Lemma 1.15, Kapitel 3 in [55], gilt $M^{\lambda^*} \cong M^\lambda$. Also ist $Y^{\lambda^*} \mid M^\lambda$, und nach Satz 2.1.2 ist dann $Y^{\lambda^*} \cong Y^\mu$ für ein $\mu \trianglerighteq \lambda$. Andererseits ist $M^{\mu^*} \cong M^\mu$. Demnach muss auch $Y^\lambda \cong Y^{\mu^*} \mid M^\mu$ sein. Wie oben folgt nun $\lambda \trianglerighteq \mu$. Somit schließen wir $\lambda = \mu$. Damit folgt der erste Teil der Behauptung. Die zweite Aussage der Behauptung erhalten wir mit Satz 8.12 (i) in [25]. □

2.1.5 Definition und Bemerkung
Es seien λ und μ Partitionen von n. Die Vielfachheit $\kappa^p_{\mu,\lambda}$ von Y^λ als direkter Summand in einer Zerlegung von M^μ in unzerlegbare Moduln ist durch die Charakteristik p des Körpers bestimmt. Wir nennen $\kappa^p_{\mu,\lambda}$ die *p-Kostkazahl* zu λ und μ.
Beweis. Das die Vielfachheiten nur durch p bestimmt sind, ist Aussage von Satz 8.12 in [25]. □

Die p-Kostkazahlen kann man für nicht-projektive Youngmoduln von $\mathcal{S}_n$ mit Klyachkos Vielfachheits-Formel, Satz 7.14 in [25], auf die p-Kostkazahlen von projektiven Youngmoduln von $k\mathcal{S}_m$ mit $m \leq n$ zurückführen. Im Allgemeinen sind die Vielfachheiten von projektiv unzerlegbaren Moduln als direkte Summanden eines Permutationsmoduls aber nicht bekannt. Das heißt also, dass die p-Kostkazahlen im Allgemeinen nicht bekannt sind. Wir haben aber folgende generelle Informationen über die p-Kostkazahlen.

2.1.6 Bemerkung
Es sei $m = |\mathbb{P}_n|$ und $\mathbb{P}_n = \{\lambda^i : 1 \leq i \leq m\}$ mit $\lambda^i < \lambda^{i+1}$ für $1 \leq i \leq m-1$, und es sei $\kappa_n^p := (\kappa_{\lambda^i,\lambda^j}^p)_{i,j}$ die Matrix, deren Einträge die p-Kostkazahlen seien. Dann ist κ_n^p eine obere Dreiecksmatrix und $\kappa_{\lambda^i,\lambda^i}^p = 1$ für alle $1 \leq i \leq m$.
Beweis. Dies folgt direkt aus Satz 2.1.2 und der Definition der p-Kostkazahlen. □

2.1.7 Bemerkung
Grabmeier hat in seiner Arbeit [25] die Youngmoduln bezüglich ihrer Greenkorrespondenten indiziert. Dabei ist er von einer Indizierung der projektiven unzerlegbaren Moduln durch p-beschränkte Partitionen ausgegangen. Mit Satz 9.8 in [25] und Bemerkung 2.1.6 stellt man fest, dass die Parametrisierung der Moduln durch Partitionen, wie wir sie hier getroffen haben, mit der von Grabmeier übereinstimmen. □

In dieser Arbeit beschäftigen wir uns häufig mit dem Tensorprodukt einfacher Moduln. Diese Produkte sind im Allgemeinen besser zu kontrollieren, falls die Faktoren noch zusätzliche Eigenschaften haben, wie zum Beispiel, dass sie triviale Quellen haben oder gar Youngmoduln sind. Wir wollen zeigen, dass jeder p-Block von $k\mathcal{S}_n$ einen einfachen Modul besitzt, der zugleich auch ein Youngmodul ist. Dazu wollen wir zuerst jedem Block eine spezielle Partition von n zuordnen.

2.1.8 Definition
Es sei B ein p-Block von $\mathcal{S}_n$ mit Gewicht w und μ der entsprechende p-Kern des Blocks. Dann definieren wir $\lambda := [\mu_1 + w \cdot p, \mu_2, \ldots] \vdash n$. Wir nennen λ einen *Blockanführer* von B.

Ein Blockanführer λ ist nach seiner Definition insbesondere p-regulär.

2.1.9 Lemma
Es sei B ein p-Block von $\mathcal{S}_n$ mit Gewicht w und λ der Blockanführer von B. Es gilt $Y^\lambda \cong S^\lambda \cong D^\lambda$. Weiter ist eine p-Sylowgruppe von $\mathcal{S}_{wp}$ ein Vertex von D^λ. Wir nennen D^λ auch einen *Blockanführer* von B.

Beweis. Ist D^μ ein Kompositionsfaktor von Y^λ, so gilt $\lambda \trianglelefteq \mu$ nach Korollar 2.1.3. Also folgt $\lambda \leq \mu$. Da aber λ die lexikographisch größte zu B gehörige Partition ist und alle Kompositionsfaktoren von Y^λ in B liegen, gilt $\lambda = \mu$. Also ist $D^\lambda \cong S^\lambda \cong Y^\lambda$. Da nun $D^\lambda \cong Y^\lambda$ ist, folgt aus den Sätzen 4.7 und 7.8 in [25], dass eine p-Sylowgruppe von $\mathcal{S}_{wp}$ ein Vertex von D^λ ist. □

2.1.10 Korollar
Ist $\lambda \vdash n$ ein p-Kern, so ist D^λ projektiv.

Beweis. Aus Lemma 2.1.9 folgt, dass der Vertex von D^λ trivial ist. Also ist D^λ projektiv. □

Wir wollen jetzt eine allgemeine Bemerkung zu Scottmoduln von $k\mathcal{S}_n$ im Bezug auf Youngmoduln machen. Aus dem letzten Teil des Satzes 1.5.3 geht hervor, dass ein Scottmodul nicht unbedingt ein Youngmodul sein muss. Dazu betrachten wir beispielsweise $\mathcal{S}_n$ mit $2p \leq n$. In diesem Fall ist der Scottmodul $S(P)$ mit $P := \langle (1, \ldots, p)(p+1, \ldots, 2p) \rangle$ nämlich kein Youngmodul. Denn angenommen $S(P)$ wäre ein Youngmodul, so müsste $S(P)$ ein direkter Summand eines Youngpermutationsmoduls sein. Also müsste ein $\lambda \vdash n$ existieren, sodass $S(P) \cong S(\mathcal{S}_\lambda)$ wäre. Nach Satz 1.5.3 geht dies nur, falls P zu einer p-Sylowgruppe von $\mathcal{S}_\lambda$ konjugiert ist. Aber P ist ist nicht zu einer p-Sylowgruppe einer Younguntergruppe von $\mathcal{S}_n$ konjugiert. Also kann $S(P)$ auch kein Youngmodul sein. Wir haben jedoch die folgende Aussage über das Vorkommen eines Scottmoduls in einem Produkt von Youngmoduln.

2.1.11 Korollar
Es sei M ein Youngmodul und V ein Vertex von M. Dann gilt: $S(V) \mid M \otimes M$.

Beweis. Nach Satz 2.1.4 ist M absolut unzerlegbar und selbstdual. Da M eine triviale Quelle hat, folgt jetzt die Behauptung mit Satz 1.5.4. □

Wir werden auch noch an anderen Stellen in diesem Kapitel auf weitere Eigenschaften von Youngmoduln eingehen. Wir wollen jetzt die Gelegenheit nutzen, um eine Verallgemeinerung der Youngmoduln einzuführen. Dafür nehmen wir für den Rest dieses Abschnittes an, das die Charakteristik p des zu Grunde liegenden Körpers k eine ungerade Primzahl sei.

2.1.12 Definition
Es sei $n = m + l$, mit $m, l \in \mathbb{N}$ und $\lambda \vdash l, \mu \vdash m$. Wir definieren folgenden Modul:

$$M(\lambda \mid \mu) := \mathrm{Ind}_{\mathcal{S}_\lambda \times \mathcal{S}_\mu}^{\mathcal{S}_n}(k \boxtimes \mathrm{sgn}).$$

Wir nennen $M(\lambda \mid \mu)$ einen *verallgemeinerten Youngpermutationsmodul*. Falls $\lambda = [l]$ und $\mu = [m]$ ist, so schreiben wir auch $M(l \mid m) := M(\lambda \mid \mu)$. Weiter nennen wir einen unzerlegbaren direkten Summanden von $M(\lambda \mid \mu)$ einen *verallgemeinerten Youngmodul*.

2.2. Darstellungsring

Youngmoduln sind auch verallgemeinerte Youngmoduln. Denn es ist $Y^\lambda \mid M^\lambda \cong M(\lambda \mid \emptyset)$. Auf den Zusammenhang von Youngmoduln und verallgemeinerten Youngmoduln gehen wir noch in der Bemerkung A.1.4 ein. Zum Schluss geben wir noch folgende Bemerkung an.

2.1.13 Bemerkung
Verallgemeinerte Youngmoduln sind Moduln mit trivialer Quelle.
Beweis. Es sei Y ein verallgemeinerter Youngmodul. Dann existieren $\lambda \vdash l$ und $\mu \vdash m$ mit $l + m = n$, sodass $Y \mid M(\lambda \mid \mu)$ ist. Es sei V ein Vertex von Y und Q eine Quelle von Y. Dann gilt nach einem Satz von Mackey, man siehe Theorem 1.9, Kapitel 3 in [55]:

$$Q \mid \mathrm{Res}^{\mathcal{S}_n}_V(Y) \mid \mathrm{Res}^{\mathcal{S}_n}_V(M(\lambda \mid \mu)) \cong \bigoplus_{x \in \mathrm{Rep}(H \backslash \mathcal{S}_n / V)} \mathrm{Ind}^V_{H^x \cap V}(\mathrm{Res}^{H^x}_{H^x \cap V}((k \boxtimes \mathrm{sgn})^x)),$$

wobei $H := \mathcal{S}_\lambda \times \mathcal{S}_\mu$ und $\mathrm{Rep}(H \backslash \mathcal{S}_n / V)$ ein Vertretersystem der Doppelnebenklassen von $H \backslash \mathcal{S}_n / V$ sei. Also existiert ein $x \in \mathcal{S}_n$ mit $Q \mid \mathrm{Ind}^V_{H^x \cap V}(\mathrm{Res}^H_{H^x \cap V}((k \boxtimes \mathrm{sgn})^x))$. Da $H^x \cap V$ eine p-Gruppe ist, folgt nun, dass $\mathrm{Res}^{H^x}_{H^x \cap V}((k \boxtimes \mathrm{sgn})^x)$ ein trivialer Modul ist, weil p ungerade ist und der eingeschränkte Modul eindimensional ist. Da V aber ein Vertex von Q ist, muss also $V = V \cap H^x$ gelten. Also ist Q trivial, und es folgt die Behauptung. □

Verallgemeinerte Youngpermutationsmoduln kann man auch über einem beliebigem kommutativen Ring definieren. Mit der gleichen Argumentation wie oben erhält man in diesem Fall, dass die unzerlegbaren Summanden dieser Moduln auch Moduln mit trivialer Quelle sind. Wir werden in dieser Arbeit an verschiedenen Stellen auf verallgemeinerte Youngmoduln treffen. Im Anhang A werden wir uns noch ausführlicher mit diesen Moduln auseinandersetzen.

2.2 Darstellungsring

Da wir in diesem Abschnitt den Darstellungsring allgemein für eine endliche Gruppe G betrachten wollen, nehmen wir hier an, dass (K, R, k) ein p-modulares Zerfällungssystem für G sei. Zunächst geben wir eine Definition des Darstellungsrings von G an. Es sei $a(kG)$ die freie abelsche Gruppe mit Basis, deren Elemente die Isomorphieklassen endlich-dimensionaler und unzerlegbarer kG-Moduln sind. Ist M ein kG-Modul, so bezeichnen wir mit $[M]$ die Isomorphieklasse von kG-Moduln, zu der M gehört. Durch die folgenden Verknüpfungen wird $a(kG)$ zu einem assoziativen und kommutativen Ring:

$$[M] + [N] := [M \oplus N] \quad \text{und} \quad [M] \cdot [N] := [M \otimes N].$$

Die Identität und die Null von $a(kG)$ sind durch $1 := [k]$ und $0 := [0]$ gegeben. Wir setzen $A(G) := A(kG) := \mathbb{C} \otimes_{\mathbb{Z}} a(kG)$ und nennen $A(G)$ den *Darstellungsring* von G. Für einen kG-Modul M identifizieren wir $[M]$ mit M.

In diesem Abschnitt wollen wir hauptsächlich die Algebrenhomomorphismen von $A(G)$ oder gewissen Teilringen von $A(G)$ nach $\mathbb{C}$ betrachten. Ein Schwerpunkt liegt dabei auf dem Ring, der von den unzerlegbaren Moduln mit trivialer Quelle erzeugt wird. Weiter werden wir uns mit zwei inneren Produkten auf $A(G)$ beschäftigen. Wir werden dies hier nicht in aller Allgemeinheit tun, sondern uns auf bestimmte Aspekte beschränken, vornehmlich solche, die wir später auch konkret im Fall $G = \mathcal{S}_n$ anwenden wollen. Eine tiefer gehende und allgemeinere Betrachtung von $A(G)$ findet man in Bensons Buch [3], Bensons und Parkers Arbeit [7] und in [16]. Wir wenden uns zunächst den Algebrenhomomorphismen von $A(G)$ nach $\mathbb{C}$ zu.

2.2.1 Definition
Ist A eine $\mathbb{C}$-Algebra, so nennen wir einen nicht-trivialen Algebrenhomomorphismus $s: A \to \mathbb{C}$ eine *Spezies* von A. Ist A eine Unteralgebra von $A(G)$ und $V \in A$ ein kG-Modul, so schreiben wir auch $s(V) := s([V])$.

Generell sind die Spezies von $A(G)$ nicht bekannt. Falls G eine zyklische p-Sylowgruppe hat, kann man diese aber alle bestimmen. In [31] gibt Häberle alle Spezies von $A(G)$ in diesem Fall an. Im Allgemeinen lassen sich einige Spezies von $A(G)$ mittels der Brauercharaktere von G konstruieren. Wir werden das im Folgenden noch betrachten. Zunächst wollen wir eine allgemein bekannte Aussage über die lineare Unabhängigkeit einer Menge von Spezies angeben.

2.2.2 Lemma
Es sei A eine Unteralgebra von $A(G)$. Eine Menge paarweise verschiedener Spezies von A ist linear unabhängig.

Beweis. Angenommen, es sei $\sum_{i=1}^{r} a_i s_i = 0$ mit $a_i \in \mathbb{C}$ eine nicht-triviale Linearkombination von Spezies $\{s_i : 1 \leq i \leq r\}$ von A von minimaler Länge. Damit sind alle $a_i \neq 0$. Weiter sei $y \in A$ mit $s_1(y) \neq s_2(y)$. Für ein beliebiges $x \in A$ gilt dann

$$0 = \sum_{i=1}^{r} a_i s_i(yx) = \sum_{i=1}^{r} a_i s_i(y) s_i(x).$$

Damit bekommen wir

$$\sum_{i=2}^{r} a_i (s_i(y) - s_1(y)) s_i(x) = 0.$$

Dies impliziert aber $\sum_{i=2}^{r} a_i (s_i(y) - s_1(y)) s_i = 0$ im Widerspruch zur Minimalität von r. Damit folgt die Behauptung. □

Das folgende Beispiel zeigt, dass man mit Brauercharakteren von G Spezies für $A(G)$ konstruieren kann. Auf diese Weise kann man die Spezies von $A(G)$ als eine Verallgemeinerung von Brauercharakteren von G auffassen.

2.2.3 Definition
Es sei V ein kG-Modul und φ_V der zugehörige Brauercharakter. Für $g \in G_{p'}$ definieren wir den folgenden Homomorphismus $b_g : A(G) \to \mathbb{C}$ durch $b_g(V) := \varphi_V(g)$ für alle kG Modulen V und lineare Fortsetzung. Da $b_g(k) = 1$ ist, ist $b_g \neq 0$. Sind V und W zwei kG-Moduln, so gelten nach Proposition 17.5 und Lemma 17.13 in [15] für die Brauercharaktere: $\varphi_{V \otimes W} = \varphi_V \cdot \varphi_W$ und $\varphi_{V \oplus W} = \varphi_V + \varphi_W$. Damit ist b_g eine Spezies von $A(G)$. Wir nennen b_g eine *Brauerspezies*.

Kommen wir nun zu bestimmten Idealen und Unterringen von $A(G)$. Mit $A(G, 1)$ bezeichnen wir das Ideal von $A(G)$, welches von den PIMs von kG erzeugt wird. Da offensichtlich $A(G, 1)$ endlich-dimensional ist, können wir mit Lemma 2.2.2 direkt folgern, dass dieses Ideal nur endlich viele Spezies hat. Zudem sind diese Spezies auch bekannt. Denn es gilt der folgende Satz:

2.2.4 Satz
Ist s eine Spezies von $A(G, 1)$, so ist $s = b_g$ für ein $g \in G_{p'}$.
Beweis. Man siehe Theorem 2.11.3 in [3]. □

In folgender Hinsicht ist $A(G, 1)$ minimal. Erfüllt ein Ideal von $A(G)$ die Bedingungen des folgenden Satzes, so enthält dieses Ideal $A(G, 1)$.

2.2. Darstellungsring

2.2.5 Satz
Es sei $A(G) = A \oplus B$ mit Idealen $A, B \leq A(G)$. Weiter gelte:

- A ist endlich-dimensional,
- A ist als Ring halbeinfach, das heißt, für das Jacobson-Radikal gilt $J(A) = \{0\}$,
- A ist ein freies Erzeugnis unzerlegbarer kG-Moduln,
- ist $M \in A$, so ist auch $M^* \in A$.

Dann gilt: $A(G, 1) \subseteq A$.
Beweis. Man siehe Lemma 2.21.9 in [3]. □

Wir wollen uns jetzt noch einen weiteren Unterring von $A(G)$ ansehen. Mit Mackeys Tensorproduktsatz sieht man ganz leicht, dass das Tensorprodukt zweier Moduln mit trivialer Quelle sich in eine direkte Summe von Moduln mit trivialer Quelle zerlegen lässt. Den Unterring von $A(G)$, der durch die Isomorphieklassen von kG-Moduln mit trivialer Quelle erzeugt wird, wollen wir jetzt genauer betrachten. Wir bezeichnen ihn mit $A(G, triv)$. Die folgende Fakten über $A(G, triv)$ wollen wir hier kurz erwähnen: Im Allgemeinen ist $A(G, triv)$ kein Ideal in $A(G)$; $A(G, triv)$ ist endlich-dimensional; und da alle PIMs von kG direkte Summanden des regulären Moduls $kG_{kG} \cong \text{Ind}_1^G(k)$ sind, das heißt, jeder PIM hat eine triviale Quelle, gilt $A(G, 1) \subseteq A(G, triv)$. Wir werden aber später noch sehen, dass $A(G, triv)$ auch alle Voraussetzungen von Satz 2.2.5 erfüllt. Es ist bisher noch nicht klar, warum $A(G, triv)$ halbeinfach ist. Dies kann man aber mit den Spezies beweisen, die wir jetzt einführen. Für deren Definition benötigen wir eine bestimmte Klasse von Untergruppen von G.

2.2.6 Definition
Eine Gruppe H heißt *p-hypoelementar*, falls $H/O_p(H)$ eine zyklische p'-Gruppe ist. Dabei bezeichne $O_p(H)$ den größten Normalteiler von H, dessen Ordnung eine Potenz von p ist.

Kommen wir nun zu Spezies von $A(G, triv)$.

2.2.7 Definition
Für eine p-hypoelementare Untergruppe H von G und ein $x \in H/O_p(H)$ definieren wir eine Spezies

$$s_{H,x} : A(G, triv) \to \mathbb{C},$$

indem wir ihre Werte auf den unzerlegbaren Moduln mit trivialer Quelle angeben und sie dann linear fortsetzen. Es sei M ein unzerlegbarer kG-Modul mit trivialer Quelle und

$$\text{Res}_H^G(M) = M' \oplus M'',$$

wobei jeder unzerlegbare Summand von M' den Vertex $P := O_p(H)$ habe, und jeder unzerlegbare Summand aus M'' einen Vertex V mit $V < P$ habe. Nach Lemma 81.19 in [16] ist M' ein trivialer kP-Modul sowie ein projektiver $k(H/P)$-Modul mit Brauercharakter $\varphi_{M'}$. Nun setzen wir

$$s_{H,x}(M) := \varphi_{M'}(x).$$

Durch lineare Fortsetzung wird daraus eine Spezies von $A(G, triv)$. Dem Lemma 81.22 in [16] kann man entnehmen, dass $s_{H,x} \neq 0$ ist.

Damit kann folgender Satz bewiesen werden.

2.2.8 Satz
Der Ring $A(G,triv)$ hat keine nicht-trivialen nilpotenten Elemente, insbesondere ist $A(G,triv)$ halbeinfach. Weiter ist $\{s_{H,x} : H \leq G \ p\text{-hypoelementar}, \langle x \rangle = H/O_p(H)\}$ die Menge der Spezies von $A(G,triv)$.
Beweis. Dies folgt aus Theorem 81.24 und Corollary 81.26 in [16]. □

Wir wollen noch ein Ergebnis zitieren, mit dem man gewisse Spezies auf Moduln mit trivialer Quelle mit deren gewöhnlichen Charakteren auswerten kann. Dazu müssen wir aber erst einer Spezies eine Konjugiertenklasse von Untergruppen von G zuweisen.

2.2.9 Definition
Es sei $H \leq G$ und s eine Spezies von $A(G)$ oder $A(G,triv)$. Wir sagen, s ist eine *Fortsetzung* einer Spezies t von $A(H)$ bzw. $A(H,triv)$, falls

$$s(x) = t(\operatorname{Res}_H^G(x)) \text{ für alle } x \in A(G) \text{ bzw. } A(G,triv).$$

Ist H von minimaler Ordnung, sodass s eine Fortsetzung einer Spezies von $A(H)$ oder $A(H,triv)$ ist, so nennen wir H einen *Ursprung* von s.

Die folgende Proposition besagt, dass verschiedene Ursprünge einer Spezies in G zueinander konjugiert sind.

2.2.10 Proposition
Für eine Spezies s von $A(G)$ oder $A(G,triv)$ bilden die Untergruppen von G, die jeweils Ursprünge von s sind, eine Klasse von konjugierten Untergruppen.
Beweis. Dies ist die Aussage der Proposition 81.47 in [16]. □

2.2.11 Satz
Es sei H eine p-hypoelementare Gruppe. Ist x ein Erzeuger von $H/O_p(H)$, dann hat die Spezies $s_{H,x}$ von $A(G,triv)$ den Ursprung H. Ist $g \in G_{p'}$, so hat die Spezies b_g den Ursprung $\langle g \rangle$.
Beweis. Die erste Aussage folgt aus Proposition 81.49 und die zweite aus Corollary 81.50 in [16]. □

Der folgende Satz gibt an, wie man Spezies mit zyklischem Ursprung auf Moduln mit trivialer Quelle mit Hilfe von gewöhnlichen Charakteren auswerten kann.

2.2.12 Satz
Es sei M ein kG-Modul mit trivialer Quelle und s eine Spezies von $A(G)$ mit zyklischem Ursprung $\langle g \rangle$, $g \in G$. Dann gilt $s(M) = \chi_M(g^r)$ für einen Erzeuger g^r von $\langle g \rangle$.
Beweis. Dies ist Theorem 10.14 in [7]. □

Dieses Ergebnis werden wir im nächsten Abschnitt noch anwenden, wenn wir einen bestimmten Unterring von $A(S_n)$ betrachten. In der kommenden zweiten Hälfte dieses Abschnitts wollen wir uns zwei inneren Produkten von $A(G)$ zuwenden.

2.2.13 Definition
Es seien V, W zwei kG-Moduln. Dann setzen wir

$$(V,W) := \dim_k(\operatorname{Hom}_{kG}(V,W))$$

2.2. Darstellungsring

und
$$\langle V,W \rangle := \dim_k((V,W)_1^G),$$
wobei $(V,W)_1^G := \operatorname{Tr}_1^G(\operatorname{Hom}_k(V,W))$ das Bild der Spurabbildung

$$\operatorname{Tr}_1^G: \operatorname{Hom}_k(V,W) \to \operatorname{Hom}_{kG}(V,W)$$
$$\varphi \mapsto \sum_{g \in G} \varphi g$$

sei. Man nennt $\psi \in (V,W)_1^G$ einen *projektiven kG-Homomorphismus*. Durch bilineare Fortsetzung werden $(-,-)$ und $\langle -,- \rangle$ zu Bilinearformen auf $A(kG)$.

Im Allgemeinen ist das innere Produkt $(-,-)$ nicht symmetrisch. Zum Beispiel ist für $G = \mathcal{S}_n$ im Fall $3 \leq p \mid n$ mit Satz 3.1.3 nämlich $(S^{[n]}, S^{[n-1,1]}) = 1$ und $(S^{[n-1,1]}, S^{[n]}) = 0$.

Was sagen die beiden inneren Produkte für zwei gegebene Moduln aus? Und lassen sich diese auch noch auf andere Weisen bestimmen? Wir wollen im weiteren Verlauf verschiedene Charakterisierungen und Möglichkeiten zur Bestimmung von $\langle -,- \rangle$ betrachten. Das folgende Lemma gibt Interpretationsmöglichkeiten des inneren Produktes $\langle -,- \rangle$ an, und es zeigt, dass es symmetrisch ist.

2.2.14 Lemma
Für zwei kG-Moduln V, W sind gleich:

(i) $\langle V,W \rangle$.

(ii) Die Vielfachheit von $P(k)$ als direkter Summand von $V^* \otimes W$.

(iii) Der Rang von $\sum_{g \in G} g$ auf $V^* \otimes W$.

Zudem ist $\langle -,- \rangle$ symmetrisch.

Beweis. Man siehe Lemma 2.4.1 in [3] für die Gleichheit der Ausdrücke. Da $P(k)$ selbstdual ist folgt mit (ii), dass $\langle -,- \rangle$ symmetrisch ist. □

Damit haben wir verschiedene Möglichkeiten, das innere Produkt $\langle -,- \rangle$ auszuwerten. Aber im Allgemeinen lässt sich $\langle V,W \rangle$ für zwei kG-Moduln V und W, auch mit den angegebenen Charakterisierungen, nicht leicht oder auch gar nicht bestimmen. In der Praxis ist eine Bestimmung dieses Produktes für zwei beliebige Moduln zum Scheitern verurteilt, falls die Dimensionen der Moduln oder die Ordnung der Gruppe zu groß sind, da man in dem einen Fall eine Summe von darstellenden Matrizen aller Gruppenelemente bestimmen müsste und im anderen Fall eine Zerlegung eines entsprechenden Tensorproduktes. Diese Vorgehen stoßen schnell an die Grenzen des Machbaren und sind deshalb in der Regel nicht praktikabel. Eine Frage ist daher, ob man dieses Produkte für bestimmte Moduln durch eine in der Praxis leichter anwendbare Methode bestimmen kann. Für Youngmoduln fällt die Antwort auf diese Frage positiv aus. Im fünften Teil dieses Kapitels werden wir nämlich sehen, dass man für zwei Youngmoduln V, W das Produkt $\langle V,W \rangle$ durch das gewöhnliche Skalarprodukt von Klassenfunktionen bestimmen kann.

Wir geben ein paar Eigenschaften der beiden inneren Produkte an. Für induzierte bzw. eingeschränkte Moduln gilt eine Frobenius-Reziprozität für $\langle -,- \rangle$. Für das andere Produkt $(-,-)$ gelten die analogen Aussagen, man vergleiche dazu Lemma 1.3.7.

2.2.15 Satz
Es sei $H \leq G$, M ein kH-Modul und U,V,W drei kG-Moduln. Dann gilt:

(a) $\langle M, \operatorname{Res}_H^G(V) \rangle = \langle \operatorname{Ind}_H^G(M), V \rangle$.

(b) $\langle U \otimes V, W \rangle = \langle U, V^* \otimes W \rangle = \langle k, U^* \otimes V^* \otimes W \rangle$.

Beweis. Für die erste Aussage vergleiche man Corollary 2.4.6 in [3]. Die zweite Aussage folgt direkt aus Lemma 2.2.14. □

Zum Abschluss dieses Abschnitts wollen wir noch Ergebnisse zu $\langle V, W \rangle$ angeben, falls einer der Moduln einfach ist.

2.2.16 Satz
Es sei $\{S_i : 1 \leq i \leq l\}$ ein vollständiges Vertretersystem der einfachen kG-Moduln. Es sei β_i der Frobeniuscharakter von S_i, für $1 \leq i \leq l$. Dabei sei der *Frobeniuscharakter* eines kG-Moduls der Charakter, der durch die Spur einer entsprechenden Matrixdarstellung über k gegeben sei. Weiter sei

$$f_i := \sum_{g \in G} \beta_i(g^{-1})g \text{ für } 1 \leq i \leq l.$$

Ist nun W ein kG-Modul und $Wf_i \neq 0$, dann gilt

$$\dim_k(Wf_i) = \dim_k(S_i) \cdot \langle S_i, W \rangle.$$

Beweis. Man vergleiche Proposition 1 in [63]. □

In [40] wird ein ähnliches Ergebnis erzielt. Dort werden Koordinatenfunktionen einer einfachen Darstellung anstatt Frobeniuscharaktere verwendet, um die Vielfachheiten eines projektiven Moduls zu bestimmen. Also könnte man mit einer Koordinatenfunktion, die möglichst oft den Wert Null annimmt, das Problem mit der Summation über die Gruppenelemente verkleinern. Aber im Allgemeinen ist nicht viel über die Koordinatenfunktionen einer einfachen Darstellung bekannt. Wir können $\langle V, W \rangle$ auswerten, falls einer der Moduln einfach ist und der andere unzerlegbar.

2.2.17 Satz
Ist V ein einfacher und W ein unzerlegbarer kG-Modul, dann gilt:

$$\langle V, W \rangle = \begin{cases} 1, & \text{falls } W \cong P(V), \\ 0, & \text{sonst.} \end{cases}$$

Zudem ist $\langle -, - \rangle$ nicht ausgeartet, das heißt, zu $0 \neq x \in A(G)$ existiert ein $y \in A(G)$ mit $\langle x, y \rangle \neq 0$.

Beweis. Man vergleiche Theorem 2.18.4 und Corollary 2.18.5 in [3]. □

Als direkte Folgerung aus diesem Satz bekommen wir mit Lemma 2.2.14: Ist V ein einfacher kG-Modul, so ist $P(k) \mid P(V) \otimes V^*$.

2.3 Youngring

Ab jetzt sei wieder $G = S_n$. Mit Mackeys Tensorproduktsatz folgt, dass das Tensorprodukt zweier Youngpermutationsmoduln eine direkte Summe von Youngpermutationsmoduln ist. Folglich ist damit auch das Tensorprodukt zweier Youngmoduln eine direkte Summe von Youngmoduln. Wir möchten nun im Folgenden den Unterring von $A(S_n, triv)$, der durch die Youngmoduln erzeugt wird, näher betrachten.

2.3.1 Definition
Es sei $A(Y_n)$ der Unterring von $A(S_n, triv)$, der von den Youngmoduln erzeugt wird. Wir nennen ihn den *Youngring*.

Die $\mathbb{C}$-Dimension von $A(Y_n)$ ist gleich der Mächtigkeit der Menge von Partitionen von n, denn offensichtlich bildet $\{[Y^\lambda] : \lambda \vdash n\}$ eine $\mathbb{C}$-Basis von $A(Y_n)$. Im Allgemeinen ist $A(Y_n)$ kein Ideal in $A(S_n, triv)$, da das Einselement von $A(S_n)$ in $A(Y_n)$ liegt und $A(Y_n) \subsetneq A(S_n, triv)$ ist. Aus diesem Grund können wir nicht ohne Weiteres die Ergebnisse von [7] auf den Youngring anwenden. Dennoch werden wir einige Ideen und Resultate von dort hier aufnehmen. Wir können direkt von $A(S_n, triv)$ schließen, dass $A(Y_n)$ halbeinfach ist.

2.3.2 Lemma
Der Ring $A(Y_n)$ hat keine nicht-trivialen nilpotenten Elemente. Insbesondere ist $A(Y_n)$ halbeinfach.
Beweis. Nach Satz 2.2.8 hat $A(S_n, triv)$ keine nicht-trivialen nilpotenten Elemente. Wegen $A(Y_n) \subseteq A(S_n, triv)$ hat auch $A(Y_n)$ keine nicht-trivialen nilpotenten Elemente. Es folgt, dass $J(A(Y_n)) = 0$ ist, und somit ist $A(Y_n)$ halbeinfach. $\square$

Wir werden in diesem Abschnitt feststellen, dass die Kenntnis der Spezies von $A(Y_n)$ äquivalent zu der Kenntnis der gewöhnlichen Charaktere der Youngmoduln ist. Um die Spezies von $A(Y_n)$ zu bestimmen, reicht es aus, die Werte dieser Spezies auf einer Basis von $A(Y_n)$ zu bestimmen. In diesem Fall kommt in kanonischer Weise die Basis, die aus den unzerlegbaren Youngmoduln besteht, in Frage. Deshalb betrachten wir zunächst die gewöhnlichen Charaktere der Youngmoduln.

2.3.3 Definition und Bemerkung
Es sei $\lambda \vdash n$. Wir bezeichnen mit ζ^λ den Charakter des gewöhnlichen Spechtmoduls zu λ.

Mit Theorem 4.12 in [38] folgt $\{\zeta^\lambda : \lambda \vdash n\} = \mathrm{Irr}(S_n)$. Der Modul $\widetilde{M}^\lambda := \mathrm{Ind}_{S_\lambda}^{S_n}(R)$ ist ein RS_n-Lift von M^λ, und es sei ξ^λ der gewöhnliche Charakter von $\widetilde{M}^\lambda$. Also ist $\xi^\lambda = \chi_{M^\lambda}$. Der Charakter ξ^λ ist nach Corollary 17.14 in [38] unabhängig vom Körper k, und die irreduziblen Konstituenten von ξ^λ lassen sich mit der Littlewood-Richardson-Regel, 2.8.13 in [36], bestimmen. Nach Theorem 4.13 in [38] gilt

$$\xi^\lambda = \zeta^\lambda + \sum_{\nu \rhd \lambda} \kappa^0_{\lambda,\nu} \zeta^\nu, \tag{2.1}$$

mit $\kappa^0_{\lambda,\nu} \in \mathbb{N}$. Allgemein bezeichne $\kappa^0_{\lambda,\nu}$ die Vielfachheit von ζ^ν als Konstituent von ξ^λ. Also ist nach Gleichung (2.1) insbesondere $\kappa^0_{\lambda,\nu} = 0$, falls $\nu \not\rhd \lambda$ ist, und $\kappa^0_{\lambda,\lambda} = 1$. Mann nennt die Zahlen $\kappa^0_{\lambda,\mu}$ auch die *gewöhnlichen Kostkazahlen*.

Da $Y^\lambda \mid M^\lambda$ ist, und Y^λ eine triviale Quelle hat, hat Y^λ nach Satz 1.5.5 einen bis auf Isomorphie eindeutigen RS_n-Lift $\widetilde{Y}^\lambda$ mit trivialer Quelle und $\widetilde{Y}^\lambda \mid \widetilde{M}^\lambda$. Wir setzen $\chi^\lambda := \chi_{Y^\lambda}$. Mit Satz 2.1.2 folgern wir

$$\widetilde{M}^\lambda \cong \widetilde{Y}^\lambda \oplus \bigoplus_{\nu \rhd \lambda} \kappa^p_{\lambda,\nu} \widetilde{Y}^\nu,$$

und damit erhalten wir für die entsprechenden Charaktere

$$\xi^\lambda = \chi^\lambda + \sum_{\nu \rhd \lambda} \kappa_{\lambda,\nu}^p \chi^\nu. \qquad (2.2)$$

Wir zeigen mit einer Induktion nach der lexikographischen Ordnung, dass

$$\chi^\lambda = \zeta^\lambda + \sum_{\nu \rhd \lambda} d_{\lambda,\nu} \zeta^\nu \qquad (2.3)$$

mit gewissen $d_{\lambda,\nu} \in \mathbb{N}$ gilt. Die Behauptung stimmt sicherlich für die lexikographisch größte Partition $[n]$, da $\zeta^{[n]} = \chi^{[n]} = \xi^{[n]}$ ist. Die Behauptung sei also für ein $\mu \vdash n$ und alle lexikographisch größeren Partitionen von n gezeigt. Ist nun λ die lexikographisch größte Partition die lexikographisch kleiner ist als μ, dann ist nach Induktion ζ^λ kein Konstituent von χ^ν, falls $\lambda < \nu$ ist. Die Behauptung für χ^λ folgt nun direkt aus den Gleichungen (2.1) und (2.2). Damit folgt dann die Behauptung für die Gleichung (2.3). □

Wir wollen dem Youngring eine Charaktertafel zuordnen. Für $\lambda \vdash n$ bezeichnen wir mit c_λ ab jetzt ein Element von $\mathcal{S}_n$ vom Zykeltyp λ.

2.3.4 Definition
Es sei $m := |\mathbb{P}_n|$ und $\mathbb{P}_n = \{\lambda^i : 1 \leq i \leq m\}$ mit $\lambda^i < \lambda^{i+1}$ für $1 \leq i \leq m-1$. Wenn wir eine solche Anordnung der Partitionen von n nutzen möchten, so schreiben wir dann dafür auch $\mathbb{P}_n = \{\lambda^1 < \cdots < \lambda^m\}$. Wir setzen $C_n^p := (\chi^{\lambda^i}(c_{\lambda^j}))_{i,j}$. Unter dieser getroffenen Anordnung der Tafel stehen in der ersten Spalte von C_n^p die Dimensionen der entsprechenden Youngmoduln und in der letzten Zeile stehen Einsen. Wir bezeichnen mit $C_n := (\zeta^{\lambda^i}(c_{\lambda^j}))_{i,j}$ die gewöhnliche Charaktertafel von $\mathcal{S}_n$, und mit $P_n := (\xi^{\lambda^i}(c_{\lambda^j}))_{i,j}$ bezeichnen wir die Matrix, deren Einträge die Werte der gewöhnlichen Charaktere der Youngpermutationsmoduln sind.

Wir bekommen mit den p-Kostkazahlen den folgenden Zusammenhang zwischen den verschiedenen Typen von Charakteren.

2.3.5 Bemerkung
Es sei $\mathbb{P}_n$ wie oben gegeben. Dann seien $\kappa_n^0 := (\kappa_{\lambda^i,\lambda^j}^0)_{i,j}$ und $\kappa_n^p := (\kappa_{\lambda^i,\lambda^j}^p)_{i,j}$, wobei $\kappa_{\lambda^i,\lambda^j}^0$ gemäß 2.3.3 gegeben sei und $\kappa_{\lambda^i,\lambda^j}^p$ die p-Kostkazahlen seien, $1 \leq i,j \leq m$. Nach Definition ist κ_n^0 eine obere Dreiecksmatrix mit Einsen auf der Diagonalen, und κ_n^p ist nach Bemerkung 2.1.6 eine obere Dreiecksmatrix mit Einsen auf der Diagonalen. Also sind diese beiden Matrizen invertierbar, sogar schon über $\mathbb{Z}$. Nach Abschnitt 2.2 in [36] gilt $P_n = \kappa_n^0 C_n$, und dies ist äquivalent zu $(\kappa_n^0)^{-1} P_n = C_n$. Ist nun $p > 0$, so erhält man mit Bemerkung 2.1.6 und der Definition der p-Kostkazahlen analog $P_n = \kappa_n^p C_n^p$. Dies ist wiederum äquivalent zu $(\kappa_n^p)^{-1} P_n = C_n^p$. Insbesondere sind alle hier vorkommenden Matrizen invertierbar, da die gewöhnliche Charaktertafel C_n invertierbar ist. Da κ_n^p eine obere Dreiecksmatrix mit Einsen auf der Diagonalen ist, ist κ_n^p insbesondere über $\mathbb{Z}$ invertierbar. Da die Einträge der Matrix P_n alle aus $\mathbb{N}$ sind, folgt, dass die Einträge von C_n^p alle aus $\mathbb{Z}$ sind. Nach Theorem 2.2.10 in [36] gilt:

$$\mathbb{Z}[\mathrm{Irr}(\mathcal{S}_n)] = \mathbb{Z}[\{\zeta^\lambda : \lambda \vdash n\}] = \mathbb{Z}[\{\xi^\lambda : \lambda \vdash n\}].$$

Da wie oben erwähnt κ_n^p über $\mathbb{Z}$ invertierbar ist folgern wir:

$$\mathbb{Z}[\mathrm{Irr}(\mathcal{S}_n)] = \mathbb{Z}[\{\xi^\lambda : \lambda \vdash n\}] = \mathbb{Z}[\{\chi^\lambda : \lambda \vdash n\}].$$

Also ist $\{\chi^\lambda : \lambda \vdash n\}$ ein $\mathbb{Z}$-Basis von $\mathbb{Z}[\mathrm{Irr}(\mathcal{S}_n)]$. □

2.3. Youngring

Im Folgenden werden wir feststellen, dass wir aus den Zeilen von C_n^p die Werte aller Spezies von $A(Y_n)$ auf den Youngmoduln erhalten. Damit sind wir in der Lage, mit der Kenntnis von C_n^p die Produkte von Youngmoduln zu beschreiben. Wir können mit den allgemeinen Ergebnissen über Spezies aus dem ersten Abschnitt Folgendes aussagen.

2.3.6 Lemma
Es ist $\{s_{H,x} : H = \langle c_\lambda \rangle, H/O_p(H) = \langle x \rangle$ für ein $\lambda \vdash n\}$ die Menge der Spezies von $A(Y_n)$.

Beweis. Es sei $H = \langle c_\lambda \rangle$ mit $\lambda \vdash n$, und es sei Y^μ ein Youngmodul. Weiter sei $\langle x \rangle = H/O_p(H)$. Wir betrachten die Einschränkung der Spezies $s_{H,x}$ auf $A(Y_n)$. Diese eingeschränkte Spezies ist eine Spezies von $A(Y_n)$. Nach Satz 2.2.11 ist H ein Ursprung von $s_{H,x}$. Mit Satz 2.2.12 existiert dann ein $r \in \mathbb{N}$, sodass c_λ^r ein Erzeuger von H ist und $s_{H,x}(Y^\mu) = \chi^\mu(c_\lambda^r)$ gilt. Da c_λ^r in $\mathcal{S}_n$ zu c_λ konjugiert ist, gilt also

$$\chi^\mu(c_\lambda) = s_{H,x}(Y^\mu). \tag{2.4}$$

Also ist die Auswertung dieser Spezies unabhängig von x. Da die Auswertung von χ^μ zudem auch nicht von H abhängt, sondern nur vom Zykeltyp von c_λ, folgt auch, dass diese Spezies von $A(Y_n)$ nicht von H abhängt, sondern nur von der Konjugiertenklasse eines Erzeugers π von H. Damit sei also $s_\lambda := s_{H,x}$ für $H = \langle c_\lambda \rangle$. Wir zeigen nun, dass die Menge $\{s_\lambda : \lambda \vdash n\}$ linear unabhängig ist, und insbesondere sind die Elemente paarweise verschieden. Es sei

$$0 = \sum_{\lambda \vdash n} a_\lambda s_\lambda$$

mit $a_\lambda \in \mathbb{C}$. Für jedes $\mu \vdash n$ gilt dann:

$$0 = \sum_{\lambda \vdash n} a_\lambda s_\lambda(Y^\mu) = \sum_{\lambda \vdash n} a_\lambda \chi^\mu(c_\lambda).$$

Es folgt

$$0 = \sum_{\lambda \vdash n} a_\lambda [\chi^{\lambda^1}(c_\lambda), \ldots, \chi^{\lambda^m}(c_\lambda)]^{tr},$$

mit $\mathbb{P}_n = \{\lambda^1 < \cdots < \lambda^m\}$. Da C_n^p nach Bemerkung 2.3.5 invertierbar ist, sind insbesondere die Spalten von C_n^p linear unabhängig. Also muss $a_\lambda = 0$ sein für alle $\lambda \vdash n$. Damit ist $\{s_\lambda : \lambda \vdash n\}$ linear unabhängig. Aus Dimensionsgründen folgt auch, dass $\{s_\lambda : \lambda \vdash n\}$ die Menge aller Algebrenhomomorphismen von $A(Y_n)$ nach $\mathbb{C}$ ist, da $\{[Y^\lambda] : \lambda \vdash n\}$ eine Basis von $A(Y_n)$ ist. Also ist $\{s_\lambda : \lambda \vdash n\}$ die Menge der Spezies von $A(Y_n)$, und es folgt die Behauptung. □

Aus dem Beweis des obigen Lemmas folgern wir, dass es für den Youngring gleichbedeutend ist, ob man die Spezies von $A(Y_n)$ kennt oder die gewöhnlichen Charaktere der Youngmoduln.

2.3.7 Definition
Es sei $\lambda \vdash n$ und $s_{H,x}$ mit $H := \langle c_\lambda \rangle$ und $H/O_p(H) = \langle x \rangle$ eine Spezies von $A(Y_n)$. Dann setzen wir $s_\lambda := s_{H,x}$. Diese ist nach dem Beweis von Lemma 2.3.6 auch wohldefiniert, und es gilt $s_\lambda(Y^\mu) = \chi^\mu(c_\lambda)$. Und es ist $\{s_\lambda : \lambda \vdash n\}$ die Menge der Spezies von $A(Y_n)$.

Alternativ lassen sich die Spezies von $A(Y_n)$ auch über die Charaktere der Youngmoduln und Gleichung (2.4) definieren. Im Prinzip müsste man dann eine ähnliche Rechnung wie im obigen Lemma machen, um zu prüfen, dass die so definierte Abbildung auch eine Spezies ist.

Mit Hilfe der Charaktere der Youngmoduln ist es nun möglich, die Zerlegung eines Tensorproduktes zweier Youngmoduln durch die Zerlegung des Produktes der entsprechenden Charaktere bezüglich der Basis $\{\chi^\lambda : \lambda \vdash n\}$ zu bestimmen. Denn es gilt die folgende Bemerkung.

2.3.8 Bemerkung

Es seien $\lambda, \mu \vdash n$. Genau dann ist $Y^\lambda \otimes Y^\mu \cong \bigoplus_{\nu \vdash n} a^\nu_{\lambda,\mu} Y^\nu$, wenn $\chi^\lambda \chi^\mu = \sum_{\nu \vdash n} a^\nu_{\lambda,\mu} \chi^\nu$ ist, wobei $a^\nu_{\lambda,\mu} \in \mathbb{N}$ sei.

Beweis. Nach Lemma 2.3.6 ist $\{s_\tau : \tau \vdash n\}$ die Menge der Spezies von $A(Y_n)$, und nach Lemma 2.3.2 ist $A(Y_n)$ halbeinfach. Damit können wir dann folgern: Genau dann ist $Y^\lambda \otimes Y^\mu \cong \bigoplus_{\nu \vdash n} a^\nu_{\lambda,\mu} Y^\nu$, wenn $s_\tau(Y^\lambda) s_\tau(Y^\mu) = \sum_{\nu \vdash n} a^\nu_{\lambda,\mu} s_\tau(Y^\nu)$ für alle $\tau \vdash n$ ist. Dies ist äquivalent zu $\chi^\lambda(c_\tau) \chi^\mu(c_\tau) = \sum_{\nu \vdash n} a^\nu_{\lambda,\mu} \chi^\nu(c_\tau)$ für alle $\tau \vdash n$. Damit ist die Behauptung gezeigt. □

Die Aussage der obigen Bemerkung kann man auch alternativ ohne die Erwähnung der Spezies von $A(Y_n)$ erhalten. Dazu muss man die Tensorprodukte der entsprechenden RG-Lifts der Youngmoduln und das Produkt der entsprechenden Charaktere betrachten. Damit können wir die Aussage der obigen Bemerkung folgern, da die Youngmoduln bis auf Isomorphie eindeutige Lifts mit trivialer Quelle haben.

Es reicht also aus, die Charaktere der Youngmoduln zu kennen, um Berechnungen im Youngring $A(Y_n)$ machen zu können. Dies ist für die Praxis entschieden einfacher, als mit den entsprechenden Darstellungen zu arbeiten. Es gibt aber noch eine weitere Möglichkeit, diese Produkte zu berechnen. Theoretisch kann man das Tensorprodukt zweier Youngmoduln auch aus dem Tensorprodukt von Youngpermutationsmoduln bestimmen, wenn alle entsprechenden p-Kostkazahlen bekannt sind. Das Tensorprodukt zweier Youngpermutationsmoduln kann man leicht bestimmen, man vergleiche dazu Lemma 2.9.16 in [36]. Im Allgemeinen ist dies aber kein praktikables Verfahren, da die p-Kostkazahlen nicht bekannt sind.

Wie kann man die Charaktere der Youngmoduln bestimmen? Wir haben in Bemerkung 2.3.5 gesehen, dass man C_n^p mit Hilfe von P_n berechnen kann. Dabei muss man aber die Matrix κ_n^p kennen. Generell ist diese aber auch nicht bekannt. Möchte man nun rechnerisch einige dieser Tafeln bestimmen, so kann man sich ein allgemeines Vorgehen bei kommutativen und halbeinfachen Algebren zu Nutzen machen. Wir wollen darauf hier kurz eingehen.

Für endlich-dimensionale, kommutative und halbeinfache Algebren über einem Körper F ist allgemein bekannt, wie man die Algebrenhomomorphismen von einer solchen Algebra nach F mittels Strukturkonstanten bestimmen kann. Dies können wir auch für den Ring $A(Y_n)$ ausnutzen.

Wenn wir die Spezies einer kommutativen, halbeinfachen F-Algebra A praktisch bestimmen wollen, so können wir dies wie folgt tun; man siehe Satz A.2.1:

- Bestimmung der Strukturkonstanten von A bezüglich einer festen F-Basis.
- Bestimmung der simultanen Eigenvektoren der Strukturkonstantenmatrizen.

Aus den so bestimmten Eigenvektoren kann man die Werte der Spezies auf den Basiselementen der gewählten Basis ermitteln. Die Bestimmung der Strukturkonstantenmatrix ist aber im Allgemeinen ein sehr mühsames Vorgehen. Wenn wir nämlich die Strukturkonstanten bezüglich der Basis, die aus den Youngmoduln besteht, bestimmen möchten, dann müssen wir die Darstellungen der Youngmoduln erzeugen und dann sämtliche Tensorprodukte der Youngmoduln bestimmen. Dies ist in der Praxis nur für kleine n praktikabel. Für $p \in \{2,3\}$ und $p \leq n \leq 13$ wurden im Zuge dieser Arbeit alle Charaktertafeln von $A(Y_n)$ mit **GAP** bestimmt. Dazu wurden aber nicht die Methoden aus Satz A.2.1 benutzt, sondern es wurden gemäß Bemerkung 2.3.5 die Charaktere der Youngpermutationsmoduln und die p-Kostkazahlen benutzt. Die p-Kostkazahlen wurden von Jürgen Müller zur Verfügung gestellt. Unter Zuhilfenahme dieser Tafeln konnten aber noch zusätzlich die Charaktertafeln des Unterrings von $A(\mathcal{S}_n)$, die von den verallgemeinerten Youngmoduln erzeugt werden, für $p = 3$ und $n \in \{3,4,5,6,7,8\}$ bestimmt werden. Die berechneten

2.3. Youngring

Tafeln befinden sich im Anhang. Diese Ringe enthalten die jeweiligen Youngringe als Unterringe. In diesen Fällen wurden explizit die Strukturkonstanten bezüglich der Basis der verallgemeinerten Youngmoduln und die simultanen Eigenvektoren der entsprechenden Matrizen bestimmt.

Wir wollen nun am Schluss dieses Abschnitts einen bekannten Zusammenhang zwischen den gewöhnlichen irreduziblen Charakteren von $\mathcal{S}_n$ und den Charakteren der Youngmoduln angeben. Dabei spielt die Zerlegungsmatrix der Schuralgebra eine wesentliche Rolle. Kurz und knapp gesagt kann man mit der Schuralgebra die Darstellungstheorie der vollen linearen Gruppe über k und die Darstellungstheorie der symmetrischen Gruppe verknüpfen. Für eine weiterführende Lektüre zur Darstellungstheorie der Schuralgebra und zum angemerkten Zusammenhang verweisen wir an dieser Stelle auf die Bücher von Green [29] und Martin [50].

2.3.9 Definition
Es sei $\mathrm{Gl}_n(k)$ die Gruppe der invertierbaren $n \times n$-Matrizen über k. Und es sei $E = k^n$ der natürliche $\mathrm{Gl}_n(k)$-Linksmodul mit k-Basis $\{e_i : 1 \leq i \leq n\}$. Dann bildet $\{e_{i_1} \otimes \cdots \otimes e_{i_r} : i_j \in \{1, \ldots, n\}$ für alle $j\}$ eine k-Basis von $E^{\otimes r}$. Der Vektorraum $E^{\otimes r}$ wird durch

$$g(e_{i_1} \otimes \cdots \otimes e_{i_r}) := ge_{i_1} \otimes \cdots \otimes ge_{i_r}$$

für $g \in \mathrm{Gl}_n(k)$ zu einem ein $\mathrm{Gl}_n(k)$-Linksmodul. Durch

$$(e_{i_1} \otimes \cdots \otimes e_{i_r})\pi := e_{i_{\pi^{-1}(1)}} \otimes \cdots \otimes e_{i_{\pi^{-1}(r)}}$$

für $\pi \in \mathcal{S}_r$ wird $E^{\otimes r}$ zu einem $\mathcal{S}_r$-Rechtsmodul. Man sieht leicht, dass $g(e_i\pi) = (ge_i)\pi$ ist für $g \in \mathrm{Gl}_n(k)$ und $\pi \in \mathcal{S}_r$. Damit können wir die *Schuralgebra* wie folgt definieren:

$$S(n,r) := \mathrm{End}_{k\mathcal{S}_r}(E^{\otimes r}).$$

Ein direkter Zusammenhang zwischen Youngmoduln und der Schuralgebra wird in Abschnitt 4.6 in [50] angegeben. Zum Beispiel findet man dort, dass die Schuralgebra isomorph zu einer direkten Summe von Endomorphismenringen gewisser Youngmoduln ist. Der nun folgende Satz gibt eine Verbindung zwischen den gewöhnlichen Charakteren von $\mathcal{S}_n$ und den Charakteren der Youngmoduln mittels der Zerlegungszahlen $d^p_{\lambda,\mu}$ von $S(n,n)$ an. Eine Definition der Zerlegungszahlen der Schuralgebra entnehme man Kapitel 8 in [25].

2.3.10 Satz
Es sei $d_{n,p} := (d^p_{\lambda^i,\lambda^j})_{1 \leq i,j \leq m}$ die Zerlegungsmatrix der Schuralgebra $S(n,n)$, wobei $\mathbb{P}_n = \{\lambda^1 < \lambda^2 < \cdots < \lambda^m\}$ sei. Dann gibt der Eintrag $d^p_{\lambda^i,\lambda^j}$ die Vielfachheit von ζ^{λ^i} als Konstituent in χ^{λ^j} an. In Matrixschreibweise: $C^p_n = d^{tr}_{n,p}C_n$. Die p-modulare Zerlegungsmatrix von $\mathcal{S}_n$ erhält man durch Streichen der Spalten von $d_{n,p}$, die durch p-singuläre Partitionen indiziert sind.
Beweis. Man siehe Folgerung 8.13 in [25] oder Theorem 3.1 in [39]. □

Sind also die Charaktertafeln C_n und C^p_n bekannt, so liegen damit auch implizit die Zerlegungszahlen von $\mathcal{S}_n$ vor. Wir schließen diesen Abschnitt mit dem folgenden Korollar über den Zusammenhang zwischen den Kostkazahlen und der Zerlegungsmatrix der Schuralgebra $S(n,n)$.

2.3.11 Korollar
Es gilt: $d^{tr}_{n,p} = (\kappa^p_n)^{-1}\kappa^0_n$.
Beweis. Nach Satz 2.3.10 gilt $C^p_n = d^{tr}_{n,p}C_n$. Mit Bemerkung 2.3.5 ist dies äquivalent zu $(\kappa^p_n)^{-1}P_n = d^{tr}_{n,p}(\kappa^0_n)^{-1}P_n$. Da P_n invertierbar ist, folgt nun die behauptete Gleichung. □

2.4 Verallgemeinertes Signum

Wir werden eine Klassenfunktion von $\mathcal{S}_n$ untersuchen, die wir zunächst losgelöst von Fragen zur modularen Darstellungstheorie betrachten werden. Sie wird aber bei der Auswertung von $\langle -, - \rangle$ auf $A(Y_n)$ eine Rolle spielen. In diesem Abschnitt sei $2 \leq q \in \mathbb{N}$.

2.4.1 Definition
Es sei $\pi \in \mathcal{S}_n$ und $\pi = \pi_1 \ldots \pi_l$ sei eine Zerlegung von π in disjunkte Zykel. Dann setzen wir

$$z_q(\pi) := |\{i : q \mid |\pi_i|, 1 \leq i \leq l\}|.$$

Also ist $z_q(\pi)$ gleich der Anzahl der durch q teilbaren Zykellängen von π. Wir definieren damit die folgende Klassenfunktion:

$$\operatorname{sgn}_n^q : \mathcal{S}_n \longrightarrow \mathbb{Z}$$
$$\pi \mapsto (1-q)^{z_q(\pi)}.$$

Offensichtlich ist sgn_n^q eine wohldefinierte Klassenfunktion von $\mathcal{S}_n$. Wir nennen sgn_n^q *verallgemeinertes Signum* oder *q-Signum*.

Wir wollen das q-Signum untersuchen. Dabei wollen wir zeigen, dass diese Funktion ein verallgemeinerter Charakter ist, und wir wollen einige Aussagen über die Konstituenten dieser Funktion treffen. Äußerst einfach gestaltet sich dies im Fall $q = 2$, da $\operatorname{sgn}_n^2 = \operatorname{sgn}$ ist. Wichtig sind die Informationen zu den Charakterwerten der irreduziblen Charaktere von $\mathcal{S}_n$ auf einem n-Zykel. Sie werden wir im Folgenden häufig benötigen.

2.4.2 Bemerkung
Nach 2.3.17 in [36] gilt für eine Partition λ von n:

$$\zeta^\lambda(c_{[n]}) = \begin{cases} (-1)^i, & \text{falls } \lambda = [n-i, 1^i] \text{ für ein } 0 \leq i \leq n-1, \\ 0, & \text{sonst.} \end{cases} \quad (2.5)$$

Ist f ein Klassenfunktion von $\mathcal{S}_n$, und $(\zeta^\lambda, f)_{\mathcal{S}_n} = a_\lambda$ für $\lambda \vdash n$, dann gilt:

$$f(c_{[n]}) = \sum_{\lambda \vdash n} a_\lambda \zeta^\lambda(c_{[n]}) \underset{(2.5)}{=} \sum_{i=0}^{n-1} a_{[n-i,1^i]}(-1)^i.$$

□

Die Aussage dieser Bemerkung werden wir im Folgendem häufig nutzen. Wir werden auch noch sehen, dass die Charaktere zu Hakenpartitionen bei den kommenden Untersuchungen eine wichtige Rolle spielen. Wir verwenden ab jetzt die folgende Schreibweisen und Symbole: $\zeta_{n,i} := \zeta^{[n-i,1^i]}$ für $0 \leq i \leq n-1$. Für $i, j \in \mathbb{N}$ sei

$$\delta_{i,j} := \begin{cases} 1, & \text{falls } i = j, \\ 0, & \text{sonst,} \end{cases}$$

das *Kronecker-Delta*, und

$$\delta_{i \geq j} := \begin{cases} 1, & \text{falls } i \geq j, \\ 0, & \text{sonst.} \end{cases}$$

Analog seien die beiden oberen Symbole auch für Partitionen definiert. In dieser Arbeit werden wir von den Charakteren des folgenden Lemmas an verschiedenen Stellen Gebrauch machen.

2.4. Verallgemeinertes Signum

2.4.3 Lemma
Es sei $0 \leq i \leq n$. Wir setzen $\xi(n-i|i) := \mathrm{Ind}_{\mathcal{S}_{n-i} \times \mathcal{S}_i}^{\mathcal{S}_n}(\zeta_{n-i,0} \boxtimes \zeta_{i,i-1})$. Dann gilt:

$$\xi(n-i|i) = \zeta_{n,i} + \zeta_{n,i-1}.$$

Beweis. Die Behauptung folgt unmittelbar mit der Littlewood-Richardson-Regel, 2.8.13 in [36]. □

Unser Hauptanliegen ist es zu zeigen, dass $\mathrm{sgn}_n^q \in \mathbb{Z}[\mathrm{Irr}(\mathcal{S}_n)]$ ist. Dazu bestimmen wir zuerst die Vielfachheiten der Charaktere zu Hakenpartitionen als Konstituenten von sgn_n^q.

2.4.4 Lemma
Es sei $n \equiv a \pmod{q}$ mit $0 \leq a < q$. Dann gilt für $0 \leq i \leq n-1$:

$$(\zeta_{n,i}, \mathrm{sgn}_n^q)_{\mathcal{S}_n} = \begin{cases} (-1)^{i+1} \delta_{i \geq n-q+1}, & \text{falls } q \mid n, \\ (-1)^i \delta_{i,n-a}, & \text{falls } q \nmid n. \end{cases}$$

Beweis. Wir führen den Beweis mit einer Induktion nach n. Ist $n < q$ so ist das q-Signum der triviale Charakter von $\mathcal{S}_n$, also $\mathrm{sgn}_n^q = \zeta^{[n]}$, und es gilt $n = a$. Dies entspricht genau der Behauptung in diesen Fällen. Es sei also $n \geq q$. Für $0 \leq i \leq n-1$ setzen wir $a_i := (\zeta_{n,i}, \mathrm{sgn}_n^q)_{\mathcal{S}_n}$. Unmittelbar aus der Definition von sgn_n^q folgt:

$$\mathrm{Res}_{\mathcal{S}_{n-i} \times \mathcal{S}_i}^{\mathcal{S}_n}(\mathrm{sgn}_n^q) = \mathrm{sgn}_{n-i}^q \boxtimes \mathrm{sgn}_i^q.$$

Da $\xi(n-i|i) = \zeta_{n,i} + \zeta_{n,i-1}$ nach Lemma 2.4.3 ist, erhalten wir dann mit der Frobenius-Reziprozität für $0 < i < n$:

$$\begin{aligned} a_i + a_{i-1} &= (\zeta_{n,i}, \mathrm{sgn}_n^q)_{\mathcal{S}_n} + (\zeta_{n,i-1}, \mathrm{sgn}_n^q)_{\mathcal{S}_n} \\ &= (\xi(n-i|i), \mathrm{sgn}_n^q)_{\mathcal{S}_n} \\ &= (\zeta_{n-i,0} \boxtimes \zeta_{i,i-1}, \mathrm{Res}_{\mathcal{S}_{n-i} \times \mathcal{S}_i}^{\mathcal{S}_n}(\mathrm{sgn}_n^q))_{\mathcal{S}_{n-i} \times \mathcal{S}_i} \\ &= (\zeta_{n-i,0} \boxtimes \zeta_{i,i-1}, \mathrm{sgn}_{n-i}^q \boxtimes \mathrm{sgn}_i^q)_{\mathcal{S}_{n-i} \times \mathcal{S}_i} \\ &= (\zeta_{n-i,0}, \mathrm{sgn}_{n-i}^q)_{\mathcal{S}_{n-i}} \cdot (\zeta_{i,i-1}, \mathrm{sgn}_i^q)_{\mathcal{S}_i} \\ &= \alpha_{n-i} \cdot \beta_i, \end{aligned}$$

wobei $\alpha_{n-i} := (\zeta_{n-i,0}, \mathrm{sgn}_{n-i}^q)_{\mathcal{S}_{n-i}}$ und $\beta_i := (\zeta_{i,i-1}, \mathrm{sgn}_i^q)_{\mathcal{S}_i}$ seien. Da $0 < i < n$ ist, ist insbesondere $n-i < n$, und wir können mit der Induktion folgern:

(a) Genau dann ist $\alpha_{n-i} \neq 0$, wenn $n-i < q$ ist.

(b) Genau dann ist $\beta_i \neq 0$, wenn $i \equiv 0 \pmod{q}$ oder $i \equiv 1 \pmod{q}$ ist.

Wir wollen nun betrachten, wann $a_i + a_{i-1} \neq 0$ ist, das heißt also, bei welchen i die beiden Fälle (a) und (b) zur gleichen Zeit erfüllt sind. Dabei unterscheiden wir zwei Fälle:

(i) Es gelte $n \equiv 0 \pmod{q}$. Genau dann erfüllt i (a) und (b), wenn $n-i < q$ und $i \equiv 0, 1 \pmod{q}$ ist. Gilt $i \equiv 0 \pmod{q}$, so folgt $n-i \equiv 0 \pmod{q}$. Da $n-i < q$ gelten soll, geht dies nur, falls $i = n$ ist. Dieser Fall ist aber hier ausgeschlossen. Im anderen Fall erhalten wir $n-q+1 = i$. Also ist $a_i + a_{i-1} = 0$, falls $i \neq n-q+1$ ist, und $a_{n-q+1} + a_{n-q} = \alpha_{q-1} \cdot \beta_{n-q+1}$. Da $q-1, n-q+1 < n$ und $n-q+1 \equiv 1 \pmod{q}$ ist, schließen wir mit Induktion: $\alpha_{q-1} = 1$ und $\beta_{n-q+1} = (\zeta_{n-q+1,n-q}, \mathrm{sgn}_{n-q+1}^q)_{\mathcal{S}_{n-q+1}} = (-1)^{n-q}$. Damit gilt für $1 \leq i \leq n-1$:

$$a_i = -a_{i-1} + (-1)^{n-q} \delta_{i,n-q+1}. \tag{2.6}$$

Wir setzen $x := a_0$. Aus der Gleichung (2.6) erhalten wir durch rekursives Einsetzen: $a_i = (-1)^i x$, für $1 \leq i \leq n-q$. Wir zeigen nun induktiv, dass $a_i = (-1)^i x + (-1)^{1-i}$ ist für $n-q+1 \leq i < n$. Aus Gleichung (2.6) folgt für $i = n-q+1$: $a_{n-q+1} = -a_{n-q} + (-1)^{n-q} = (-1)^{n-q+1} x + (-1)^{1-n+q-1}$. Es sei nun $n+q-1 < i < n$, dann gilt mit Gleichung (2.6): $a_i = -a_{i-1} = (-1)((-1)^{i-1}x + (-1)^{1-(i-1)}) = (-1)^i x + (-1)^{1-i}$. Wir erhalten so für $1 \leq i \leq n-1$ insgesamt:

$$a_i = (-1)^i x + (-1)^{1-i} \delta_{i \geq n-q+1}. \tag{2.7}$$

Da nach Definition $a_i = (\zeta_{n,i}, \operatorname{sgn}_n^q)_{S_n}$ ist, können wir nun folgern:

$$\begin{aligned}
(1-q) &= \operatorname{sgn}_n^q(c_{[n]}) \\
&\underset{2.4.2}{=} \sum_{i=0}^{n-1} a_i (-1)^i \\
&\underset{(2.7)}{=} \sum_{i=0}^{n-1} (-1)^i x (-1)^i + \sum_{i=n-q+1}^{n-1} (-1)^{1-i}(-1)^i \\
&= nx + \sum_{i=n-q+1}^{n-1} (-1) \\
&= nx + (1-q).
\end{aligned}$$

Es folgt also $x = 0$. Mit Gleichung (2.7) ergibt dies:

$$a_i = (-1)^{1-i} \delta_{i \geq n-q+1} = (-1)^{i+1} \delta_{i \geq n-q+1}.$$

Dies ist die Behauptung in diesem Fall.

(ii) Es gelte $n \not\equiv 0 \pmod{q}$. Wir setzen $x := a_0$. Nun überprüfen wir, für welche i die Bedingungen aus (a) und (b) erfüllt sind. Dabei unterscheiden wir zwei Fälle.

- Es sei zuerst $a \neq 1$. Dann gibt es für i zwei Möglichkeiten: Nämlich $i = n-a$ oder $i = n-a+1$ erfüllen jeweils beide die Bedingungen aus (a) und (b). Mehr Möglichkeiten gibt es nicht. Also ist $a_i + a_{i-1} = 0$, falls $i \notin \{n-a, n-a+1\}$ ist. Da nach Induktion $\alpha_a = 1 = \alpha_{a-1}$ ist, erhalten wir für $1 \leq i \leq n-1$:

$$a_i = -a_{i-1} + \beta_{n-a} \delta_{i,n-a} + \beta_{n-a+1} \delta_{i,n-a+1}. \tag{2.8}$$

Aus Gleichung (2.8) erhalten wir durch rekursives Einsetzen: $a_i = (-1)^i x$, für $1 \leq i \leq n-a-1$. Weiter ist dann $a_{n-a} = (-1)^{n-a} x + \beta_{n-a}$, und $a_{n-a+1} = (-1)^{n-a+1} x - \beta_{n-a} + \beta_{n-a+1}$. Da $n-a$ und $n-a+1 < n$ sind, folgt nach Induktion: $\beta_{n-a+1} = (-1)^{n-a} = \beta_{n-a}$. Also ist $a_{n-a+1} = (-1)^{n-a+1} x$. Es folgt damit $a_i = (-1)^i x$ für alle $n-a < i < n$.

- Ist nun $a = 1$, so gibt es nur die Möglichkeit $i = n-1$. Der Fall $i \equiv 1 \pmod{q}$, impliziert nämlich $i = n$, was hier aber ausgeschlossen ist. Damit ist also für $1 \leq i \leq n-1$:

$$a_i = -a_{i-1} + \beta_{n-1} \delta_{i,n-1}.$$

Nach Induktion ist $\beta_{n-1} = (-1)^{n-1}$. Und somit erhalten wir durch rekursives Einsetzen $a_i = (-1)^i x$ für $1 \leq i \leq n-2$ und $a_{n-1} = (-1)^{n-1} x + (-1)^{n-1}$.

2.4. Verallgemeinertes Signum

Für $1 \leq i \leq n-1$ erhalten wir in beiden Fällen, $a \neq 1$ oder $a = 1$, dann insgesamt:
$$a_i = (-1)^i x + (-1)^i \delta_{i,n-a}. \tag{2.9}$$

Falls also $x = 0$ ist, folgt die Behauptung. Da nach Definition $a_i = (\zeta_{n,i}, \operatorname{sgn}_n^q)_{\mathcal{S}_n}$ ist, können wir folgern:

$$
\begin{aligned}
1 &= \operatorname{sgn}_n^q(c_{[n]}) \\
&\underset{2.4.2}{=} \sum_{i=0}^{n-1} a_i (-1)^i \\
&\underset{(2.9)}{=} \sum_{i=0}^{n-1} (-1)^i x (-1)^i + (-1)^{n-a}(-1)^{n-a} \\
&= nx + 1.
\end{aligned}
$$

Somit ist $x = 0$. Mit Gleichung (2.9) folgt dann:
$$a_i = (-1)^i \delta_{i,n-a}.$$

Dies ist die Behauptung in diesem Fall.

Damit ist die Induktion abgeschlossen, und die Behauptung bewiesen. □

Um zu zeigen, dass $\operatorname{sgn}_n^q \in \mathbb{Z}[\operatorname{Irr}(\mathcal{S}_n)]$ ist, benötigen wir noch folgende Hilfsaussage.

2.4.5 Lemma
Es sei $\mathbb{P}_n = \{\lambda^1 < \cdots < \lambda^m\}$ und f eine Klassenfunktion von $\mathcal{S}_n$. Genau dann ist f ein verallgemeinerter Charakter von $\mathcal{S}_n$, wenn $(f, \xi^{\lambda^i})_{\mathcal{S}_n} \in \mathbb{Z}$ für $1 \leq i \leq m$. Weiter gilt: Existiert ein $1 \leq i \leq m$ mit $(f, \xi^{\lambda^i})_{\mathcal{S}_n} = 0$ bzw. $(f, \chi^{\lambda^j})_{\mathcal{S}_n} = 0$ für alle $j > i$, und $(f, \xi^{\lambda^i})_{\mathcal{S}_n} = a$ bzw. $(f, \chi^{\lambda^i})_{\mathcal{S}_n} = a$, so folgt $(f, \zeta^{\lambda^j})_{\mathcal{S}_n} = 0$ für alle $j > i$, und $(f, \zeta^{\lambda^i})_{\mathcal{S}_n} = a$.

Beweis. Nach Bemerkung 2.3.5 gilt $C_n = \kappa_n^{0-1} P_n$, wobei κ_n^0 eine obere Dreiecksmatrix mit Einträgen aus $\mathbb{Z}$ ist, und deren Diagonaleinträge jeweils gleich 1 sind. Es sei weiter $v := [v_1, \ldots, v_m] \in \mathbb{Q}^{1 \times m}$ mit

$$v_i := \frac{f(c_{\lambda^i})}{|C_{\mathcal{S}_n}(c_{\lambda^i})|}$$

für alle i. Dann gilt:

$$w := \begin{bmatrix} (f, \zeta^{\lambda^1})_{\mathcal{S}_n} \\ \vdots \\ (f, \zeta^{\lambda^m})_{\mathcal{S}_n} \end{bmatrix} = C_n \cdot v^{tr} = \kappa_n^{0-1} P_n \cdot v^{tr}.$$

Nun ist genau dann $(f, \zeta^{\lambda^i})_{\mathcal{S}_n} \in \mathbb{Z}$ für alle i, wenn $w \in \mathbb{Z}^{m \times 1}$ ist. Dies ist äquivalent zu $P_n \cdot v^{tr} = \kappa_n^0 \cdot w \in \mathbb{Z}^{m \times 1}$. Dies wiederum ist äquivalent zu $(f, \xi^{\lambda^i})_{\mathcal{S}_n} \in \mathbb{Z}$ für alle i. Damit ist der erste Teil der Behauptung gezeigt. Kommen wir also nun zum zweiten Teil der Behauptung. Es sei $z := P_n \cdot v^{tr}$ mit $z_i = a$ für ein i und $z_j = 0$ für alle $j > i$. Das heißt also $(f, \xi^{\lambda^i})_{\mathcal{S}_n} = a$ und $(f, \xi^{\lambda^j})_{\mathcal{S}_n} = 0$ für alle $j > i$. Dann ist

$$\begin{bmatrix} * \\ a \\ 0 \end{bmatrix} = z = P_n \cdot v^{tr} = \kappa_n^0 C_n \cdot v^{tr} = \begin{bmatrix} 1 & * & * \\ & \ddots & * \\ & & 1 \end{bmatrix} C_n \cdot v^{tr}.$$

Wegen der Gestalt von κ_n^0 können wir nun folgern, dass $(f,\zeta^{\lambda^i})_{S_n} = a$ und $(f,\zeta^{\lambda^j})_{S_n} = 0$ für alle $j > i$. Damit folgt die Behauptung. Der Beweis für die Charaktere von Youngmoduln geht analog zu dem obigen Beweis für die gewöhnlichen irreduziblen Charaktere, da κ_n^p auch eine obere Dreiecksmatrix mit Einsen auf der Diagonalen ist. □

Wir wollen die Partition von n auszeichnen, deren Teile alle kleiner q sind, und die maximal bezüglich der lexikographischen Ordnung mit dieser Eigenschaft ist.

2.4.6 Definition
Ist $n = a(q-1) + b$ mit $0 \leq b < q-1$, dann sei $\mathrm{sc} := \mathrm{sc}(n,q) := [(q-1)^a, b]$.

Damit erfüllt $\mathrm{sc}(n,q)$ offensichtlich die vorher genannten Eigenschaften. Wir zeigen jetzt, dass sgn_n^q ein verallgemeinerter Charakter ist, und wir geben eine notwendige Bedingung an, die ein Konstituent von sgn_n^q erfüllen muss.

2.4.7 Lemma
Die Klassenfunktion sgn_n^q ist ein verallgemeinerter Charakter. Für eine Partition λ von n gilt $(\mathrm{sgn}_n^q, \xi^\lambda)_{S_n} = \delta_{\mathrm{sc} \geq \lambda}$. Über die Konstituenten von sgn_n^q haben wir folgende Aussage: Gilt $(\mathrm{sgn}_n^q, \zeta^\lambda)_{S_n} \neq 0$, dann ist $\lambda \leq \mathrm{sc}$. Insbesondere ist $(\mathrm{sgn}_n^q, \zeta^{\mathrm{sc}})_{S_n} = 1$.

Beweis. Nach Lemma 2.4.4 gilt für ein $1 \leq m \in \mathbb{N}$:

$$(\mathrm{sgn}_m^q, \zeta_{m,0})_{S_m} = \begin{cases} 1, & \text{falls } m < q, \\ 0, & \text{sonst.} \end{cases} \tag{2.10}$$

Ist $\lambda \vdash n$ und $l := l(\lambda)$, so gilt mit der Frobenius-Reziprozität:

$$\begin{aligned}
(\mathrm{sgn}_n^q, \xi^\lambda)_{S_n} &= (\mathrm{Res}_{S_\lambda}^{S_n}(\mathrm{sgn}_n^q), \zeta_{\lambda_1,0} \boxtimes \cdots \boxtimes \zeta_{\lambda_l,0})_{S_\lambda} \\
&= (\mathrm{sgn}_{\lambda_1}^q \boxtimes \cdots \boxtimes \mathrm{sgn}_{\lambda_l}^q, \zeta_{\lambda_1,0} \boxtimes \cdots \boxtimes \zeta_{\lambda_l,0})_{S_\lambda} \\
&= \prod_{i=1}^l (\mathrm{sgn}_{\lambda_i}^q, \zeta_{\lambda_i,0})_{S_{\lambda_i}} \\
&\overset{(2.10)}{=} \begin{cases} 1, & \text{falls } \lambda_i < q \text{ für alle } i, \\ 0, & \text{sonst.} \end{cases}
\end{aligned}$$

Damit folgt $(\mathrm{sgn}_n^q, \xi^\lambda)_{S_n} = \delta_{\mathrm{sc} \geq \lambda}$. Die restlichen Behauptungen folgen jetzt mit Lemma 2.4.5. □

Es sei ab jetzt $q = p$ eine Primzahl. In diesem speziellen Fall können wir mit Hilfe der p-Kostka-Zahlen schließen, dass alle Konstituenten von sgn_n^p zum Hauptblock von kS_n gehören. Noch wichtiger für uns ist, dass wir damit die Skalarprodukte dieser Funktion mit Charakteren von Youngmoduln bestimmen können. Was wir benötigen, ist die Vielfachheit des 1-PIMs als direkter Summand eines Youngpermutationsmoduls und dessen Parametrisierung als Youngmodul.

2.4.8 Lemma
Es gilt: $S(1) \cong P(k) \cong Y^{\mathrm{sc}}$, und für die p-Kostkazahlen zu der Partition sc gelten:

$$\kappa_{\lambda,\mathrm{sc}}^p = \begin{cases} 1, & \text{falls } \lambda \leq \mathrm{sc}, \\ 0, & \text{sonst.} \end{cases}$$

2.4. Verallgemeinertes Signum

Beweis. Nach Satz 1.5.3 ist $S(1)$ genau dann ein direkter Summand von M^λ, wenn die p-Sylowgruppe von $\mathcal{S}_\lambda$ trivial ist. Dies ist genau dann der Fall, wenn alle Teile von λ echt kleiner als p sind. Damit ist $S(1) \mid M^{\mathrm{sc}}$ und $S(1) \nmid M^\mu$, falls $\mu > \mathrm{sc}$ ist. Mit Satz 2.1.2 folgern wir dann $S(1) \cong Y^{\mathrm{sc}}$. Damit folgt direkt die Aussage über die p-Kostkazahlen, da die Vielfachheit eines Scottmoduls als direkter Summand eines Permutationsmoduls gemäß der Frobenius-Reziprozität genau Null oder Eins ist. □

2.4.9 Lemma
Für $\lambda \vdash n$ gilt $(\mathrm{sgn}_n^p, \chi^\lambda)_{\mathcal{S}_n} = \delta_{\lambda, \mathrm{sc}}$. Ist $(\mathrm{sgn}_n^p, \zeta^\lambda)_{\mathcal{S}_n} \neq 0$, dann liegt λ in B_0.

Beweis. Mit Lemma 2.4.7 erhalten wir $(\mathrm{sgn}_n^p, \xi^\lambda)_{\mathcal{S}_n} = \delta_{\mathrm{sc} \geq \lambda}$, und nach (2.2) ist $\xi^\lambda = \chi^\lambda + \sum_{\nu \rhd \lambda} \kappa_{\lambda, \nu}^p \chi^\nu$. Aus Lemma 2.4.5 folgt: $(\mathrm{sgn}_n^p, \chi^\lambda)_{\mathcal{S}_n} = 0$ falls $\lambda > \mathrm{sc}$ ist und $(\mathrm{sgn}_n^p, \chi^{\mathrm{sc}})_{\mathcal{S}_n} = 1$. Damit gilt insbesondere für $\lambda \rhd \mathrm{sc}$:

$$(\mathrm{sgn}_n^p, \chi^\lambda)_{\mathcal{S}_n} = 0. \tag{2.11}$$

Nach Lemma 2.4.8 ist $\kappa_{\lambda, \mathrm{sc}}^p = 1$ für $\lambda \leq \mathrm{sc}$. Wir zeigen nun durch Induktion, dass $(\mathrm{sgn}_n^p, \chi^\lambda)_{\mathcal{S}_n} = 0$ ist, falls $\lambda < \mathrm{sc}$ ist. Es sei $\lambda < \mathrm{sc}$ und schon gezeigt, dass $(\mathrm{sgn}_n^p, \chi^\nu)_{\mathcal{S}_n} = 0$ für $\mathrm{sc} > \nu > \lambda$. Dann gilt:

$$
\begin{aligned}
1 = (\mathrm{sgn}_n^p, \xi^\lambda)_{\mathcal{S}_n} &= \sum_{\nu \unrhd \lambda} \kappa_{\lambda, \nu}^p (\mathrm{sgn}_n^p, \chi^\nu)_{\mathcal{S}_n} \\
&\underset{(2.11)}{=} (\mathrm{sgn}_n^p, \chi^{\mathrm{sc}})_{\mathcal{S}_n} + \sum_{\lambda < \nu < \mathrm{sc}} \kappa_{\lambda, \nu}^p (\mathrm{sgn}_n^p, \chi^\nu)_{\mathcal{S}_n} + (\mathrm{sgn}_n^p, \chi^\lambda)_{\mathcal{S}_n} \\
&\underset{\mathrm{Ind.}}{=} 1 + (\mathrm{sgn}_n^p, \chi^\lambda)_{\mathcal{S}_n}.
\end{aligned}
$$

Also ist $(\mathrm{sgn}_n^p, \chi^\lambda)_{\mathcal{S}_n} = 0$, und wir erhalten damit $(\mathrm{sgn}_n^p, \chi^\lambda)_{\mathcal{S}_n} = \delta_{\lambda, \mathrm{sc}}$.

Nun zum zweiten Teil der Behauptung. Es sei λ mit $(\mathrm{sgn}_n^p, \zeta^\lambda)_{\mathcal{S}_n} \neq 0$. Nach Lemma 2.4.7 ist $(\mathrm{sgn}_n^p, \zeta^{\mathrm{sc}})_{\mathcal{S}_n} = 1$. Nach Lemma 2.4.8 ist $Y^{\mathrm{sc}} \cong P(k)$, also liegt Y^{sc} im Hauptblock. Damit ist jeder Unter- und Faktormodul von Y^{sc} im Hauptblock. Also liegt S^{sc} im Hauptblock, und nach der Nakayama-Vermutung 1.6.12 liegt auch sc in B_0. Angenommen, es sei $(\mathrm{sgn}_n^p, \zeta^\lambda)_{\mathcal{S}_n} \neq 0$ und λ läge nicht in B_0. Weiter nehmen wir an, dass λ maximal bezüglich der lexikographischen Ordnung mit dieser Eigenschaft sei. Nach Lemma 2.4.7 ist $\lambda < \mathrm{sc}$. Nach Bemerkung 2.3.3 ist $\chi^\lambda = \zeta^\lambda + \sum_{\nu \rhd \lambda} d_{\lambda, \nu} \zeta^\nu$, und alle Konstituenten ζ^ν von χ^λ liegen im selben Block wie ζ^λ, also damit nicht im Hauptblock. Ist nun ζ^ν ein Konstituent von χ^λ mit $\nu > \mathrm{sc}$, so folgt mit dem Lemma 2.4.7, dass $(\mathrm{sgn}_n^p, \zeta^\nu)_{\mathcal{S}_n} = 0$ ist. Ist $\mathrm{sc} > \nu > \lambda$, dann muss $(\mathrm{sgn}_n^p, \zeta^\nu)_{\mathcal{S}_n} = 0$ sein, da nach Annahme λ maximal mit den beiden Eigenschaften $(\mathrm{sgn}_n^p, \zeta^\lambda)_{\mathcal{S}_n} \neq 0$ und λ liegt nicht in B_0 ist. Damit wäre also ζ^λ der einzige Konstituent von χ^λ, der auch ein Konstituent von sgn_n^p wäre. Es würde also folgen: $(\mathrm{sgn}_n^p, \chi^\lambda)_{\mathcal{S}_n} = (\mathrm{sgn}_n^p, \zeta^\lambda)_{\mathcal{S}_n} \neq 0$. Dies wäre aber ein Widerspruch zu $(\mathrm{sgn}_n^p, \chi^\lambda)_{\mathcal{S}_n} = \delta_{\lambda, \mathrm{sc}}$. Also muss λ in B_0 liegen. □

Die in diesem Abschnitt erzielten Ergebnisse zu sgn_n^q sind ausreichend, um das innere Produkt $\langle -, - \rangle$ für Youngmoduln mit Hilfe des Skalarproduktes von gewöhnlichen Charakteren zu bestimmen. Dies werden wir im nächsten Abschnitt ausführen. Um diesen Abschnitt für dieses Kapitel nicht unnötig in die Länge zu ziehen, setzen wir die Untersuchungen zu den Konstituenten von sgn_n^q in Anhang B fort. Dort werden wir vollständig die Konstituenten bestimmen, falls q eine Primzahl ist. Zudem geben wir auch noch mit **GAP** berechnete Ergebnisse zu den Konstituenten von sgn_n^q an.

2.5 Auswertung innerer Produkte

Wir stellen in diesem Abschnitt vor, wie die beiden inneren Produkte $(-,-)$ und $\langle -,- \rangle$ von $A(\mathcal{S}_n)$ auf $A(Y_n)$ und auch in ein paar anderen Fällen durch Skalarprodukte von Klassenfunktionen ausgewertet werden können. Eine Motivation, diesem Problem nachzugehen, sind die allgemeinen Untersuchungen zu den Orthogonalitätsrelationen bezüglich der zwei inneren Produkte auf $A(G)$, die in [7] und [71] gemacht wurden. Natürlich motiviert auch die Frage nach der Möglichkeit der praktischen Bestimmung dieser inneren Produkte für weitere Untersuchungen. Zunächst zum inneren Produkt $(-,-)$.

2.5.1 Bemerkung
Es seien M, N Youngmoduln oder zwei $k\mathcal{S}_n$-Moduln mit trivialer Quelle. Dann gilt: $(M,N) = (\chi_M, \chi_N)_{\mathcal{S}_n}$.
Beweis. Da Youngmoduln triviale Quellen haben, folgt die Behauptung mit Korollar 1.5.9. □

Damit wenden wir uns nun dem inneren Produkt $\langle -,- \rangle$ zu. Auch bei diesem inneren Produkt werden wir feststellen, dass wir es auf dem Youngring mit Hilfe des gewöhnlichen Skalarproduktes bestimmen können.

2.5.2 Lemma
Sind M und N zwei Youngmoduln, dann gilt: $\langle M,N \rangle = (\operatorname{sgn}_n^p, \chi_M \cdot \chi_N)_{\mathcal{S}_n}$.
Beweis. Es ist $M \otimes N \cong \bigoplus_{\lambda \vdash n} a_\lambda Y^\lambda$, für gewisse $a_\lambda \in \mathbb{N}$. Da nach Lemma 2.4.8 ist $S(1) \cong Y^{\text{sc}}$, folgt mit Lemma 2.2.14: $\langle M,N \rangle = a_{\text{sc}}$. Nach Bemerkung 2.3.8 gilt $\chi_M \cdot \chi_N = \sum_{\lambda \vdash n} a_\lambda \chi^\lambda$. Mit Lemma 2.4.9 folgt dann:

$$(\operatorname{sgn}_n^p, \chi_M \cdot \chi_N)_{\mathcal{S}_n} = \sum_{\lambda \vdash n} a_\lambda (\operatorname{sgn}_n^p, \chi^\lambda)_{\mathcal{S}_n} = \sum_{\lambda \vdash n} a_\lambda \delta_{\lambda,\text{sc}} = a_{\text{sc}}.$$

Womit die Behauptung bewiesen ist. □

Nun wollen wir eine Klassenfunktion angeben, mit der man die Vielfachheit von $P(D_{n,1})$ in einer direkten Summe von Youngmoduln bestimmen kann. Dabei ist der Fall $p \mid n$ von Interesse, da in diesem Fall der Modul $D_{n,1}$ kein Youngmodul ist.

2.5.3 Korollar
Es sei

$$\tau_n := \begin{cases} \zeta_{n,1} \cdot \operatorname{sgn}_n^p, & p \nmid n, \\ \zeta_{n,1} \cdot \operatorname{sgn}_n^p - \zeta_{n,0}, & p = n, \\ (\zeta_{n,1} - \zeta_{n,0}) \cdot \operatorname{sgn}_n^p, & p \mid n \neq p. \end{cases}$$

Dann gilt $\langle D_{n,1}, Y^\lambda \rangle = (\tau_n, \chi^\lambda)_{\mathcal{S}_n}$ für einen Youngmodul Y^λ.
Beweis. Gilt $p \nmid n$, so ist $D_{n,1} \cong Y^{[n-1,1]}$ nach Lemma 2.1.9, und die Behauptung für diesen Fall folgt mit Lemma 2.5.2. Es gelte ab jetzt $p \mid n$, und damit ist insbesondere $D_{n,1}$ kein Youngmodul. In diesem Fall ist $\widehat{\zeta}_{n,1} = \varphi_{n,0} + \varphi_{n,1}$ nach Satz 3.1.3, wobei $\varphi_{n,0}$ der Brauercharakter des trivialen $k\mathcal{S}_n$-Moduls und $\varphi_{n,1}$ der Brauercharakter von $D_{n,1}$ sei. Es folgt dann $\widehat{\tau}_n = \varphi_{n,1}$. Wir unterscheiden nun zwei Fälle:

- Ist Y^λ projektiv, dann gilt nach Theorem 6.9 und Theorem 6.10, Kapitel 3 in [55]:

$$(\chi^\lambda, \tau_n)_{\mathcal{S}_n} = (\widehat{\chi}^\lambda, \varphi_{n,1})'_{\mathcal{S}_n} = \begin{cases} 1, & \text{falls } Y^\lambda \cong P(D_{n,1}), \\ 0, & \text{sonst.} \end{cases}$$

2.6. Greenkorrespondenz und Tensorprodukte

- Ist Y^λ nicht projektiv, so gilt insbesondere sc $< \lambda$. Ist $n = p$, so ist $\lambda = [p]$. Mit Lemma 2.4.9 folgern wir:
$$(\tau_p, \chi^{[p]})_{S_p} = 0.$$

Also sei $n > p$. Mit Lemma 2.4.9 gilt:
$$(\chi^\lambda, \tau_n)_{S_n} = (\chi^\lambda, \chi_{n,1} \cdot \operatorname{sgn}_n^p)_{S_n} - 2 \cdot \underbrace{(\chi^\lambda, \operatorname{sgn}_n^p)_{S_n}}_{=0} = (\chi^\lambda \cdot \chi_{n,1}, \operatorname{sgn}_n^p)_{S_n} =: a.$$

Wir wollen nun zeigen, dass $a = 0$ ist. Da $Y^{[n-1,1]} \cong M^{[n-1,1]}$, dies folgt zum Beispiel aus 3.1.6, ist $\chi_{n,1} = \xi_{n,1}$ ist. Damit gilt

$$\chi^\lambda \cdot \chi_{n,1} = \operatorname{Ind}_{S_{n-1}}^{S_n}(\operatorname{Res}_{S_{n-1}}^{S_n}(\chi^\lambda)). \tag{2.12}$$

Da Y^λ nicht projektiv ist, muss also nach Lemma 2.6.14 ein i existieren, sodass $\lambda_i - \lambda_{i+1} \geq p$ ist, insbesondere muss $\lambda_i \geq p$ sein. Da sc $= [(p-1)^r, s]$ ist für gewisse r und s, folgt $\lambda > $ sc. Es sei ζ^μ ein Konstituent von χ^λ. Nach (2.3) gilt dann $\mu \trianglerighteq \lambda$, also $\mu \geq \lambda$. Ist $\lambda_i > p$, so gilt nach der Verzweigungs-Regel für jeden Konstituenten ζ^ν von $\chi_{n,1} \cdot \zeta^\lambda = \operatorname{Ind}_{S_{n-1}}^{S_n}(\operatorname{Res}_{S_{n-1}}^{S_n}(\zeta^\lambda))$, dann $\nu > $ sc. Nach Lemma 2.4.9 ist damit ζ^ν kein Konstituent von sgn_n^p. Mit Gleichung (2.12) folgt dann $a = 0$. Ist nun $\lambda_i = p$, so muss $\lambda_{i+1} = 0$ sein. Ist $\lambda_{i-1} \geq p$, so würde mit der obigen Argumentation folgen $a = 0$. Im anderen Fall ist dann $\lambda = [p]$, dieser Fall ist hier aber ausgeschlossen. Es folgt also:
$$0 = (\operatorname{sgn}_n^p, \chi^\lambda \cdot \chi_{n,1})_{S_n}.$$

Es sei $\sigma \vdash n$ mit $Y^\sigma \cong P(D_{n,1})$. Wir haben insgesamt gezeigt: $(\chi^\lambda, \tau_n)_{S_n} = \delta_{\lambda, \sigma}$. Nach Satz 2.2.17 gilt $\langle D_{n,1}, Y^\lambda \rangle = \delta_{\lambda, \sigma}$. Damit ist dann die Behauptung gezeigt. □

Abschließend geben wir ein Beispiel an, bei dem man $\langle -, - \rangle$ mit Hilfe des Signums auswerten kann.

2.5.4 Bemerkung
Es seien N und M zwei Youngmoduln. Dann gilt:
$$\langle \operatorname{sgn} \otimes M, N \rangle = (\operatorname{sgn}, \chi_M \cdot \chi_N)_{S_n}.$$

Beweis. Nach Bemerkung 2.3.3 ist $\chi^\lambda = \zeta^\lambda + \sum_{\nu \triangleright \lambda} d_{\lambda, \nu} \zeta^\nu$ für $\lambda \vdash n$. Daraus folgern wir: $(\operatorname{sgn}, \chi^\lambda)_{S_n} = \delta_{\lambda, [1^n]}$. Dabei sei hier angemerkt, dass $\operatorname{sgn} = \zeta^{[1^n]}$ ist. Gilt nun $M \otimes N \cong \bigoplus_{\nu \vdash n} a_\nu Y^\nu$ für gewisse $\nu \vdash n$, so folgt $\chi_M \cdot \chi_N = \sum_{\nu \vdash n} a_\nu \chi^\nu$ mit Bemerkung 2.3.8. Nach der obigen Diskussion folgt $(\operatorname{sgn}, \chi_M \cdot \chi_N)_{S_n} = a_{[1^n]}$. Aus Lemma 2.6.14 folgt $Y^{[1^n]} \cong P(\operatorname{sgn})$. Mit Satz 2.2.17 schließen wir:
$$\langle \operatorname{sgn} \otimes M, N \rangle \underset{2.2.15}{=} \langle \operatorname{sgn}, M \otimes N \rangle = a_{[1^n]}.$$

Damit ist die behauptete Gleichheit gezeigt. □

2.6 Greenkorrespondenz und Tensorprodukte

Wir wollen Grabmeiers Ergebnisse über die Greenkorrespondenz bezüglich spezieller Familien von Untergruppen von S_n auf Tensorprodukte von Youngmoduln anwenden. Zuerst betrachten wir den allgemeinen Fall für eine endliche Gruppe G; dabei nehmen wir an, dass (K, R, k) ein p-modulares Zerfällungssystem für G ist. Zunächst werden wir ein paar allgemeine Sprechweisen und Notationen einführen.

2.6.1 Definition
Eine Menge von Untergruppen $\mathfrak{Y}$ von G heißt *Mackeysystem*, falls sie die folgenden Eigenschaften erfüllt:

(i) Für $g \in G$ und $U \in \mathfrak{Y}$ ist $U^g \in \mathfrak{Y}$.

(ii) Sind $U, V \in \mathfrak{Y}$ so ist $U \cap V \in \mathfrak{Y}$.

(iii) $\{1_G\} \in \mathfrak{Y}$.

(iv) Es existiert ein $U \in \mathfrak{Y}$, das eine p-Sylowgruppe von G enthält.

Zum Beispiel ist $\{U \leq G : U \text{ ist } p\text{-Gruppe}\}$ ein Mackeysystem von G. Die (herkömmliche) Greenkorrespondenz wird bezüglich dieses Mackeysystems von G gebildet. Grabmeier gibt die Greenkorrespondenz von Moduln mit trivialer Quelle bezüglich eines beliebigen Mackeysystems in [25] an. Im Fall $G = \mathcal{S}_n$ untersucht er diese Version der Greenkorrespondenz für Youngmoduln für das Mackeysystem der Younguntergruppen. In diesem Abschnitt bezeichne $\mathfrak{Y}$ immer ein Mackeysystem von G.

2.6.2 Definition
Es sei M ein unzerlegbarer kG-Modul. Man nennt $V \in \mathfrak{Y}$ einen $\mathfrak{Y}$-*Vertex* von M, falls V ein minimales Element der Menge $\{U \in \mathfrak{Y} : M \text{ ist relativ } U\text{-projektiv}\}$ ist; V ist nach 2.7 in [25] bis auf Konjugation eindeutig bestimmt. Ist V ein $\mathfrak{Y}$-Vertex von M, so heißt ein unzerlegbarer kV-Modul W eine $\mathfrak{Y}$-*Quelle* von M, falls $M \mid \mathrm{Ind}_V^G(W)$ ist.

2.6.3 Lemma
Es sei M ein unzerlegbarer kG-Modul mit $\mathfrak{Y}$-Vertex H. Und es seien W, W' zwei kH-Moduln, die $\mathfrak{Y}$-Quellen von M sind. Dann gibt es ein $x \in N_G(H)$, mit $W^x \cong W'$ als kH-Moduln.
Beweis. Man siehe Lemma 2.10 in [25]. □

Es sei $H \in \mathfrak{Y}$ fest gewählt und $N := N_G(H)$. Dann setzen wir

$$\mathfrak{X} := \{K : K \in \mathfrak{Y}, K \leq H \cap H^x, x \in G \setminus N\}$$

und

$$\mathfrak{Z} := \{K \cap H : K \in \mathfrak{Y}, K \leq N \cap H^x, x \in G \setminus N\}.$$

Zudem sei $A_{\mathfrak{X}}(G)$ der Unterring von $A(G)$, der von den unzerlegbaren kG-Moduln erzeugt wird, die relativ projektiv zu einem $U \in \mathfrak{X}$ sind. Sind V und W zwei kG-Moduln, dann schreiben wir $V \equiv W \pmod{\mathfrak{X}}$, falls $[V] - [W] \in A_{\mathfrak{X}}(G)$ ist. Analog sei diese Schreibweise auch für $\mathfrak{Z}$ definiert. Es sei f die Greenkorrespondenz bezüglich (G, H, N) und $\mathfrak{Y}$, man siehe dazu Kapitel 3 in [25]. Grob gesagt verhält sich diese Greenkorrespondenz wie die gewöhnliche; die $\mathfrak{Y}$-Vertizes eines Moduls sind in diesem Fall nicht unbedingt p-Gruppen, sondern Elemente aus $\mathfrak{Y}$, die aber einen Vertex (im herkömmlichen Sinne) des Moduls enthalten. Wir wollen im Folgenden die Greenkorrespondenz f auf kG-Moduln anwenden die relativ H-projektiv sind. Es sei V ein kG-Modul, wobei $V = \bigoplus_i V_i$ eine Zerlegung in unzerlegbare Moduln sei und die Vertizes der V_i in H liegen. Dann definieren wir $f(V)$ wie folgt:

$$f(V) := \bigoplus_i f(V_i)$$

2.6. Greenkorrespondenz und Tensorprodukte

mit
$$f(V_i) := \begin{cases} 0, \text{ falls } V_i \equiv 0 \,(\text{mod } \mathfrak{X}), \\ W_i, \text{ falls } V_i \not\equiv 0 \,(\text{mod } \mathfrak{X}), \end{cases}$$
wobei $W_i = f(V_i)$ der Greenkorrespondent von V_i sei.

Das folgende Lemma ebnet uns den Weg, die Greenkorrespondenz für Tensorprodukte von Moduln mit Vertex in $\mathfrak{Y}$ und trivialer $\mathfrak{Y}$-Quelle anzuwenden.

2.6.4 Lemma
Es seien V, W zwei kG-Moduln mit $\mathfrak{Y}$-Vertizes in H. Weiter sei f die Greenkorrespondenz bezüglich (G, H, N) und $\mathfrak{Y}$. Dann gilt:
$$f(V) \otimes f(W) \equiv f(V \otimes W) \,(\text{mod } \mathfrak{X}).$$

Beweis. Man vergleiche auch Lemma 5.7, Kapitel 3 in [21]. Jeder direkte Summand von $V \otimes W$ hat einen $\mathfrak{Y}$-Vertex, der in H liegt. Damit ist $f(V \otimes W)$ definiert. Weiter gilt mit Satz 3.7 in [25]
$$f(V \otimes W) \equiv \mathrm{Res}_N^G(V \otimes W) \equiv f(V) \otimes f(W) \,(\text{mod } \mathfrak{Z}).$$
Mit Lemma 3.3 in [25] folgt, dass die Kongruenz auch modulo $\mathfrak{X}$ gilt. □

Mit der Greenkorrespondenz können wir nur Aussagen über direkte Summanden mit dem selben Vertex machen. Immerhin können wir schließen, dass das Tensorprodukt zweier Moduln mit demselben $\mathfrak{Y}$-Vertex H und trivialer $\mathfrak{Y}$-Quelle auch mindestens einen direkten Summanden mit $\mathfrak{Y}$-Vertex H hat.

2.6.5 Bemerkung
Es seien V, W zwei unzerlegbare kG-Moduln mit trivialer $\mathfrak{Y}$-Quelle und H deren $\mathfrak{Y}$-Vertex. Dann folgt mit Folgerung 4.5 in [25], dass man die Greenkorrespondenten $f(V), f(W)$ als unzerlegbare projektive N/H-Moduln auffassen kann. Als N/H-Modul betrachtet ist $f(V) \otimes f(W)$ ein projektiver N/H-Modul. Damit korrespondieren die projektiv unzerlegbaren Summanden von $f(V) \otimes f(W)$ wiederum zu Greenkorrespondenten von kG-Moduln mit $\mathfrak{Y}$-Vertex H gemäß Folgerung 4.5 in [25]. Nach Lemma 2.6.4 hat demnach also $V \otimes W$ direkte Summanden mit $\mathfrak{Y}$-Vertex H. □

Im Allgemeinen stimmt diese Aussage aber nicht für Moduln, deren Quellen nicht trivial sind. Mittels Brauercharakteren kann man zum Beispiel im Fall $\mathbb{F}_2 \mathcal{S}_{10}$ Folgendes feststellen:
$$D^{[8,1]} \otimes D^{[6,4]} \cong D^{[5,4,1]} \text{ und } D^{[6,4]} \otimes D^{[7,3]} \cong D^{[4,3,2,1]}.$$
Dabei ist der Vertex eines jeden Faktors gleich einer 2-Sylowgruppe S von $\mathcal{S}_{10}$, und der jeweilige Vertex des Produktes ist echt kleiner als S, man siehe Kapitel 6 in [74].

Ab jetzt sei wieder $G = \mathcal{S}_n$. Weiter sei $\mathfrak{Y}$ die Menge der Younguntergruppen von $\mathcal{S}_n$, und $\mathfrak{X}$ und $\mathfrak{Z}$ seien dementsprechend gegeben. Ist M ein $k\mathcal{S}_n$-Modul, so nennen wir einen $\mathfrak{Y}$-Vertex $V \in \mathfrak{Y}$ einen *Youngvertex* von M. Jetzt wollen wir die Greenkorrespondenz für Youngmoduln bezüglich $\mathfrak{Y}$, die Grabmeier in seiner Arbeit [25] ausgearbeitet hat, angeben. Zunächst aber ein paar Notationen.

2.6.6 Definition
Es sei $\mathbb{P}^{\leq m} := \{\lambda = [\lambda_1, \ldots, \lambda_m] \in \mathbb{N}^m : \lambda_1 \geq \lambda_2 \geq \cdots \geq \lambda_m\}$ die Menge der Partitionen in m Teile. $\mathbb{P}^{\leq m} \leq \mathbb{N}^m$ ist ein Untermonoid bezüglich koordinatenweiser Addition. Für $e \in \mathbb{N}$ sei $\lambda \cdot e := [\lambda_1 \cdot e, \ldots, \lambda_m \cdot e]$. Es sei $\mathbb{P}_{p\,\text{bes}}^{\leq m} := \{\lambda \in \mathbb{P}^{\leq m} : \lambda \ p\text{-beschränkt}\}$ die Menge der p-beschränkten Partitionen aus $\mathbb{P}^{\leq m}$.

2.6.7 Lemma (p-adische Darstellung einer Partition)
Es sei $\lambda \in \mathbb{P}^{\leq m}$. Dann existiert ein $s \in \mathbb{N}$ und $\lambda^{(0)}, \ldots, \lambda^{(s)} \in \mathbb{P}^{\leq m}_{p\,\text{bes}}$ mit $\lambda = \sum_{i=0}^{s} \lambda^{(i)} \cdot p^i$. Diese Zerlegung ist eindeutig.
Beweis. Man siehe Lemma 7.5 in [25]. □

2.6.8 Beispiel
Es sei $p = 3$ und $\lambda = [15, 14, 4, 1] \vdash 34$. Dann hat λ die 3-adische Zerlegung: $[15, 14, 4, 1] = [3, 2, 1^2] \cdot 3^0 + [1^2] \cdot 3^1 + [1^2] \cdot 3^2$. Mit Youngdiagrammen kann man sich das folgendermaßen verbildlichen:

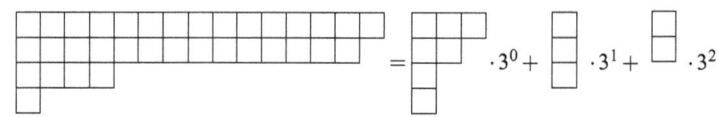

□

2.6.9 Satz
Es sei $\rho \vdash n$, $H := S_\rho$ und $N := N_{S_n}(H)$. Die Greenkorrespondenz f bezüglich (S_n, H, N) und $\mathfrak{Y}$ induziert eine Bijektion zwischen den Isomorphieklassen der kS_n-Moduln mit $\mathfrak{Y}$-Vertex H und trivialer $\mathfrak{Y}$-Quelle und den Isomorphieklassen der projektiv und unzerlegbaren $k(N/H)$-Moduln.
Beweis. Man siehe Folgerung 4.5 in [25]. □

2.6.10 Satz
Es sei $\lambda \vdash n$ und $\lambda = \sum_{i=1}^{s} \lambda^{(i)} \cdot p^{\alpha_i}$ die p-adische Darstellung, $\beta = [\beta_1, \ldots, \beta_s] \vdash n$, mit $\beta_i := \sum_j \lambda_j^{(i)}$, und $\rho := [(p^{\alpha_1})^{\beta_1}, \ldots, (p^{\alpha_s})^{\beta_s}]$, $H := S_\rho$ und $N := N_{S_n}(H)$. Es ist $S_\beta \cong N/H$ nach 4.1.25 in [36]. Dann gilt für den Greenkorrespondenten von Y^λ bezüglich $f = f(S_n, H, N)$ für die Untergruppe H von N und Faktorgruppe N/H:

$$f(Y^\lambda) \cong \begin{cases} k, & \text{als } kH\text{-Modul,} \\ Y^{\lambda^{(1)}} \boxtimes \cdots \boxtimes Y^{\lambda^{(s)}}, & \text{als } kN/H\text{-Modul,} \end{cases}$$

und Youngvertex H.
Beweis. Man siehe Satz 7.8 in [25]. □

Für Tensorprodukte von Youngmoduln können wir jetzt das folgende Korollar formulieren:

2.6.11 Korollar
Die Bezeichnungen seien wie in Satz 2.6.10. Es seien $\lambda, \mu \vdash n$ mit den jeweiligen p-adischen Zerlegungen $\lambda = \sum_{i=1}^{s} \lambda^{(i)} \cdot p^{\alpha_i}$ und $\mu = \sum_{i=1}^{s} \mu^{(i)} \cdot p^{\alpha_i}$. Weiter gelte $\sum_j \lambda_j^{(i)} = \sum_j \mu_j^{(i)}$ für alle i. Also haben Y^λ und Y^μ den gleichen Youngvertex H nach Satz 2.6.10. Es sei $f = f(S_n, H, N)$ die Greenkorrespondenz bezüglich $\mathfrak{Y}$. Wie in Satz 2.6.10 kann man die Greenkorrespondenten $f(Y^\lambda)$ und $f(Y^\mu)$ als projektive $k(N/H)$-Moduln auffassen. Nach Satz 2.6.10 haben wir für die Greenkorrespondenten die folgenden Isomorphien, als kN/H-Moduln:

$$f(Y^\lambda) \cong Y^{\lambda^{(1)}} \boxtimes \cdots \boxtimes Y^{\lambda^{(s)}} \quad \text{und} \quad f(Y^\mu) \cong Y^{\mu^{(1)}} \boxtimes \cdots \boxtimes Y^{\mu^{(s)}}.$$

Wir setzen für $1 \leq j \leq s$: $l_j := |\lambda^{(j)}|$ und $r_j := |\mathbb{P}_{l_j}|$, wobei $\mathbb{P}_{l_j}$ die Menge der Partitionen von l_j bezeichne. Die Partitionen σ_{i_j} seien durch $\mathbb{P}_{l_j} = \{\sigma_{i_j} : 1 \leq i_j \leq r_j\}$ gegeben. Ist nun für $1 \leq j \leq s$:

$$Y^{\lambda^{(j)}} \otimes Y^{\mu^{(j)}} \cong \bigoplus_{i_j=1}^{r_j} a_{\lambda^{(j)}, \mu^{(j)}}^{i_j} Y^{\sigma_{i_j}}$$

2.6. Greenkorrespondenz und Tensorprodukte

für gewisse $a^{i_j}_{\lambda^{(j)},\mu^{(j)}} \in \mathbb{N}$, $1 \leq i_j \leq r_j$, so folgt

$$\bigoplus_{i_1=1}^{r_1} \cdots \bigoplus_{i_s=1}^{r_s} f^{-1}(\boxtimes_{j=1}^{s} a^{i_j}_{\lambda^{(j)},\mu^{(j)}} Y^{\sigma_{i_j}}) \mid Y^\lambda \otimes Y^\mu.$$

Beweis. Nach Lemma 2.6.4 gilt, wenn wir die Greenkorrespondenten als als kN-Moduln auffassen:

$$f(Y^\lambda \otimes Y^\mu) \equiv f(Y^\lambda) \otimes f(Y^\mu) \,(\mathrm{mod}\,\mathfrak{X}).$$

Diese Äquivalenz gilt nach Satz 2.6.9 auch als kN/H-Modul. Nun gilt für die Greenkorrespondenten als kN/H-Modul

$$\begin{aligned} f(Y^\lambda) \otimes f(Y^\mu) &\cong (Y^{\lambda^{(1)}} \otimes Y^{\mu^{(1)}}) \boxtimes \cdots \boxtimes (Y^{\lambda^{(s)}} \otimes Y^{\mu^{(s)}}) \\ &\cong \boxtimes_{j=1}^{s} \bigoplus_{i_j=1}^{r_j} a^{i_j}_{\lambda^{(j)},\mu^{(j)}} Y^{\sigma_{i_j}} \\ &\cong \bigoplus_{i_1=1}^{r_1} \cdots \bigoplus_{i_s=1}^{r_s} (\boxtimes_{j=1}^{s} a^{i_j}_{\lambda^{(j)},\mu^{(j)}} Y^{\sigma_{i_j}}). \end{aligned}$$

Mit Satz 2.6.9 sind die Greenkorrespondenten $f(Y^\lambda)$ und $f(Y^\mu)$ auch projektive kN/H-Moduln, also ist deren Tensorprodukt auch wieder projektiv als kN/H-Modul. Damit und wiederum mit Satz 2.6.9 folgt die Behauptung. $\square$

Wir werden dieses Korollar noch an zwei Stellen in dieser Arbeit benutzen. Zur Illustration diene das folgende Beispiel.

2.6.12 Beispiel

Es sei $p = 5$ und $6 \leq n \equiv 1 \,(\mathrm{mod}\, 5)$. Wir haben die folgenden 5-adischen Darstellungen:

$$\lambda := [n-3, 1^3] = [3, 1^3] \cdot 5^0 + \cdots \quad \text{und} \quad \mu := [n-4, 1^4] = [2, 1^4] \cdot 5^0 + \cdots.$$

Wir benutzen die Bezeichnungen wie in Satz 2.6.10 und Korollar 2.6.11. Es sei $\beta_i = \sum_j \lambda_j^{(i)}$ und $\rho := [(p^{\alpha_1})^{\beta_1}, \ldots, (p^{\alpha_s})^{\beta_s}]$. Sowie $H := S_\rho$ und $f = f(S_n, H, N)$ bezüglich $\mathfrak{Y}$. Nach Satz 2.6.10 gilt $f(Y^\lambda) \cong Y^{[3,1^3]} \boxtimes T$ und $f(Y^\mu) \cong Y^{[2,1^4]} \boxtimes T$, wobei T der triviale Modul von $k(S_{\beta_2} \times \cdots \times S_{\beta_s})$ sei. Mit den Berechnungen mit der MeatAxe, wie zum Beispiel in [58] zu finden, folgt

$$Y^{[3,1^3]} \otimes Y^{[2,1^4]} \cong Y^{[5,1]} \oplus Y^{[4,1^2]} \oplus Y^{[3,1^3]} \oplus Y^{[3,2,1]}. \tag{2.13}$$

Weiter ist $f(Y^{[n-1,1]}) \cong Y^{[5,1]} \boxtimes T$, $f(Y^{[n-2,1^2]}) \cong Y^{[4,1^2]} \boxtimes T$ und $f(Y^{[n-3,2,1]}) \cong Y^{[3,2,1]} \boxtimes T$. Mit Gleichung (2.13) folgt dann:

$$f(Y^{[n-3,1^3]}) \otimes f(Y^{[n-4,1^4]}) \cong f(Y^{[n-1,1]}) \oplus f(Y^{[n-2,1^2]}) \oplus f(Y^{[n-3,1^3]}) \oplus f(Y^{[n-3,2,1]}).$$

Mit Korollar 2.6.11 folgern wir daraus

$$Y^{[n-1,1]} \oplus Y^{[n-2,1^2]} \oplus Y^{[n-3,1^3]} \oplus Y^{[n-3,2,1]} \mid Y^{[n-3,1^3]} \otimes Y^{[n-4,1^4]}.$$

$\square$

Bevor wir dieses Kapitel beenden, wollen wir noch die projektiven Youngmoduln betrachten. Mit der Mullineux-Abbildung kann man nämlich die Köpfe der projektiven Youngmoduln bestimmen.

2.6.13 Definition
Für ein $\lambda \in \mathbb{P}_n^{reg}$ ist $\text{sgn} \otimes D^\lambda \cong D^{m_n(\lambda)}$ für ein $m_n(\lambda) \in \mathbb{P}_n^{reg}$. Wir erhalten somit die *Mullineux-Abbildung*

$$m_n : \mathbb{P}_n^{reg} \to \mathbb{P}_n^{reg}$$
$$\lambda \mapsto m_n(\lambda).$$

Mullineux hatte Ende der siebziger Jahre des letzten Jahrhunderts eine Vermutung, wie man die Mullineux-Abbildung m_n konkret beschreiben kann, in [53] angegeben. Diese Vermutung wurde dann erst in den neunziger Jahre des letzten Jahrhunderts bewiesen, man siehe [22]. Mit der folgenden Aussage können wir die projektiven Youngmoduln identifizieren.

2.6.14 Lemma
Der Modul Y^λ ist genau dann projektiv, wenn λ p-beschränkt ist. Zudem gilt dann $Y^\lambda \cong P(D^{m_n(\lambda')})$.
Beweis. Die erste Aussage folgt aus Satz 2.6.10 und Satz 4.7 in [25]. Nun ist $S^\lambda \leq Y^\lambda$. Wir wollen zeigen, dass $\text{soc}(S^\lambda) \cong D^{m_n(\lambda')}$ ist. Dann folgt nämlich der zweite Teil der Behauptung. Nach Theorem 8.15 in [38] gilt $S^{\lambda *} \cong (\text{sgn} \otimes S^{\lambda'})$. Da λ' p-regulär ist, gilt $\text{hd}(S^{\lambda'}) \cong D^{\lambda'}$ nach Satz 1.6.10. Weil der Funktor $\text{sgn} \otimes -$ exakt ist und einfache Moduln auf einfache Moduln abbildet, gilt $\text{hd}(\text{sgn} \otimes S^{\lambda'}) \cong D^{m_n(\lambda')}$. Da die einfachen Moduln alle selbstdual sind, man siehe Satz 1.6.10, können wir also insgesamt folgern: $\text{soc}(S^\lambda) \cong \text{hd}(S^{\lambda *}) \cong D^{m_n(\lambda')}$. Und somit folgt die Behauptung. □

Wir beenden dieses Kapitel mit der folgenden Anmerkung. Nach Lemma 2.4.8 ist $Y^{sc} \cong P(k)$. Also folgt für die Mullineux-Abbildung damit $m_n([n]) = sc'$. Als Folgerung aus dem obigen Lemma für die Signumsdarstellung erhalten wir $\text{sgn} \cong D^{sc'}$.

Kapitel 3

Spezielle Produkte

In diesem Kapitel werden wir Tensorprodukte einfacher kS_n-Moduln unter vier verschiedenen Aspekten betrachten. Dementsprechend teilt sich dieses Kapitel in vier Abschnitte auf.

Im ersten Abschnitt wollen wir uns in ungerader Charakteristik Tensorprodukte mit dem natürlichen Modul, das ist der nicht-triviale Konstituent der natürlichen Darstellung von S_n auf n Punkten, beschäftigen. Wir wollen hier einige spezielle Produkte mit dem natürlichen Modul betrachten. Dabei wollen wir besonders die Produkte des natürlichen Moduls mit einfachen Moduln, die durch Hakenpartitionen parametrisiert werden, untersuchen. Über diese Klasse von einfachen Moduln liegen relativ viele Informationen vor, die uns in die Lage versetzen, experimentell beobachtete Phänomene zu beweisen. Zum Beispiel sind die entsprechenden Zerlegungszahlen zu Spechtmoduln zu Hakenpartitionen bekannt, und zudem kennt man in vielen Fällen die Vertizes der entsprechenden einfachen Moduln. Im Fall $p \nmid n$ haben diese Moduln auch triviale Quellen. Mit diesen Voraussetzungen ausgestattet, sind wir in der Lage, die Kompositionsfaktoren dieser Produkte und weitestgehend die Zerlegungen in unzerlegbare Summanden zu bestimmen. Den Schwerpunkt der Untersuchungen legen wir dabei auf den Fall $p \mid n$.

Eine weitere relativ gut untersuchte Klasse einfacher Moduln symmetrischer Gruppen sind die Moduln, die durch Zweiteil-Partitionen parametrisiert werden. In Charakteristik 2 fällt bei der Betrachtung von Beispielen von Tensorprodukten solcher Moduln auf, dass einige von diesen unzerlegbar sind. Vor allem sind die Tensorquadrate solcher Moduln häufig unzerlegbar. Wie man allgemein die direkten Summenzerlegung solcher Produkte in gerader oder aber auch in ungerader Charakteristik bestimmen kann, ist ein bisher ungelöstes Problem. In [24] wurden unter anderem einige Untersuchungen zu Konstituenten von Produkten des Haupt-Spinmoduls, das ist ein einfacher Modul zu einer speziellen Zweiteil-Partition, mit anderen einfachen Moduln durchgeführt. Die dort gemachten Ergebnisse bilden einen Ausgangspunkt für unsere Untersuchungen. Wir wollen uns im zweiten Teil des Kapitels mit dem Tensorquadrat des Haupt-Spinmoduls in gerader Charakteristik beschäftigen. Wir werden zwar hier keine Aussagen über die unzerlegbaren Summanden dieses Produktes treffen, dennoch werden wir einige interessante Informationen über dieses Produkt erhalten. Wir werden hier angeben, wie man rekursiv die Vielfachheiten der Kompositionsfaktoren des Tensorquadrats des Haupt-Spinmoduls bestimmen kann. Des Weiteren geben wir Konstituenten des Sockels dieses Tensorquadrates an. Den Abschluss dieses Abschnitts bildet eine Vermutung über die Zerlegung dieses Moduls in unzerlegbare Summanden und eine Idee für einen Ansatz, wie man mehr über die Struktur dieses Tensorquadrates herausfinden könnte.

Der dritte Teil des Kapitels beschäftigt sich mit dem Tensorprodukt nicht-projektiver einfacher kS_n-Moduln im Fall $p \leq n < 2p$. In diesem Fall ist eine p-Sylowgruppe P von S_n zyklisch. Wir werden feststellen, dass wir die Zerlegung des nicht-projektiven Anteils eines solchen Produktes durch die Zerlegung von Tensorprodukten einfacher $k\mathcal{S}_{n-p}$-Moduln sowie von Tensorprodukten unzerlegbarer $kN_{\mathcal{S}_n}(P)$-Moduln bestimmen können. Grundlegend bei der hier gewählten Vorgehensweise sind die Bestimmung der Greenkorrespondenten der einfachen $k\mathcal{S}_n$-Moduln und die Ergebnisse zu Tensorprodukten unzerlegbarer kG-Moduln einer Gruppe G mit einer normalen und zyklischen p-Sylowgruppe.

Ein kG-Modul heißt *irreduzibel erzeugt*, wenn er ein direkter Summand eines Tensorproduktes endlich vieler irreduzibler Moduln ist. Wann sind alle PIMs von kG irreduzibel erzeugt? Dies ist nach Alperin [1] stets der Fall, wenn G keine nicht-triviale normale p-Untergruppe enthält. Also sind, bis auf ein paar Ausnahmen, die PIMs von $k\mathcal{S}_n$ irreduzibel erzeugt. Nun können wir noch spezifischer fragen: Was ist die kleinste Anzahl l, sodass die projektive Hülle des trivialen Moduls ein direkter Summand eines l-fachen Tensorproduktes einfacher $k\mathcal{S}_n$ Moduln ist? Diese Frage ist im Fall $5 \leq p$ für alle $n \in \mathbb{N}$ schon beantwortet, für $p \in \{2,3\}$ hingegen ist diese Frage noch offen. Wir werden im letzten Abschnitt in diese beiden Fällen obere Schranken für l angeben, die zum einen aus theoretischen Argumenten folgen und zum anderen mit rechnerischen Methoden ermittelt wurden.

In diesem Kapitel sei $1 \leq n \in \mathbb{N}$ und (K,R,k) ein p-modulares Zerfällungssystem für $\mathcal{S}_n$.

3.1 Tensorprodukte des natürlichen Moduls

Wir nennen $D^{[n-1,1]}$ den *natürlichen Modul*. Eine Standardmethode, um das Tensorprodukt eines Moduls mit dem natürlichen Modul in den Griff zu bekommen, ist die Einschränkung und Induktion von Moduln. Diese Methode erweist sich in vielen Fällen als fruchtbar, um Kompositionsfaktoren oder Konstituenten des Sockels solcher Produkte zu bestimmen. In diesem Abschnitt sei $n \geq 4$. Wir wollen Aussagen über Tensorprodukte von Moduln über einem Körper mit ungerader Charakteristik machen. Da das nächste Lemma und die darauf folgende Bemerkung auch im Fall $p = 2$ gültig sind, nehmen wir aber zunächst an, dass $p \geq 2$ sei.

3.1.1 Lemma
Es sei D ein $k\mathcal{S}_n$-Modul. Dann gelten folgende Aussagen:

(a) $M^{[n-1,1]} \otimes D \cong \mathrm{Ind}_{\mathcal{S}_{n-1}}^{\mathcal{S}_n}(\mathrm{Res}_{\mathcal{S}_{n-1}}^{\mathcal{S}_n}(D))$.

(b) $D \oplus (M^{[n-1,1]} \otimes D) \cong \mathrm{Res}_{\mathcal{S}_n}^{\mathcal{S}_{n+1}}(\mathrm{Ind}_{\mathcal{S}_n}^{\mathcal{S}_{n+1}}(D))$.

Beweis. Mit Lemma 1.3.8 folgt (a). Es ist $\{(), (n, n+1)\}$ eine Menge von Doppelnebenklassenvertretern von $\mathcal{S}_n \backslash \mathcal{S}_{n+1} / \mathcal{S}_n$, und es gilt

$$\mathrm{Res}_{\mathcal{S}_{n-1}}^{\mathcal{S}_n}(D^{(n,n+1)}) = \mathrm{Res}_{\mathcal{S}_{n-1}}^{\mathcal{S}_n}(D \otimes_{k\mathcal{S}_n}(n,n+1)) \cong \mathrm{Res}_{\mathcal{S}_{n-1}}^{\mathcal{S}_n}(D),$$

da $(n, n+1)\pi = \pi(n, n+1)$ ist für alle $\pi \in \mathcal{S}_{n-1}$. Mit dem Satz von Mackey, Theorem 1.9, Kapitel 3 in [55], und den oben angegebenen Vertretern der Doppelnebenklassen und da $\mathcal{S}_n^{(n,n+1)} \cap \mathcal{S}_n = \mathcal{S}_{n-1}$ folgt dann:

$$\begin{aligned}
\mathrm{Res}_{\mathcal{S}_n}^{\mathcal{S}_{n+1}}(\mathrm{Ind}_{\mathcal{S}_n}^{\mathcal{S}_{n+1}}(D)) &\cong D \oplus \mathrm{Ind}_{\mathcal{S}_n^{(n,n+1)} \cap \mathcal{S}_n}^{\mathcal{S}_n}(\mathrm{Res}_{\mathcal{S}_n^{(n,n+1)} \cap \mathcal{S}_n}^{\mathcal{S}_n}(D^{(n,n+1)})) \\
&\cong D \oplus \mathrm{Ind}_{\mathcal{S}_{n-1}}^{\mathcal{S}_n}(\mathrm{Res}_{\mathcal{S}_{n-1}}^{\mathcal{S}_n}(D)) \\
&\underset{(a)}{\cong} D \oplus M^{[n-1,1]} \otimes D.
\end{aligned}$$

Damit folgt die Aussage von (b). □

3.1. Tensorprodukte des natürlichen Moduls

Von dieser Bemerkung werden wir häufig Gebrauch machen. Denn im Fall $p \nmid n$ gilt nach der modularen Verzweigungs-Regel $M^{[n-1,1]} \cong D^{[n]} \oplus D^{[n-1,1]}$. Also kann man in diesem Fall mit Hilfe des obigen Lemmas Informationen über das Produkt mit dem natürlichen Modul erhalten. Auch lassen sich damit relativ leicht hinreichende Bedingungen finden, wann das Produkt des natürlichen Moduls mit einem einfachen Modul zu einer Zweiteil-Partition halbeinfach oder unzerlegbar ist. Wir wollen aber diese Produkte hier nicht weiter untersuchen. Stattdessen betrachten wir die Produkte des natürlichen Moduls mit den Konstituenten von Spechtmodulen zu Hakenpartitionen. Zunächst möchten wir eine Anmerkung zu höheren Potenzen des natürlichen Moduls und zu dessen äußeren Potenzen machen. Dabei wollen wir folgende Abkürzung benutzen: $M_{n,i} := M^{[n-i,1^i]}$ für $0 \leq i \leq n-1$.

3.1.2 Bemerkung
Im Fall $p \nmid n$ gilt nach der modularen Verzweigungs-Regel: $M_{n,1} \cong D^{[n]} \oplus D^{[n-1,1]}$. Damit gilt dann für $m \in \mathbb{N}$:

$$M_{n,1}^{\otimes m} \cong \bigoplus_{i=0}^{m} \binom{m}{i} D^{[n-1,1] \otimes i}.$$

Mit Lemma 2.9.16 in [36] kann man die Zerlegung der linken Seite in Youngpermutationsmoduln bestimmen. Daraus lässt sich dann, falls man die entsprechenden p-Kostkazahlen kennt, sukzessive die Zerlegung der höheren Potenzen des natürlichen Moduls in unzerlegbare Youngmoduln im Fall $p \nmid n$ bestimmen. □

Ab jetzt gelte $p > 2$. Wir geben nun Peels Ergebnis über Spechtmoduln zu Hakenpartitionen an. Dabei wollen wir folgende Notationen verwenden: $D_{n,-1} := 0$, $S_{n,-1} := 0$, sowie $D_{n,r} := \mathrm{hd}(S^{[n-r,1^r]})$ und $S_{n,r} := S^{[n-r,1^r]}$ für $0 \leq r \leq n-2$.

3.1.3 Satz (Peel)
Es sei $0 \leq r \leq n-2$. Dann ist $D_{n,r}$ einfach. Weiter gilt:

$$S_{n,r} \cong \begin{cases} \begin{bmatrix} D_{n,r} \\ D_{n,r-1} \end{bmatrix}, & \text{falls } p \mid n, \\ D_{n,r}, & \text{sonst.} \end{cases}$$

Insbesondere ist $S_{n,r}$ uniseriell. Zudem ist $D_{n,r} \not\cong D_{n,l}$, falls $r \neq l$ ist. Für die Dimensionen der Moduln gilt: $\dim_k(S_{n,r}) = \binom{n-1}{r}$ und

$$\dim_k(D_{n,r}) = \begin{cases} \binom{n-2}{r}, & \text{falls } p \mid n, \\ \binom{n-1}{r}, & \text{sonst.} \end{cases}$$

Beweis. Die Aussagen stehen in [61]. □

Aus dem obigen Satz folgt also unmittelbar, dass $D_{n,r}$ einfach ist für $1 \leq r \leq n-1$. Zu der oben eingeführten Notation ist noch anzumerken: Falls $[n-r,1^r]$ p-regulär ist, gilt $D_{n,r} \cong D^{[n-r,1^r]}$. Im Fall $p \mid n$ gilt sogar: $D_{n,n-2} \cong \mathrm{sgn}$. Und im Fall $p \nmid n$ ist $S_{n,n-1} \cong \mathrm{sgn}$. Es ist bekannt, dass man Produkte der Form $D \otimes \mathrm{sgn}$, D ein einfacher kS_n-Modul, mit Hilfe der Mullineux-Abbildung beschreiben kann, man siehe die Anmerkung nach Definition 2.6.13. Deshalb werden wir Produkte dieser Art im Folgenden auch nicht betrachten. Bevor wir uns dem Hauptteil dieses Abschnitts widmen, nämlich den Produkten der Form $D_{n,1} \otimes D_{n,r}$, wollen wir noch eine Bemerkung zu den äußeren Potenzen von $D_{n,1}$ machen.

3.1.4 Bemerkung
Es sei $0 \leq r \leq n-2$, dann gilt $\bigwedge^r(D_{n,1}) \ncong D_{n,r}$.

Beweis. Für $r = 0$ ist die Behauptung klar. Es sei also $r \geq 1$. Nach Proposition 2.3 a) in [52] existiert ein $k\mathcal{S}_n$-Isomorphismus $\Phi: \bigwedge^r S_{n,1} \to S_{n,r}$. Gilt $p \nmid n$, so folgt daraus direkt nach Satz 3.1.3 die Behauptung. Wir betrachten jetzt also den Fall $p \mid n$. Da $S_{n,1}/S_{n,0} \cong D_{n,1}$ ist, induziert dies einen surjektiven Homomorphismus $\Psi: S_{n,r} \cong \bigwedge^r S_{n,1} \to \bigwedge^r D_{n,1}$. Nun ist $\dim_k(\bigwedge^r(D_{n,1})) = \binom{n-2}{r} < \dim_k(S_{n,r}) = \binom{n-1}{r}$. Die Behauptung folgt nun mit Satz 3.1.3. □

Über die Vertizes von Spechtmoduln zu Hakenpartitionen gibt folgendes Ergebnis von Wildon Auskunft.

3.1.5 Satz
Es gelte $p \nmid n$. Dann ist eine p-Sylowgruppe von $\mathcal{S}_{n-r-1} \times \mathcal{S}_r$ ein Vertex von $S_{n,r}$.

Beweis. Man siehe Theorem 2 in [72]. □

Dabei sei noch angemerkt, dass jeder unzerlegbare $k\mathcal{S}_n$-Modul im Fall $p \nmid n$ relativ $\mathcal{S}_{n-1}$-projektiv ist, da eine p-Sylowgruppe von $\mathcal{S}_{n-1}$ auch eine p-Sylowgruppe von $\mathcal{S}_n$ ist.

Für Vertizes der entsprechenden einfachen Moduln hat man nun folgende Aussagen: Im Fall $p \nmid n$ folgt aus Satz 3.1.3, dass $D_{n,r} \cong S_{n,r}$ einfach ist. Also ist eine p-Sylowgruppe von $\mathcal{S}_{n-r-1} \times \mathcal{S}_r$ ein Vertex des einfachen Moduls $D_{n,r}$ nach Satz 3.1.5. In [18] hat Danz gezeigt, dass im Fall $p \mid n$ und $r \not\equiv p-1 \pmod{p}$ der Vertex des Moduls $D_{n,r}$ eine p-Sylowgruppe von $\mathcal{S}_n$ ist.

Ziel dieses Abschnitts ist, Produkte der Form $D_{n,1} \otimes D_{n,r}$ so weit wie möglich zu beschreiben. In [51] wurde beispielsweise schon das Tensorquadrat des natürlichen Moduls vollständig untersucht. In gerader Charakteristik stellt man dabei fest, dass dieses Tensorquadrat in einigen Fällen eine sehr komplexe Untermodulstruktur aufweist.

Wir werden sehen, dass bei diesen Produkten zwei grundlegend verschiedene Fälle, nämlich $p \nmid n$ und $p \mid n$, vorliegen. Im ersten Fall sind die einfachen Modul $D_{n,r}$ auch zugleich Spechtmoduln. Im zweiten Fall gilt dies nur für die beiden eindimensionalen Moduln. Die Moduln $D_{n,r}$ haben im Fall $p \nmid n$ sogar triviale Quellen; diesem Sachverhalt werden wir im Kommenden noch genauer auf den Grund gehen. Für Moduln mit trivialer Quelle werden wir deren entsprechende gewöhnliche Charaktere benutzen, um mehr Informationen über diese Moduln zu erhalten.

Bevor wir nun die Produkte $D_{n,1} \otimes D_{n,r}$ untersuchen, stellen wir die dazu benötigten Informationen und Aussagen zusammen. Zunächst wollen wir bestimmte verallgemeinerte Youngpermutationsmoduln untersuchen. Wir wollen hier noch an die folgenden Notationen erinnern: $M(n-r \mid r) = \mathrm{Ind}_{\mathcal{S}_{n-r} \times \mathcal{S}_r}^{\mathcal{S}_n}(k \boxtimes \mathrm{sgn})$, und $(M, N) = \dim_k(\mathrm{Hom}_{k\mathcal{S}_n}(M, N))$ für zwei $k\mathcal{S}_n$-Moduln M, N.

3.1.6 Lemma
Es sei $0 \leq r \leq n-2$, dann gilt

$$M := M(n-r \mid r) \cong \begin{cases} D_{n,r-1} \oplus D_{n,r}, & \text{falls } p \nmid n, \\ \begin{bmatrix} S_{n,r-1} \\ S_{n,r} \end{bmatrix}, & \text{falls } p \mid n. \end{cases}$$

Im Fall $p \nmid n$ hat $S_{n,r}$ eine triviale Quelle, und für dessen gewöhnlichen Charakter gilt: $\chi_{S_{n,r}} = \zeta_{n,r}$. Im Fall $p \mid n$ ist $\mathrm{soc}(M) \cong D_{n,r-1}$, insbesondere ist also M unzerlegbar.

3.1. Tensorprodukte des natürlichen Moduls

Beweis. Für $r = 0$ ist die Behauptung klar. Es sei also $r \geq 1$. Da M ein verallgemeinerter Youngpermutationsmodul ist, können wir somit M einen gewöhnlichen Charakter zuordnen. Mit Lemma 2.4.3 ist $\chi_M = \xi(n-r \mid r) = \zeta_{n,r-1} + \zeta_{n,r}$. Ist nun $p \nmid n$, so gilt nach Satz 3.1.3: $S_{n,r} \cong D_{n,r}$, und $S_{n,r-1} \cong D_{n,r-1}$ und die beiden Moduln sind nicht isomorph. Damit sind auch $D_{n,r}$ und $D_{n,r-1}$ die einzigen Kompositionsfaktoren von M. Da M selbstdual ist, folgt $M \cong D_{n,r-1} \oplus D_{n,r}$. Damit ist in diesem Fall insbesondere $D_{n,r}$ ein verallgemeinerter Youngmodul und hat damit nach Bemerkung 2.1.13 eine triviale Quelle. Wir zeigen mit einer Induktion nach r, dass $\chi_{S_{n,r}} = \zeta_{n,r}$ ist. Denn für $r = 0$ ist $\zeta_{n,0} = \zeta_{S_{n,0}}$. Es sei also $r > 0$. Da $M \cong S_{n,r-1} \oplus S_{n,r}$ und $\chi_M = \chi_{S_{n,r-1}} + \chi_{S_{n,r}}$ ist, und nach Induktion $\zeta_{n,r-1} = \chi_{S_{n,r-1}}$ ist, folgt somit $\chi_{S_{n,r}} = \zeta_{n,r}$.

Wir betrachten jetzt den Fall $p \mid n$. Mit den Sätzen 1.5.5 und 1.5.8 können wir folgern:

$$d := (M, M) = (\chi_M, \chi_M)_{S_n} = 2.$$

Nach Corollary 17.14 in [38] hat M eine Filtrierung mit Spechtmoduln, und zwar mit $S_{n,r} \leq M$ und $M/S_{n,r} \cong S_{n,r-1}$. Und mit Satz 3.1.3 gilt: $M \hookleftarrow S_{n,r} \oplus S_{n,r-1} \hookleftarrow D_{n,r} \oplus 2 \cdot D_{n,r-1} \oplus D_{n,r-2}$. Da nach Satz 3.1.3 $D_{n,r-1} \leq S_{n,r}$ ist, folgt $D_{n,r-1} \mid \text{soc}(M) \cong \text{hd}(M)$. Schließlich muss damit $\text{soc}(M) \cong D_{n,r-1}$ sein, da $d = 2$ ist. Insbesondere folgt damit, dass M unzerlegbar ist. □

3.1.7 Bemerkung
Dass die Spechtmoduln zu Hakenpartitionen im Fall $p \nmid n$ Moduln mit trivialer Quelle sind, geht schon zum Beispiel aus [72] hervor. In [32] wird sogar noch ein viel allgemeineres Ergebnis gezeigt. Die Hauptaussage dort ist nämlich, dass alle irreduziblen Spechtmoduln verallgemeinerte Youngmoduln sind. □

Wir sammeln in den zwei folgenden Bemerkungen Informationen über die Einschränkung von $D_{n,r}$ auf S_{n-1} und über gewisse gewöhnliche Charaktere, bevor wir uns wieder Tensorprodukten zuwenden.

3.1.8 Bemerkung
Für $0 \leq r \leq n-2$ gilt:

$$\operatorname{Res}^{S_n}_{S_{n-1}}(D_{n,r}) \cong \begin{cases} D_{n-1,r}, & \text{falls } p \mid n, \\ M(n-r-1 \mid r), & \text{falls } n \equiv 1 \pmod{p}, \\ D_{n-1,r} \oplus D_{n-1,r-1}, & \text{sonst.} \end{cases}$$

Beweis. Wir betrachten die drei Fälle jeweils einzeln. An verschiedenen Stellen werden wir in diesem Beweis die Verzweigungs-Regel, Theorem 9.3 in [38], bei den Spechtmoduln anwenden.

- Für die Fälle $n \not\equiv 0, 1 \pmod{p}$ gilt $D_{n,r} \cong S_{n,r}$ nach Satz 3.1.3. Mit der Verzweigungs-Regel folgt:

$$\operatorname{Res}^{S_n}_{S_{n-1}}(S_{n,r}) \cong \begin{bmatrix} S_{n-1,r-1} \\ S_{n-1,r} \end{bmatrix}.$$

Da die vorkommenden Spechtmoduln nach Satz 3.1.3 alle einfach und somit selbstdual sind sowie nicht isomorph, folgt in diesem Fall die Behauptung.

- Im Fall $p \mid n$ führen wir eine Induktion nach r durch. Im Fall $r = 0$ ist die Aussage klar. Es sei also $r > 0$. Nach der Verzweigungs-Regel und mit dem Satz 3.1.3 folgern wir:

$$D_{n-1,r} \oplus D_{n-1,r-1} \hookleftarrow \operatorname{Res}^{S_n}_{S_{n-1}}(S_{n,r}) \hookleftarrow \operatorname{Res}^{S_n}_{S_{n-1}}(D_{n,r}) \oplus \operatorname{Res}^{S_n}_{S_{n-1}}(D_{n,r-1}).$$

Da nach Induktion $D_{n-1,r-1} \cong \operatorname{Res}^{S_n}_{S_{n-1}}(D_{n,r-1})$ ist, folgt nun die Behauptung.

- Es sei nun $n \equiv 1 \pmod{p}$. Für $r = 0$ ist die Aussage klar. Also können wir annehmen, dass $1 \leq r$ ist. Mit der Verzweigungs-Regel und Satz 3.1.3 gilt:

$$N := \operatorname{Res}^{S_n}_{S_{n-1}}(D_{n,r}) \hookleftarrow S_{n-1,r} \oplus S_{n-1,r-1} \hookleftarrow D_{n-1,r} \oplus 2 \cdot D_{n-1,r-1} \oplus D_{n-1,r-2}.$$

Da $D_{n,r}$ nach Satz A.1.7 ein verallgemeinerter Youngmodul ist und somit ein Modul mit trivialer Quelle, gilt für den gewöhnlichen Charakter des RS_n-Lifts mit trivialer Quelle von N gemäß der Verzweigungs-Regel: $\chi_N = \zeta_{n-1,r} + \zeta_{n-1,r-1}$. Also gilt nach Satz 1.5.8, $\dim_k(\operatorname{End}_{kS_n}(N)) = 2$. Insbesondere folgern wir damit, dass der Sockel von N einfach sein muss. Aus der Verzweigungs-Regel erhalten wir zudem $S_{n-1,r} \leq N$. Also gilt nach Satz 3.1.3: $D_{n-1,r-1} \mid \operatorname{soc}(N)$. Da $\operatorname{End}_{kS_n}(N)$ zwei-dimensional ist, folgt sogar $D_{n-1,r-1} \cong \operatorname{soc}(N)$. Aus dem Beweis von Lemma 3.1.6 können wir mit $M := M(n-r-1 \mid r)$ folgern, dass $\chi_M = \chi_N$ ist. Da beide Moduln triviale Quellen haben, ist nach Satz 1.5.8 dann

$$d := (M,N) = (\chi_M, \chi_N)_{S_n} = 2.$$

Aus dem Beweis von Lemma 3.1.6 folgt $\operatorname{soc}(M) \cong \operatorname{hd}(M) \cong \operatorname{soc}(N) \cong \operatorname{hd}(N) \cong D_{n-1,r-1}$. Zudem ist die Loewylänge von M und N gleich 3. Denn beide Moduln haben genau vier Kompositionsfaktoren. Also kann die Loewylänge der beiden Moduln höchstens vier sein. Zudem muss sie auch echt größer zwei sein. Die Loewylänge dieser Moduln kann aber auch nicht vier sein, da beide Moduln selbstdual sind. Beide Moduln haben demnach die folgende Radikalreihe, zur Notation der Radikalreihe siehe man Kapitel 4, Abschnitt 4.3:

$$\begin{array}{c} D_{n-1,r-1} \\ D_{n-1,r} \oplus D_{n-1,r-2} \\ D_{n-1,r-1}. \end{array}$$

Da $d = 2$ ist, folgt $M \cong N$. Insgesamt folgt nun die Behauptung. □

Wir bestimmen nun die irreduziblen Konstituenten einiger Tensorprodukte von gewöhnlichen Charakteren von Spechtmoduln. Diese benötigen wir, um später Aussagen über Dimensionen von Endomorphismenringen gewisser kS_n-Moduln zu erhalten. Grundlegend für das Folgende sind die Verzweigungs- und die Littlewood-Richardson-Regel, Theorem 9.3 und Theorem 16.4 in [38].

3.1.9 Bemerkung
Es sei $2 \leq r \in \mathbb{N}$, dann gilt

$$\zeta_{n,1} \cdot \zeta_{n,r} = \zeta_{n,r-1} + \zeta^{[n-r,2,1^{r-2}]} + \zeta_{n,r} + \zeta^{[n-r-1,2,1^{r-1}]} + \zeta_{n,r+1}.$$

Und es gilt: $(\zeta^{[n-2,2]} \cdot \zeta_{n,r}, \zeta_{n,r})_{S_n} = 2$ und $(\zeta_{n,2} \cdot \zeta_{n,r}, \zeta_{n,r})_{S_n} = 1$.

Beweis. Mit der Verzweigungs-Regel folgern wir $\xi^{[n-1,1]} = \operatorname{Ind}^{S_n}_{S_{n-1}}(\zeta_{n-1,0}) = \zeta_{n,0} + \zeta_{n,1}$. Also gilt:

$$\begin{aligned} \zeta_{n,1} \cdot \zeta_{n,r} + \zeta_{n,r} &= \xi^{[n-1,1]} \cdot \zeta_{n,r} \\ &= \operatorname{Ind}^{S_n}_{S_{n-1}}(\operatorname{Res}^{S_n}_{S_{n-1}}(\zeta_{n,r})) \\ &= \operatorname{Ind}^{S_n}_{S_{n-1}}(\zeta_{n-1,r-1} + \zeta_{n-1,r}) \\ &= \zeta_{n,r-1} + \zeta^{[n-r,2,1^{r-2}]} + 2 \cdot \zeta_{n,r} + \zeta^{[n-r-1,2,1^{r-1}]} + \zeta_{n,r+1}, \end{aligned}$$

3.1. Tensorprodukte des natürlichen Moduls

wobei die letzte Gleichung mit der Verzweigungs-Regel folgt. Damit folgt die Behauptung für $\zeta_{n,1} \cdot \zeta_{n,r}$. Unter der Benutzung der Littlewood-Richardson-Regel erhalten wir für die Permutationscharaktere von $\mathcal{S}_n$ zu den Untergruppen $\mathcal{S}_{[n-2,2]}$ und $\mathcal{S}_{n-2}$ die folgenden Konstituenten:

$$\xi^{[n-2,2]} = \zeta^{[n-2,2]} + \zeta_{n,1} + \zeta_{n,0} \quad \text{und} \quad \xi^{[n-2,1^2]} = \zeta_{n,2} + \zeta^{[n-2,2]} + 2 \cdot \zeta_{n,1} + \zeta_{n,0}. \tag{3.1}$$

Mit der Littlewood-Richardson-Regel folgt weiter

$$\operatorname{Res}^{\mathcal{S}_n}_{\mathcal{S}_{[n-2,2]}}(\zeta_{n,r}) = \zeta_{n-2,r-2} \boxtimes \zeta_{2,1} + \zeta_{n-2,r-1} \boxtimes \zeta_{2,0} + \zeta_{n-2,r-1} \boxtimes \zeta_{2,1} + \zeta_{n-2,r} \boxtimes \zeta_{2,0},$$

und mit der Frobenius-Reziprozität folgt damit:

$$(\xi^{[n-2,2]} \cdot \zeta_{n,r}, \zeta_{n,r})_{\mathcal{S}_n} = (\operatorname{Res}^{\mathcal{S}_n}_{\mathcal{S}_{[n-2,2]}}(\zeta_{n,r}), \operatorname{Res}^{\mathcal{S}_n}_{\mathcal{S}_{[n-2,2]}}(\zeta_{n,r}))_{\mathcal{S}_{[n-2,2]}} = 4. \tag{3.2}$$

Nach der Verzweigungs-Regel gilt:

$$\operatorname{Res}^{\mathcal{S}_n}_{\mathcal{S}_{n-2}}(\zeta_{n,r}) = \zeta_{n-2,r-2} + 2 \cdot \zeta_{n-2,r-1} + \zeta_{n-2,r}.$$

Wir erhalten damit:

$$(\xi^{[n-2,1^2]} \cdot \zeta_{n,r}, \zeta_{n,r})_{\mathcal{S}_n} = (\operatorname{Res}^{\mathcal{S}_n}_{\mathcal{S}_{n-2}}(\zeta_{n,r}), \operatorname{Res}^{\mathcal{S}_n}_{\mathcal{S}_{n-2}}(\zeta_{n,r}))_{\mathcal{S}_{n-2}} = 6. \tag{3.3}$$

Es folgt:

$$(\zeta^{[n-2,2]} \cdot \zeta_{n,r}, \zeta_{n,r})_{\mathcal{S}_n} \underset{(3.1)}{=} (\xi^{[n-2,2]} \cdot \zeta_{n,r}, \zeta_{n,r})_{\mathcal{S}_n} - (\zeta_{n,0} \cdot \zeta_{n,r}, \zeta_{n,r})_{\mathcal{S}_n} - (\zeta_{n,1} \cdot \zeta_{n,r}, \zeta_{n,r})_{\mathcal{S}_n} \underset{(3.2)}{=} 2.$$

Analog erhalten wir aus (3.1) und (3.3): $(\zeta_{n,2} \cdot \zeta_{n,r}, \zeta_{n,r})_{\mathcal{S}_n} = 1$. □

Kommen wir nun zurück zu Tensorprodukten. Nach dem Satz von Mackey und Satz A.1.2 lässt sich $M(n-1 \mid 1) \otimes M(n-r \mid r)$ in eine direkte Summe von verallgemeinerten Youngmoduln zerlegen. Ist diese Zerlegung bekannt, so kann mit Lemma 3.1.6 induktiv die Zerlegung der Tensorprodukte der Form $D_{n,1} \otimes D_{n,r}$ bestimmen. Welche Moduln dabei speziell auftreten, ist aber im Allgemeinen nicht bekannt. Wir wollen die Zerlegung dieser Produkte deshalb nur in einigen Fällen, nämlich dann, wenn die Moduln auch Youngmoduln sind, explizit betrachten. Für $1 \leq r \leq n-2$ setzen wir $T_{n,r} := D_{n,1} \otimes D_{n,r}$.

3.1.10 Lemma

Es sei $5 \leq p$ und $2 \leq r \leq p-2$. Weiter sei $n \equiv a \pmod{p}$ mit $2 \leq a \leq p-1$. Also ist insbesondere $n \not\equiv 0, 1 \pmod{p}$. Dann ist

$$T_{n,r} \cong \begin{cases} D_{n,r} \oplus D^{[n-r,2,1^{r-2}]} \oplus D_{n,r+1} \oplus D_{n,r-1} \oplus D^{[n-r-1,2,1^{r-1}]}, & \text{falls } r \neq a, a-1, \\ D_{n,r} \oplus Y^{[n-r,2,1^{r-2}]} \oplus D_{n,r+1} \oplus D^{[n-r-1,2,1^{r-1}]}, & \text{falls } r = a, \\ D^{[n-r,2,1^{r-2}]} \oplus D_{n,r+1} \oplus D_{n,r-1} \oplus Y^{[n-r-1,2,1^{r-1}]}, & \text{falls } r = a-1. \end{cases}$$

Beweis. Nach Satz 3.1.3 gilt $D_{n,1} \cong S_{n,1}$ und $D_{n,r} \cong S_{n,r}$. Da $r < p$ ist, sind diese Moduln auch Youngmoduln nach Satz A.1.7. Also ist $T_{n,r}$ in diesem Fall eine direkte Summe von Youngmoduln. Mit der modularen Verzweigungs-Regel, Theorem 11.2.8 in [41], bestimmen wir jetzt $\operatorname{soc}(T_{n,r})$. Dann können wir unter Mithilfe gewöhnlicher Charaktere und der Nakayama-Vermutung entscheiden, welcher Youngmodul als direkter Summand in $T_{n,r}$ vorkommt. Da $M_{n,1} \cong D_{n,0} \oplus D_{n,1}$ ist, gilt mit Lemma 3.1.1

$$D_{n,r} \oplus T_{n,r} \cong \operatorname{Ind}^{\mathcal{S}_n}_{\mathcal{S}_{n-1}}(\operatorname{Res}^{\mathcal{S}_n}_{\mathcal{S}_{n-1}}(D_{n,r})). \tag{3.4}$$

Um die Zerlegung des Tensorproduktes zu bestimmen, werden wir jetzt $\mathrm{Ind}_{\mathcal{S}_{n-1}}^{\mathcal{S}_n}(\mathrm{Res}_{\mathcal{S}_{n-1}}^{\mathcal{S}_n}(D_{n,r}))$ betrachten. Nach Bemerkung 3.1.8 ist

$$\mathrm{Res}_{\mathcal{S}_{n-1}}^{\mathcal{S}_n}(D_{n,r}) \cong D_{n-1,r} \oplus D_{n-1,r-1}. \tag{3.5}$$

Für $\mathrm{Ind}_{\mathcal{S}_{n-1}}^{\mathcal{S}_n}(D_{n-1,s})$ mit $2 \leq s \leq p-2$ erhalten mit der modularen Verzweigungs-Regel:

(i) Ist $a \neq s+1$, dann gilt: $\mathrm{Ind}_{\mathcal{S}_{n-1}}^{\mathcal{S}_n}(D_{n-1,s}) \cong D_{n,s} \oplus D^{[n-s-1,2,1^{s-1}]} \oplus D_{n,s+1}$.

(ii) Ist $a = s+1$, dann gilt: $\mathrm{soc}(\mathrm{Ind}_{\mathcal{S}_{n-1}}^{\mathcal{S}_n}(D_{n-1,s})) \cong D_{n,s} \oplus D_{n,s+1}$.

Da das betrachtete Produkt eine Summe von Youngmoduln ist, wollen wir jetzt prüfen, welcher Youngmodul als Summand vorkommt. Wir erhalten drei verschiedene Fälle:

- $r \neq a, a-1$: In diesem Fall ist wegen (3.5)

$$\begin{aligned}\mathrm{Ind}_{\mathcal{S}_{n-1}}^{\mathcal{S}_n}(\mathrm{Res}_{\mathcal{S}_{n-1}}^{\mathcal{S}_n}(D_{n,r})) &\cong \mathrm{Ind}_{\mathcal{S}_{n-1}}^{\mathcal{S}_n}(D_{n-1,r-1}) \oplus \mathrm{Ind}_{\mathcal{S}_{n-1}}^{\mathcal{S}_n}(D_{n-1,r}) \\ &\underset{(i)}{\cong} D_{n,r-1} \oplus D^{[n-r,2,1^{r-2}]} \oplus 2 \cdot D_{n,r} \oplus D^{[n-r-1,2,1^{r-1}]} \oplus D_{n,r+1}.\end{aligned}$$

Mit Gleichung (3.4) folgt dann die Behauptung.

- $r = a$: Mit Satz 3.1.3 und A.1.7 folgern wir, dass $D_{n-1,r-1}$ ein Youngmodul ist. Damit ist $I := \mathrm{Ind}_{\mathcal{S}_{n-1}}^{\mathcal{S}_n}(D_{n-1,r-1})$ eine direkte Summe von Youngmoduln. Mit der Verzweigungs-Regel erhalten wir für den gewöhnlichen Charakter von I:

$$\chi_I = \zeta_{n,r} + \zeta_{n,r-1} + \zeta^{[n-r,2,1^{r-2}]}.$$

Der p-Kern von $[n-r+1, 1^{r-1}]$ und $[n-r, 2, 1^{r-2}]$ ist $[1^a]$. Also liegen nach Satz 1.6.12 die beiden Partitionen im gleichen Block, und $[n-r, 1^r]$ liegt in einem anderen Block. Mit (ii) folgern wir, dass I genau zwei unzerlegbare direkte Summanden hat. Also ist $I \cong D_{n,r} \oplus Y^\lambda$ für ein $\lambda \vdash n$ mit $\chi^\lambda = \zeta_{n,r-1} + \zeta^{[n-r,2,1^{r-2}]}$. Nach Bemerkung 2.3.3 muss dann $\lambda \in \{[n-r, 2, 1^{r-2}], [n-r+1, 1^{r-1}]\}$ sein. Wegen $[n-r, 2, 1^{r-2}] \triangleleft [n-r+1, 1^{r-1}]$ ist $\lambda = [n-r, 2, 1^{r-2}]$. Wir fassen nun alles zusammen und erhalten:

$$\begin{aligned}\mathrm{Ind}_{\mathcal{S}_{n-1}}^{\mathcal{S}_n}(\mathrm{Res}_{\mathcal{S}_{n-1}}^{\mathcal{S}_n}(D_{n,r})) &\cong \mathrm{Ind}_{\mathcal{S}_{n-1}}^{\mathcal{S}_n}(D_{n-1,r-1}) \oplus \mathrm{Ind}_{\mathcal{S}_{n-1}}^{\mathcal{S}_n}(D_{n-1,r}) \\ &\underset{(i)}{\cong} D_{n,r} \oplus Y^{[n-r,2,1^{r-2}]} \oplus D_{n,r} \oplus D_{n,r+1} \oplus D^{[n-r-1,2,1^{r-1}]}.\end{aligned}$$

Mit Gleichung (3.4) folgt dann die Behauptung.

- $r = a - 1$: Die Argumentation geht analog wie im Fall $r = a$.

□

Nun widmen wir uns dem Fall $p \mid n$. In diesem Fall sind die einfachen Moduln $D_{n,r}$ mit $2 \leq r \leq n-3$ keine Moduln mit trivialen Quellen. Deswegen werden wir einen anderen Weg einschlagen, um die Zerlegung von $T_{n,r}$ zu bestimmen. Mit φ_M bezeichnen wir für einen $k\mathcal{S}_n$-Modul M den zugehörigen Brauercharakter, und wir setzen $\varphi^\lambda := \varphi_{D^\lambda}$ für eine p-reguläre Partition λ und $\varphi_{n,r} := \varphi_{D_{n,r}}$. Für einen gewöhnlichen Charakter χ bezeichne $\widehat{\chi}$ die Einschränkung auf die p'-Konjugiertenklassen von $\mathcal{S}_n$.

3.1. Tensorprodukte des natürlichen Moduls

3.1.11 Lemma
Es sei $p \mid n$ und $1 \leq r \leq n-3$. Dann gilt $\varphi_{T_{n,r}} = \varphi_{n,r-1} + \varphi_{n,r+1} + \widehat{\zeta}^{[n-r-1,2,1^{r-1}]}$.

Beweis. Nach Lemma 3.1.1, Satz 3.1.3 und Bemerkung 3.1.8 gilt:

$$M := M_{n,1} \otimes D_{n,r} \cong \mathrm{Ind}_{\mathcal{S}_{n-1}}^{\mathcal{S}_n}(S_{n-1,r}).$$

Insbesondere ist M liftbar. Nach Lemma 3.1.6 ist $\chi_{S_{n-1,r}} = \zeta_{n-1,r}$. Damit hat M nach der Verzweigungs-Regel den folgenden Charakter: $\chi_M = \zeta_{n,r} + \zeta_{n,r+1} + \zeta^{[n-r-1,2,1^{r-1}]}$. Mit Satz 3.1.3 folgern wir nun:

$$\widehat{\chi}_M = \widehat{\zeta}_{n,r} + \widehat{\zeta}_{n,r+1} + \widehat{\zeta}^{[n-r-1,2,1^{r-1}]}$$
$$= 2 \cdot \varphi_{n,r} + \varphi_{n,r-1} + \varphi_{n,r+1} + \widehat{\zeta}^{[n-r-1,2,1^{r-1}]}.$$

Und nach Satz 3.1.3 gilt auch: $\widehat{\chi}_M = \varphi_M = (2 \cdot \varphi_{n,0} + \varphi_{n,1}) \cdot \varphi_{n,r}$. Insgesamt erhalten wir damit: $\varphi_{T_{n,r}} = \varphi_{n,1} \cdot \varphi_{n,r} = \varphi_{n,r-1} + \varphi_{n,r+1} + \widehat{\zeta}^{[n-r-1,2,1^{r-1}]}$. □

3.1.12 Bemerkung
Jeder Partition λ von n kann durch die p-Regularisierung, die in Abschnitt 6.3 in [36] beschrieben wird, eindeutig eine p-reguläre Partition λ^R zugeordnet werden. Dabei ist $\lambda^R = \lambda$, falls λ p-regulär ist. □

3.1.13 Satz
Es sei $\lambda \vdash n$. Dann gilt: $S^\lambda \hookrightarrow D^{\lambda^R} \oplus \bigoplus_{\mu \triangleright \lambda^R} d_{\mu,\lambda} D^\mu$, mit $d_{\mu,\lambda} \in \mathbb{N}$.

Beweis. Dies ist Theorem 6.3.50 in [36]. □

3.1.14 Lemma
Es sei $n = pm$ mit $1 \leq m$. Der Modul $S^{[r,2,1^{n-r-2}]}$ gehört genau dann zum Hauptblock B_0 von $k\mathcal{S}_n$, wenn $r \equiv 0 \pmod{p}$ ist.

Beweis. Es sei ρ_i bzw. σ_i die Anzahl des p-Residuums $0 \leq i \leq p-1$ in der Residuenmenge von $[n]$ bzw. von $[r,2,1^{n-r-2}]$. Es ist $\rho_i = m$ für $0 \leq i \leq p-1$. Gilt $p \mid r$, so gilt $\sigma_i = m$ für $0 \leq i \leq p-1$. Gilt $p \nmid r$, so ist $\sigma_0 = m+1$. Das heißt, gilt $r \equiv 0 \pmod{p}$, so sind die p-Inhalte von $[n]$ und $[r,2,1^{n-r-2}]$ gleich, sonst nicht. Also folgt mit Satz 1.6.7 die Behauptung über die Blockzugehörigkeit. □

Insgesamt können wir jetzt schließen:

3.1.15 Korollar
Ist $p \mid n, 1 \leq r \leq n-3$ und $r \not\equiv p-1 \pmod{p}$, so ist $T_{n,r} \cong D_{n,r-1} \oplus D_{n,r+1} \oplus D^{[n-r-1,2,1^{r-1}]^R}$.

Beweis. Mit Lemma 3.1.14 folgt, dass $S := S^{[n-r-1,2,1^{r-1}]}$ nicht in B_0 ist. Aus Satz 5.3 in [49] folgt, dass S einfach ist. Wir setzen $D := D^{[n-r-1,2,1^{r-1}]^R} \cong S$. Weiter gilt $D_{n,r-1} \not\cong D_{n,r+1}$ nach Satz 3.1.3, und beide Moduln gehören zu B_0. Wegen Lemma 3.1.11 ist $T_{n,r} \hookrightarrow D_{n,r-1} \oplus D_{n,r+1} \oplus D$, und da $T_{n,r}$ selbstdual ist, folgt nun die Behauptung. □

Über den Sockel von $T_{n,r}$ haben wir nun folgende Aussage.

3.1.16 Bemerkung
Ist $1 \leq r \leq n-3$ und $p \mid n$, dann ist $D_{n,r-1} \oplus D_{n,r+1} \mid \mathrm{soc}(T_{n,r})$.

Beweis. Ist $r \not\equiv p-1 \pmod{p}$, so folgt die Behauptung sofort aus Korollar 3.1.15. Da die einfachen $k\mathcal{S}_n$-Modul alle selbstdual sind, folgt m Fall $r \equiv p-1 \pmod{p}$ die Behauptung mit Lemma 1.3.7 und Korollar 3.1.15. □

Im letzten Satz dieses Abschnitts werden wir zeigen, dass im Fall $r \equiv p - 1 \pmod{p}$ der Modul $T_{n,r}$ unzerlegbar ist. Dazu betrachten wir den Endomorphismenring von $T_{n,r}$ und zeigen, dass dieser lokal ist. Wir wollen noch an die folgende Notation erinnern: $(M,N) := \dim_k(\text{Hom}_{kS_n}(M,N))$ für zwei kS_n-Moduln M und N.

3.1.17 Satz
Gilt $p \mid n$ und ist $r \equiv p - 1 \pmod{p}$, mit $1 \leq r \leq n-3$, so ist $T_{n,r}$ unzerlegbar. Weiter ist $(T_{n,r}, T_{n,r}) = 3$, und $\text{soc}(T_{n,r}) \cong D_{n,r-1} \oplus D_{n,r+1}$.

Beweis. Wir setzen $E := \text{End}_{kS_n}(T_{n,r})$. Unser Ziel ist nun, zu zeigen, dass E lokal ist. Dazu definieren wir jetzt zwei kS_n-Endomorphismen, π_1, π_2, von $T_{n,r}$. Dabei nutzen wir auch hier aus, dass alle einfachen kS_n-Moduln selbstdual sind, und somit auch $T_{n,r}$ selbstdual ist. Mit Bemerkung 3.1.16 ist $D_{n,r-1} \oplus D_{n,r+1} \leq \text{soc}(T_{n,r})$. Damit bekommen wir durch Kompositionen von Projektions- und Inklusionsabbildungen die folgenden zwei Endomorphismen:

$$\pi_1 : T_{n,r} \to \text{hd}(T_{n,r}) \to D_{n,r-1} \hookrightarrow \text{soc}(T_{n,r}) \hookrightarrow T_{n,r}$$

und

$$\pi_2 : T_{n,r} \to \text{hd}(T_{n,r}) \to D_{n,r+1} \hookrightarrow \text{soc}(T_{n,r}) \hookrightarrow T_{n,r}.$$

Offensichtlich sind $\pi_1, \pi_2 \in E$ und $\pi_1 \neq \pi_2$. Zunächst zeigen wir, dass $\dim_k(E) \leq 3$ ist. Aus Korollar 3.1.15 folgt $D_{n,1}^{\otimes 2} \cong D_{n,0} \oplus D_{n,2} \oplus D^{[n-2,2]}$. Nach Lemma 1.3.7 haben wir mit $N := D_{n,r}^{\otimes 2}$ die folgenden Isomorphien als k-Vektorräume:

$$\begin{aligned}
E &= \text{Hom}_{kS_n}(D_{n,1} \otimes D_{n,r}, D_{n,1} \otimes D_{n,r}) \\
&\cong \text{Hom}_{kS_n}(D_{n,1}^{\otimes 2}, N) \\
&\cong \text{Hom}_{kS_n}(D_{n,0} \oplus D_{n,2} \oplus D^{[n-2,2]}, N) \\
&\cong \underbrace{\text{Hom}_{kS_n}(D_{n,0}, N)}_{=: E_1} \oplus \underbrace{\text{Hom}_{kS_n}(D_{n,2}, N)}_{=: E_2} \oplus \underbrace{\text{Hom}_{kS_n}(D^{[n-2,2]}, N)}_{=: E_3}.
\end{aligned}$$

Wir zeigen nun, dass $\dim_k(E_i) \leq 1$ ist, für $1 \leq i \leq 3$.

(i) Da die einfachen kS_n-Moduln absolut einfach sind, gilt $E_1 \cong \text{Hom}_{kS_n}(D_{n,r}, D_{n,r}) \cong k$, und somit folgt $\dim_k(E_1) = 1$.

(ii) Nun zu E_2. Nach Bemerkung 3.1.8 ist $N' := \text{Res}_{S_{n-1}}^{S_n}(N) \cong D_{n-1,r}^{\otimes 2}$. Mit Bemerkung 3.1.8 und $M := D_{n-1,2} \otimes D_{n-1,r}$ können wir E_2 wie folgt einbetten:

$$E_2 \leq \text{Hom}_{kS_{n-1}}(D_{n-1,2}, N') \cong \text{Hom}_{kS_{n-1}}(D_{n-1,r}, M) =: E_2'.$$

Es ist $D_{n-1,r} \cong S_{n-1,r}$ nach Satz 3.1.3, also hat $D_{n-1,r}$ sowie auch $D_{n-1,2}$ eine triviale Quelle und für den entsprechenden gewöhnlichen Charakter gilt $\chi_{D_{n-1,r}} = \zeta_{n-1,r}$ bzw. $\chi_{D_{n-1,2}} = \zeta_{n-1,2}$ nach Lemma 3.1.6. Mit Bemerkung 2.5.1 schließen wir:

$$\dim_k(E_2') = (\zeta_{n-1,r}, \zeta_{n-1,2} \cdot \zeta_{n-1,r})_{S_{n-1}} \underset{3.1.9}{=} 1.$$

Also ist $\dim_k(E_2) \leq 1$.

3.1. Tensorprodukte des natürlichen Moduls

(iii) Mit Satz 7.14 in [25] kann man die p-Kostkazahlen zu $[n-2,2]$ bestimmen und erhält $M^{[n-2,2]} \cong D^{[n-2,2]} \oplus M_{n,1}$. Da nach Bemerkung 3.1.8 $\operatorname{Res}^{\mathcal{S}_n}_{\mathcal{S}_{n-1}}(D_{n,r}) \cong D_{n-1,r}$ ist, folgt mit Lemma 1.3.7 daraus $(M_{n,1}, D_{n,r}^{\otimes 2}) = (D_{n-1,r}, D_{n-1,r}) = 1$. Mit Theorem 3.3 in [43] erhalten wir dann die Ungleichung:

$$1 < (M^{[n-2,2]}, D_{n,r}^{\otimes 2}) = \dim_k(E_3) + (M_{n,1}, D_{n,r}^{\otimes 2}) \leq \dim_k(E_3) + 1. \tag{3.6}$$

Durch zweifaches Anwenden von Bemerkung 3.1.8 erhalten wir

$$\operatorname{Res}^{\mathcal{S}_n}_{\mathcal{S}_{n-2}}(D_{n,r}) \cong D_{n-2,r} \oplus D_{n-2,r-1}. \tag{3.7}$$

Da die einfachen Modul alle selbstdual und absolut einfach sind ergibt sich nun andererseits:

$$\begin{aligned}
(M^{[n-2,2]}, D_{n,r}^{\otimes 2}) &= (k, \operatorname{Res}^{\mathcal{S}_n}_{\mathcal{S}_{n-2} \times \mathcal{S}_2}(D_{n,r})^{\otimes 2}) \leq (k, \operatorname{Res}^{\mathcal{S}_n}_{\mathcal{S}_{n-2}}(D_{n,r})^{\otimes 2}) \\
&\underset{(3.7)}{=} (k, (D_{n-2,r} \oplus D_{n-2,r-1})^{\otimes 2}) \\
&\underset{1.3.7}{=} (D_{n-2,r} \oplus D_{n-2,r-1}, D_{n-2,r} \oplus D_{n-2,r-1}) \\
&\underset{3.1.3}{=} 2.
\end{aligned}$$

Aus (3.6) und der obigen Ungleichung folgt dann, dass $\dim_k(E_3) = 1$ ist.

Insgesamt können wir dann aus (i), (ii) und (iii) schließen: $\dim_k(E) \leq 3$.

Wir setzen id $:= \operatorname{id}_{T_{n,r}} \in E$. Nun werden wir zeigen, dass $\{\operatorname{id}, \pi_1, \pi_2\}$ eine k-Basis von E ist. Dazu betrachten wir jetzt die Endomorphismen π_1 und π_2 genauer. Man sieht leicht, dass $\pi_1 \circ \pi_2 = 0 = \pi_2 \circ \pi_1$ ist. Weiter ist auch $\pi_1^2 = 0$. Denn angenommen, es gelte $\pi_1^2 \neq 0$. Dann ist $\operatorname{Bild}(\pi_1) \not\subseteq \operatorname{Kern}(\pi_1)$. Nun ist aber $\operatorname{Bild}(\pi_1) \cap \operatorname{Kern}(\pi_1) = 0$, da $\operatorname{Bild}(\pi_1)$ einfach ist. Also ist $D_{n,r-1} \cong \operatorname{Bild}(\pi_1)$ ein direkter Summand von $T_{n,r}$. Es würde folgen, dass auch $\operatorname{Res}^{\mathcal{S}_n}_{\mathcal{S}_{n-1}}(D_{n,r-1}) \cong D_{n-1,r-1}$ ein direkter Summand von $T_{n-1,r} = \operatorname{Res}^{\mathcal{S}_n}_{\mathcal{S}_{n-1}}(T_{n,r})$ ist. Nach Satz 3.1.3 und Satz 3.1.5 gilt $V := \operatorname{vx}(D_{n-1,r}) = \operatorname{Syl}_p(\mathcal{S}_{n-r-2} \times \mathcal{S}_r)$ sowie $W := \operatorname{vx}(D_{n-1,r-1}) = \operatorname{Syl}_p(\mathcal{S}_{n-r-1} \times \mathcal{S}_{r-1})$. Nach Voraussetzung gilt $p \mid n-r-1$ und damit:

$$|W| = \nu_p((n-r-1)!) + \nu_p((r-1)!) > \nu_p((n-r-2)!) + \nu_p(r!) = |V|.$$

Für den Vertex U eines unzerlegbaren direkten Summanden von $T_{n-1,r}$ gilt aber $|U| \leq |V|$ nach Lemma 1.4.4. Damit kann also $D_{n-1,r-1}$ kein direkter Summand von $T_{n-1,r}$ sein. Es folgt $\pi_1^2 = 0$. Mit einer analogen Argumentation für π_2, dabei ist nach Satz 3.1.5 dann $Z := \operatorname{vx}(D_{n,r+1}) = \operatorname{Syl}_p(\mathcal{S}_{n-r-3} \times \mathcal{S}_{r+1})$, folgt, dass $D_{n,r+1}$ kein direkter Summand von $T_{n,r}$ ist, da nach Voraussetzung $p \mid r+1$ gilt, und somit

$$|Z| = \nu_p((n-r-3)!) + \nu_p((r+1)!) > \nu_p((n-r-2)!) + \nu_p(r!) = |V|.$$

Wir zeigen, dass die Menge $\{\operatorname{id}, \pi_1, \pi_2\} \subseteq E$ linear unabhängig ist. Denn angenommen, es wäre $\pi_1 = a \cdot \operatorname{id} + b \cdot \pi_2$, wobei $a, b \in k$ seien. Insbesondere müsste dann $a \neq 0 \neq b$ gelten. Somit wäre:

$$0 = \pi_1^2 = a^2 \cdot \operatorname{id} + 2ab \cdot \pi_2.$$

Dies wäre aber ein Widerspruch, da dann $\operatorname{id} = c \cdot \pi_2$ mit $c \neq 0$ nilpotent wäre. Also ist $\{\operatorname{id}, \pi_1, \pi_2\}$ linear unabhängig. Da wir schon gezeigt haben, dass $\dim_k(E) \leq 3$ ist, folgt $E = \langle \operatorname{id}, \pi_1, \pi_2 \rangle_k$.

Nun wollen wir zeigen, dass E lokal ist. Es sei $\phi = a \cdot \operatorname{id} + b \cdot \pi_1 + c \cdot \pi_2 \in E$, mit $a, b, c \in k$. Gilt nun $a \neq 0$, dann ist $\psi := a^{-1} \cdot \operatorname{id} - a^{-2} b \cdot \pi_1 - a^{-2} c \cdot \pi_2$ das Inverse von ϕ. Falls aber $a = 0$ ist, so gilt $\phi^2 = 0$.

Es folgt sofort, dass die nicht-invertierbaren Elemente von E ein Ideal bilden. Also ist E lokal, und damit ist $T_{n,r}$ nach Lemma 1.1.13 unzerlegbar.

Abschließend wollen wir noch den Sockel von $T_{n,r}$ betrachten. Dazu werden wir alle bisherigen Ergebnisse, die wir für dieses Produkt bisher gesammelt haben, benötigen. Da $T_{n,r}$ selbstdual, $\dim_k(E) = 3$ und $D_{n,r-1} \oplus D_{n,r+1} \leq \text{soc}(T_{n,r})$ ist sowie $T_{n,r}$ unzerlegbar ist, muss damit $D_{n,r-1} \oplus D_{n,r+1} \cong \text{soc}(T_{n,r})$ gelten. □

Wir können mit den Ergebnissen zu $T_{n,r}$ etwas über Kompositionsfaktoren von $S^{[n-r-1,2,1^{r-1}]}$ aussagen. Dazu benötigen wir noch folgendes Lemma.

3.1.18 Lemma
Es sei G eine endliche Gruppe und M ein selbstdualer, unzerlegbarer kG-Modul. Ist M nicht einfach und S ein einfacher und selbstdualer Modul mit $S \mid \text{soc}(M)$, so gilt $[M : S] \geq 2$.
Beweis. Da M und S selbstdual sind, folgt $S \mid \text{hd}(M)$. Damit können wir folgenden nicht-trivialen Endomorphismus definieren:
$$\pi : M \to \text{hd}(M) \to S \hookrightarrow \text{soc}(M) \hookrightarrow M.$$
Angenommen es wäre $[M : S] = 1$, dann müsste $\pi(S) \cong S$ sein, da π nicht-trivial ist. Mit dem Lemma von Fitting folgte dann $S \mid M$. Dies wäre ein Widerspruch, da M unzerlegbar und nicht einfach ist. Also gilt die Behauptung. □

3.1.19 Korollar
Es sei $p \mid n$ und $r \equiv p-1 \pmod{p}$. Dann sind $D_{n,r-1}$ und $D_{n,r+1}$ Kompositionsfaktoren von $S^{[n-r-1,2,1^{r-1}]}$.
Beweis. Da die einfachen $k\mathcal{S}_n$-Moduln alle selbstdual sind, folgt aus Satz 3.1.17 und Lemma 3.1.18: $[T_{n,r} : D_{n,r-1}] \geq 2$ und $[T_{n,r} : D_{n,r+1}] \geq 2$. Nun ergibt sich die Behauptung mit Lemma 3.1.11. □

3.2 Haupt-Spinmodul

In diesem Abschnitt sei $p = 2$. Wir führen zuerst den Hauptakteur der kommenden Untersuchungen ein.

3.2.1 Definition
Der *Haupt-Spinmodul* sei wie folgt definiert:
$$S(n) := \begin{cases} D^{[l+1,l]}, & \text{falls } n = 2l+1, \\ D^{[l+1,l-1]}, & \text{falls } n = 2l. \end{cases}$$

Wir wollen das Tensorquadrat $S(n)^{\otimes 2}$ untersuchen. Da alle einfachen $k\mathcal{S}_n$-Moduln selbstdual sind, ist auch insbesondere $S(n)$ selbstdual und somit auch $S(n)^{\otimes 2}$. Hauptziel der kommenden Untersuchungen ist die Bestimmung der Kompositionsfaktoren dieses Moduls, und insbesondere deren Vielfachheiten. Wir gehen dabei wie folgt vor: Zuerst werden wir zeigen, dass die Kompositionsfaktoren von $S(n)^{\otimes 2}$ einfache Moduln zu Zweiteil-Partitionen sind. Dazu benötigen wir einen gewissen Charakter einer Schurschen Überlagerung der symmetrischen Gruppe. Im zweiten Schritt zeigen wir dann, wie man die Vielfachheiten eines Kompositionsfaktors von $S(n)^{\otimes 2}$ rekursiv bestimmen kann. Um dies zu zeigen, benutzen wir Sheths Ergebnisse über die Einschränkung von Moduln zu Zweiteil-Partitionen auf $\mathcal{S}_{n-1}$.

3.2.2 Definition
Es sei $\tilde{\mathcal{S}}_n$ die Schursche Überlagerung von $\mathcal{S}_n$, wie sie durch die Definition auf den Seiten 18 und 19 in [35] gegeben sei.

3.2. Haupt-Spinmodul

Für den Rest des Abschnittes wollen wir zusätzlich annehmen, dass (K,R,k) ein p-modulares Zerfällungssystem für $\tilde{\mathcal{S}}_n$ sei. Wir führen nun einen Charakter von $\tilde{\mathcal{S}}_n$ ein, dessen Einschränkung auf die 2-regulären Klassen der Brauercharakter des Haupt-Spinmoduls $\varphi_{S(n)}$ ist.

3.2.3 Bemerkung
Aus Theorem 2.8 in [35] folgt, dass $\mathcal{S}_n \cong \tilde{\mathcal{S}}_n/\langle z \rangle$ ist für ein $z \in Z(\tilde{\mathcal{S}}_n)$. Wir können also via Inflation die gewöhnlichen Charaktere von $\mathcal{S}_n$ als Charaktere von $\tilde{\mathcal{S}}_n$ auffassen. Einer Partition λ von n mit lauter verschiedenen Teilen kann gemäß Theorem 8.6 in [35] entweder genau ein irreduzibler gewöhnlicher Charakter $\langle \lambda \rangle$ von $\tilde{\mathcal{S}}_n$ oder ein Paar $\langle \lambda \rangle, \langle \lambda \rangle^a$ gewöhnlicher irreduzibler Charaktere von $\tilde{\mathcal{S}}_n$ zugeordnet werden. Im zweiten Fall sind die beiden Charaktere assoziiert zueinander, dass heißt $\langle \lambda \rangle = \text{sgn} \cdot \langle \lambda \rangle^a$. Wir benötigen im Folgenden die 2-modulare Reduktion gewisser Charaktere von $\tilde{\mathcal{S}}_n$; dabei bezeichne $\hat{\chi}$ die Einschränkung eines Charakters χ auf die $2'$-Klassen. Da insbesondere $\widehat{\langle \lambda \rangle} = \widehat{\text{sgn}} \cdot \widehat{\langle \lambda \rangle} = \widehat{\langle \lambda \rangle^a}$ gilt, ist es für unsere Untersuchungen egal, welchen Charakter zweier zueinander assoziierten Charaktere wir betrachten. Nach [4] existiert zu $\langle [n] \rangle$ ein $R\tilde{\mathcal{S}}_n$-Gitter Δ. Wir bezeichnen mit $\bar{\Delta}$ die 2-modulare Reduktion von Δ. Nach Theorem 5.1 in [4] ist diese Reduktion des Gitters ein $k\mathcal{S}_n$-Modul, und es gilt: $\bar{\Delta} \cong S(n)$. Damit erhalten wir für die modularen Charaktere: $\widehat{\langle [n] \rangle} = \varphi_{S(n)}$. □

Wir wollen noch eine Notation festlegen:

$$\langle [\check{n}] \rangle := \begin{cases} \langle [n] \rangle, & \text{falls } n \text{ ungerade,} \\ \langle [n] \rangle + \text{sgn} \cdot \langle [n] \rangle, & \text{falls } n \text{ gerade.} \end{cases}$$

Der folgende Satz ist unser Ausgangspunkt zur Bestimmung der Kompositionsfaktoren von $S(n)^{\otimes 2}$. Doch zuvor wollen wir an die folgende Notation erinnern: $\zeta_{n,i} = \zeta^{[n-i,1^i]}$.

3.2.4 Satz
Es gilt: $\langle [n] \rangle \cdot \langle [\check{n}] \rangle = \sum_{i=0}^{n-1} \zeta_{n,i}$.
Beweis. Man siehe Corollary 2.3 in [9]. □

Damit bekommen wir für die Einschränkung der Charaktere auf 2-reguläre Klassen die folgende Aussage über das Quadrat des Brauercharakters von $S(n)$.

3.2.5 Korollar
Es gilt:

$$\sum_{i=0}^{n-1} \widehat{\zeta}_{n,i} = \begin{cases} \varphi_{S(n)}^2, & \text{falls } 2 \nmid n, \\ 2 \cdot \varphi_{S(n)}^2, & \text{falls } 2 \mid n. \end{cases}$$

Beweis. Wir haben die folgende Kette von Gleichungen:

$$\sum_{i=0}^{n-1} \widehat{\zeta}_{n,i} \underset{3.2.4}{=} \widehat{\langle [n] \rangle} \cdot \widehat{\langle [\check{n}] \rangle} = \begin{cases} \widehat{\langle [n] \rangle}^2 & \text{falls } 2 \nmid n \\ 2 \cdot \widehat{\langle [n] \rangle}^2 & \text{falls } 2 \mid n \end{cases} \underset{3.2.3}{=} \begin{cases} \varphi_{S(n)}^2, & \text{falls } 2 \nmid n, \\ 2 \cdot \varphi_{S(n)}^2, & \text{falls } 2 \mid n. \end{cases}$$

Dies ist die Behauptung. □

Damit ergibt sich für uns nun die Möglichkeit, die Kompositionsfaktoren von $S(n)^{\otimes 2}$ und deren Vielfachheiten zu bestimmen, indem wir die Kompositionsfaktoren aller Spechtmoduln zu Hakenpartitionen ermitteln. Das werden wir auch tun. Wir werden sehen, dass alle diese Kompositionsfaktoren zu einfachen Moduln mit Zweiteil-Partitionen korrespondieren. Die folgende Bemerkung orientiert sich an den Ausführungen auf Seite 93 in [38]. Für $x \in \mathbb{Q}$ sei $\lfloor x \rfloor$ die größte ganze Zahl z mit $z \leq x$.

3.2.6 Lemma
Für $m \in \mathbb{N}$ mit $0 < m \leq \frac{n}{2}$ gilt:

$$\widehat{\zeta}_{n,m} = \sum_{i=0}^{\lfloor \frac{m}{2} \rfloor} \widehat{\zeta}^{[n-m+2i, m-2i]},$$

wobei $\widehat{\zeta}^{[n-m+2i, m-2i]} := 0$ sei, falls $m - 2i < 0$ ist.
Beweis. Wir setzen

$$\psi_m := \mathrm{Ind}_{S_{n-m} \times S_m}^{S_n}(\zeta_{n-m,0} \boxtimes \zeta_{m,m-1}) \quad \text{und} \quad \theta_m := \mathrm{Ind}_{S_{n-m} \times S_m}^{S_n}(\zeta_{n-m,0} \boxtimes \zeta_{m,0}).$$

Nach Lemma 2.4.3 ist $\psi_m = \xi(n-m \mid m) = \zeta_{n,m} + \zeta_{n,m-1}$, und mit der Littlewood-Richardson-Regel folgt $\theta_m = \sum_{i=0}^{m} \zeta^{[n-i,i]}$. Da sgn $= \zeta_{m,m-1}$ ist, folgt für die Einschränkung der beiden Charaktere auf die $2'$-Klassen: $\widehat{\psi}_m = \widehat{\theta}_m$. Für den Beweis der Behauptung dieses Lemmas führen wir eine Induktion nach m durch. Für $m = 1$ stimmt die Behauptung offensichtlich. Es sei also $m > 1$. Nun gilt:

$$\widehat{\zeta}_{n,m} + \widehat{\zeta}_{n,m-1} = \widehat{\psi}_m = \widehat{\theta}_m = \sum_{i=0}^{m} \widehat{\zeta}^{[n-i,i]}. \tag{3.8}$$

Nach der Induktionsannahme ist: $\widehat{\zeta}_{n,m-1} = \sum_{i=0}^{\lfloor \frac{m-1}{2} \rfloor} \widehat{\zeta}^{[n-m+1+2i, m-1-2i]}$. Damit folgt aus Gleichung (3.8):

$$\begin{aligned}
\widehat{\zeta}_{n,m} &= \widehat{\theta}_m - \widehat{\zeta}_{n,m-1} \\
&= \sum_{i=0}^{m} \widehat{\zeta}^{[n-i,i]} - \sum_{i=0}^{\lfloor \frac{m-1}{2} \rfloor} \widehat{\zeta}^{[n-m+1+2i, m-1-2i]} \\
&= \sum_{i=0}^{\lfloor \frac{m}{2} \rfloor} \widehat{\zeta}^{[n-m+2i, m-2i]}.
\end{aligned}$$

Es folgt damit die Behauptung. □

3.2.7 Korollar
Die Kompositionsfaktoren von $S(n)^{\otimes 2}$ sind einfache Moduln zu Zweiteil-Partitionen.
Beweis. Aus Korollar 3.2.5 und Lemma 3.2.6 folgt, dass $\varphi^2_{S(n)}$ nur Konstituenten zu Zweiteil-Partitionen hat. Damit ist die Behauptung gezeigt. □

Wir werden später zeigen, dass die Vielfachheit eines Kompositionsfaktors von $S(n)^{\otimes 2}$ auf die Vielfachheiten des trivialen Moduls in $S(m)^{\otimes 2}$ für ein bestimmtes $m \leq n$ zurückgeführt werden kann. Wir wollen jetzt die Vielfachheit des trivialen Moduls in $S(n)^{\otimes 2}$ bestimmen. Im Prinzip ist der Beweis dazu eine Kombination der Beweise von Theorem 1.14 und Theorem 1.15 in [24]. Dort wird die Vielfachheit des trivialen Moduls der symplektisches Gruppe in der äußeren Tensoralgebra des natürlichen Moduls der symplektischen Gruppe bestimmt. Es stellt sich heraus, dass diese Vielfachheit genau der Vielfachheit des trivialen Moduls in $S(n)^{\otimes 2}$ entspricht. Denn in beiden Fällen ist die jeweilige gesuchte Vielfachheit gleich der Summe der Vielfachheiten des trivialen Moduls als Kompositionsfaktor in den Spechtmoduln zu allen Hakenpartitionen von n.

3.2. Haupt-Spinmodul

3.2.8 Satz
Es sei $n = 2l+1$ ungerade. Weiter sei $l+1 = \sum_{i=1}^{s} 2^{a_i}$ die 2-adische Entwicklung von $l+1$, wobei $0 \leq a_1 < \cdots < a_s$ sei. Dann gilt: $[S(n)^{\otimes 2} : D^{[n]}] = 2^{s+a_s-1}$.

Beweis. Wir sammeln zuerst fünf Argumente, die wir für den Beweis benötigen.

(a) Aus Korollar 3.2.5 folgt: $[S(n)^{\otimes 2} : D^{[n]}] = \sum_{i=0}^{n-1}[S_{n,i} : D^{[n]}]$.

(b) Aus Theorem 8.15 in [38] folgt: $S_{n,r} \leftrightarrow S_{n,n-r-1}$ für $0 \leq r \leq n-1$.

(c) Der 2-Kern von $[n-r, r]$ bzw. $[n-r, 1^r]$ ist genau dann gleich $[2,1]$, wenn r ungerade ist. Ist der 2-Kern einer Partition $[2,1]$, so gehören der entsprechende Spechtmodul und dessen Kompositionsfaktoren nach der Nakayama-Vermutung 1.6.12 nicht zum Hauptblock. Damit ist $[S^{[n-r,r]} : D^{[n]}] = 0$ bzw. $[S_{n,r} : D^{[n]}] = 0$, falls r ungerade ist.

(d) Mit Lemma 3.2.6 folgt: $[S_{n,r} : D^{[n]}] = \sum_{i \geq 0}[S^{[n-r+2i, r-2i]} : D^{[n]}]$ für $0 \leq r \leq l$.

(e) Nach Theorem 3.1 in [37] und Theorem 24.15 in [38] gilt: $[S^{[n-2i+2j, 2i-2j]} : D^{[n]}] = \binom{n+1}{2i-2j}'$, wobei $\binom{a}{b}' := 0$ ist, falls $\binom{a}{b}$ gerade ist, und $\binom{a}{b}' := 1$ sonst, für $a, b \in \mathbb{N}$.

Wir können nun schrittweise folgern:

$$[S(n)^{\otimes 2} : D^{[n]}] \underset{(a)}{=} \sum_{i=0}^{n-1}[S_{n,i} : D^{[n]}]$$

$$\underset{(b)}{=} 2\sum_{i=0}^{l-1}[S_{n,i} : D^{[n]}] + [S_{n,l} : D^{[n]}]$$

$$\underset{(c)}{=} \begin{cases} 2\sum_{i=0}^{l-1}[S_{n,i} : D^{[n]}], & \text{falls } l = 2m+1, \\ 2\sum_{i=0}^{l-1}[S_{n,i} : D^{[n]}] + [S_{n,l} : D^{[n]}], & \text{falls } l = 2m, \end{cases}$$

$$\underset{(d)}{=} \begin{cases} 2\sum_{i=0}^{l-1}\sum_{j \geq 0}[S^{[n-i+2j, i-2j]} : D^{[n]}], & \text{falls } l = 2m+1, \\ 2\sum_{i=0}^{l-1}\sum_{j \geq 0}[S^{[n-i+2j, i-2j]} : D^{[n]}] + \sum_{j=0}^{m}[S^{[n-2m+2j, 2m-2j]} : D^{[n]}], & \text{falls } l = 2m, \end{cases}$$

$$\underset{(c)}{=} \begin{cases} 2\sum_{i=0}^{m}\sum_{j \geq 0}[S^{[n-2i+2j, 2i-2j]} : D^{[n]}], & \text{falls } l = 2m+1, \\ 2\sum_{i=0}^{m-1}\sum_{j \geq 0}[S^{[n-2i+2j, 2i-2j]} : D^{[n]}] + \sum_{j=0}^{m}[S^{[n-2m+2j, 2m-2j]} : D^{[n]}], & \text{falls } l = 2m, \end{cases}$$

$$\underset{(e)}{=} \begin{cases} 2\sum_{i=0}^{m}\sum_{j \geq 0}\binom{n+1}{2i-2j}', & \text{falls } l = 2m+1, \\ 2\sum_{i=0}^{m-1}\sum_{j \geq 0}\binom{n+1}{2i-2j}' + \sum_{j=0}^{m}\binom{n+1}{2m-2j}', & \text{falls } l = 2m, \end{cases}$$

$$= 2^{s+a_s-1},$$

wobei die letzte Gleichung aus dem Beweis von Theorem 1.15 in [24] folgt. Dort werden explizit diese beiden Summen aus der vorletzten Gleichung bestimmt, und jeweils die hier angegeben Gleichheit gezeigt. □

Wir wollen nun zeigen, dass man die Kompositionsfaktoren von $S(n)^{\otimes 2}$ rekursiv bestimmen kann. Zunächst benötigen wir einige Notationen, um einen Satz von Sheth anzugeben.

3.2.9 Definition
Es sei $\lambda = [n-r, r] \vdash n$. Wir definieren $s := s(\lambda) := n - 2r$. Dann ist $n \equiv s \bmod 2$ und $r = \frac{n-s}{2}$. Ist $a = \sum_{i=0}^{n} a_i 2^i$ die 2-adische Entwicklung von $a \in \mathbb{N}$, dann sei $t(a)$ der Index, sodass $a_i = 1$ für $0 \leq i < t(a)$ und $a_{t(a)} = 0$ ist.

3.2.10 Satz (Sheth)
Es sei $\lambda = [n-r,r] \vdash n$. Dann gilt:

$$\operatorname{Res}^{\mathcal{S}_n}_{\mathcal{S}_{n-1}}(D^{[n-r,r]}) \hookrightarrow \begin{cases} D^{[n-1-r,r]}, & \text{falls } n \text{ gerade ist,} \\ D^{[n-1-r,r]} \oplus \bigoplus_{i=0}^{t(s)-1} 2D^{[n-1-r+2^i,r-2^i]}, & \text{sonst.} \end{cases}$$

Beweis. Man vergleiche Theorem 3.1 in [66]. □

Bei der Bestimmung der Vielfachheiten der Kompositionsfaktoren von $S(n)^{\otimes 2}$ können wir uns auf den Fall von ungeradem n beschränken. Denn wir haben folgende Aussage.

3.2.11 Lemma
Es sei $2 \leq n = 2l$ gerade und $0 \leq m \leq l-1$. Dann gilt:

$$[S(n)^{\otimes 2} : D^{[n-m,m]}] = [S(n-1)^{\otimes 2} : D^{[n-1-m,m]}].$$

Beweis. Mit Satz 3.2.10 folgt also $\operatorname{Res}^{\mathcal{S}_n}_{\mathcal{S}_{n-1}}(D^{[n-m,m]}) \cong D^{[n-1-m,m]}$ für alle $0 \leq m \leq l-1$. Da $S(n)^{\otimes 2}$ und $S(n-1)^{\otimes 2}$ nach Korollar 3.2.7 nur Kompositionsfaktoren zu Zweiteil-Partitionen haben und diese einfachen Moduln, wie eben gezeigt, einfach einschränken, folgt die Behauptung. □

Folgende Abkürzungen wollen wir verwenden:

3.2.12 Definition
Es sei $3 \leq n = 2l+1$. Wir definieren:

$$a^l_j := [S(n)^{\otimes 2} : D^{[l+1+j,l-j]}]$$

für $0 \leq j \leq l$. Weiter sei

$$q^l_{ij} := [\operatorname{Res}^{\mathcal{S}_n}_{\mathcal{S}_{n-1}}(D^{[l+1+j,l-j]}) : D^{[l+i,l-i]}]$$

für $1 \leq i,j \leq l$. Schließlich sei $Q_l := (q^l_{ij})_{1 \leq i,j \leq l} \in \mathbb{N}^{l \times l}$.

3.2.13 Bemerkung
Es sei $3 \leq n = 2l+1$ und $1 \leq i \leq l$. Es ist $q^l_{ii} = 1$ nach Satz 3.2.10. Zudem folgt mit diesem Satz auch, dass $q^l_{ij} = 0$ für $i < j$. Denn die weiteren Kompositionsfaktoren, die sonst noch nach Satz 3.2.10 in der Einschränkung von $D^{[l+1+j,l-j]}$ vorkommen, sind von der Form $D^{[n-1-m,m]}$ mit $m < l-j$. Also ist Q_l eine untere Dreiecksmatrix mit Einsen auf der Hauptdiagonalen. Insbesondere ist damit Q_l invertierbar. □

Wir wollen uns nun die Matrix Q_l noch genauer betrachten.

3.2.14 Lemma
Es sei $5 \leq n = 2l+1$. Es ist $q^l_{ij} = q^{l-1}_{ij}$ für $1 \leq i,j \leq l-1$. Mit anderen Worten, es gilt:

$$Q_l = \begin{pmatrix} Q_{l-1} & 0 \\ * & 1 \end{pmatrix}.$$

Beweis. Es seien i und $j \in \mathbb{N}$ mit $1 \leq i,j \leq l-1$. Nach Definition ist q^l_{ij} die Vielfachheit von $D^{[l+i,l-i]}$ in $\operatorname{Res}^{\mathcal{S}_n}_{\mathcal{S}_{n-1}}(D^{[l+1+j,l-j]})$ und q^{l-1}_{ij} die Vielfachheit von $D^{[l-1+i,l-1-i]}$ in $\operatorname{Res}^{\mathcal{S}_{n-2}}_{\mathcal{S}_{n-3}}(D^{[l+j,l-j-1]})$.

3.2. Haupt-Spinmodul

Um zu zeigen, dass die beiden Zahlen gleich sind, müssen wir gemäß Satz 3.2.10 zeigen, dass die entsprechenden einfachen Moduln in der jeweiligen Einschränkung auch mit derselben Vielfachheit vorkommen. Es sei $\lambda := [l+1+j, l-j] \vdash n$ und $\mu := [l+j, l-1-j] \vdash n-2$. Es folgt

$$s(\lambda) = 2l+1-2l+2j = 2j+1 = 2(l-1)+1-2(l-1)+2j = s(\mu),$$

und insbesondere gilt somit $t(s(\lambda)) = t(s(\mu))$. Wir wollen nun betrachten, welche Kompositionsfaktoren in den eingeschränkten Moduln auftreten. Dabei unterscheiden wir drei Fälle:

- Wir nehmen zuerst an, dass $j < i$ sei. Existiert nun ein $1 \leq u \leq t(s)$ mit $i = \frac{s-1+2^u}{2} < n-1$, dann ist
$$s - 1 + 2^u = n - 1 - 2(l-i) = (n-3) - 2(l-i-1).$$
Nach Satz 3.2.10 bedeutet das, dass sowohl $D^{[l+i,l-i]}$ als Kompositionsfaktor in $\operatorname{Res}^{S_n}_{S_{n-1}}(D^\lambda)$ vorkommt als auch $D^{[l-1+i,l-1-i]}$ in $\operatorname{Res}^{S_{n-2}}_{S_{n-3}}(D^\mu)$. Für die beiden Vielfachheit gilt $q^l_{ij} = q^{l-1}_{ij} = 2$. Existiert nun kein solches u wie oben, so gilt: $q^l_{ij} = q^{l-1}_{ij} = 0$.

- Ist $i < j$, so gilt nach Bemerkung 3.2.13 schon $q^l_{ij} = q^{l-1}_{ij} = 0$.

- Und im Fall $i = j$ gilt $q^l_{ii} = q^{l-1}_{ii} = 1$ nach Bemerkung 3.2.13.

Insgesamt folgt: $q^l_{ij} = q^{l-1}_{ij}$ für $1 \leq i, j \leq l-1$. Und damit folgt auch insbesondere die Behauptung über die Gestalt von Q_l. $\square$

Nun wollen wir eine Aussage über die rekursive Bestimmung der Konstituenten von $S(n)^{\otimes 2}$ treffen. Wir benötigen noch folgende Bemerkung.

3.2.15 Bemerkung
Es gilt $\dim_k(S(n)) = 2^{\lfloor \frac{(n-1)}{2} \rfloor}$, und es ist

$$\operatorname{Res}^{S_n}_{S_{n-1}}(S(n)) \cong \begin{cases} S(n-1), & \text{falls } 2 \mid n, \\ \begin{bmatrix} S(n-1) \\ S(n-1) \end{bmatrix}, & \text{falls } 2 \nmid n. \end{cases}$$

Beweis. Die Aussage zur Dimension folgt mit Theorem 5.1 in [4]. Die zweite Behauptung folgt mit der modularen Verzweigungs-Regel, Theorem 11.2.7 in [41], und der Dimension von $S(n)$. $\square$

3.2.16 Bemerkung
Es sei $5 \leq n = 2l+1$. Dann gilt:

$$Q_l \cdot \begin{pmatrix} a^l_1 \\ a^l_2 \\ \vdots \\ a^l_l \end{pmatrix} = \begin{pmatrix} 4a^{l-1}_0 - 2a^l_0 \\ 4a^{l-1}_1 \\ \vdots \\ 4a^{l-1}_{l-1} \end{pmatrix}.$$

Beweis. Wie stellen zuerst zwei Argumente zusammen.

(a) Nach Bemerkung 3.2.15 kommt $S(n-1) = D^{[l+1,l-1]}$ in der Einschränkung von $S(n) = D^{[l+1,l]}$ mit der Vielfachheit 2 vor und $D^{[l+1,l-1]}$ ist der einzige Konstituent dieser Einschränkung.

(b) Nach Satz 3.2.10 gilt $\text{Res}^{S_{n-1}}_{S_{n-2}}(D^{[l+i,l-i]}) \cong D^{[l+i-1,l-i]}$ für $1 \leq i \leq l$.
Es ist:
$$Q_l \cdot \begin{pmatrix} a_1^l \\ a_2^l \\ \vdots \\ a_l^l \end{pmatrix} = \begin{pmatrix} \sum_{j=1}^{l} q_{1j}^l a_j^l \\ \sum_{j=1}^{l} q_{2j}^l a_j^l \\ \vdots \\ \sum_{j=1}^{l} q_{lj}^l a_j^l \end{pmatrix}.$$

Für $2 \leq i \leq l$ gilt nach Definition von q_{ij}^l und a_j^l:

$$\begin{aligned}
\sum_{j=1}^{l} q_{ij}^l a_j^l &= \sum_{j=1}^{l} [\text{Res}^{S_n}_{S_{n-1}}(D^{[l+1+j,l-j]}) : D^{[l+i,l-i]}] \cdot [S(n)^{\otimes 2} : D^{[l+1+j,l-j]}] \\
&\underset{3.2.7}{=} [\text{Res}^{S_n}_{S_{n-1}}(S(n)^{\otimes 2}) : D^{[l+i,l-i]}] \\
&\underset{3.2.15}{=} 4 \cdot [S(n-1)^{\otimes 2} : D^{[l+i,l-i]}] \\
&\underset{(b)}{=} 4 \cdot [S(n-2)^{\otimes 2} : D^{[l+i-1,l-1-i+1]}] \\
&\underset{\text{Def.}}{=} 4 \cdot a_{i-1}^{l-1}.
\end{aligned}$$

Den Fall $i = 1$ betrachten wir gesondert. Denn in diesem Fall ist $D^{[l+1,l-1]} = S(n-1)$, und $S(n-1)$ als Kompositionsfaktor von $\text{Res}^{S_n}_{S_{n-1}}(S(n))$ vorkommt nach (a). Da die obigen Summe aber erst bei $j = 1$ beginnt, wird dieser Fakt nicht berücksichtigt. Deshalb müssen wir nun für $i = 1$ nach (a) $2a_0^l$ abziehen, um die richtigen Vielfachheiten zu erhalten.

$$\begin{aligned}
\sum_{j=1}^{l} q_{1j}^l a_j^l &= \sum_{j=1}^{l} [\text{Res}^{S_n}_{S_{n-1}}(D^{[l+1+j,l-j]}) : S(n-1)] \cdot [S(n)^{\otimes 2} : D^{[l+1+j,l-j]}] \\
&\underset{\text{(a) und 3.2.7}}{=} [\text{Res}^{S_n}_{S_{n-1}}(S(n)^{\otimes 2}) : S(n-1)] - 2a_0^l \\
&\underset{3.2.15}{=} 4 \cdot [S(n-1)^{\otimes 2} : S(n-1)] - 2a_0^l \\
&\underset{(b)}{=} 4 \cdot [S(n-2)^{\otimes 2} : S(n-2)] - 2a_0^l \\
&\underset{\text{Def.}}{=} 4 \cdot a_0^{l-1} - 2a_0^l.
\end{aligned}$$

Damit folgt insgesamt die Behauptung. $\square$

3.2.17 Lemma

Es sei $5 \leq n = 2l + 1$. Dann gilt: Genau dann ist $[\text{Res}^{S_n}_{S_{n-2}}(D^{[n-m,m]}) : S(n-2)] \neq 0$, wenn $m = l$ oder $m = l - 1$ ist. Weiter gilt $[\text{Res}^{S_n}_{S_{n-2}}(D^{[l+2,l-1]}) : S(n-2)] = 1$.

Beweis. Wir erinnern daran, dass $S(n) = D^{[l+1,l]}$ und $S(n-2) = D^{[l,l-1]}$ ist. Es sei $0 \leq r \leq l$. Aus dem Satz von Sheth 3.2.10 folgern wir für einen Kompositionsfaktor D von $\text{Res}^{S_n}_{S_{n-2}}(D^{[n-2-r,r]})$, $D \cong D^{[n-t,t]}$ mit $0 \leq t \leq r$. Damit ist $S(n-2)$ höchstens dann ein Konstituent von $\text{Res}^{S_n}_{S_{n-2}}(D^{[n-m,m]})$, wenn $l - 1 \leq m$ ist. Andererseits gilt $\text{Res}^{S_n}_{S_{n-2}}(S(n)) \leftrightarrow 2 \cdot S(n-2)$ mit Bemerkung 3.2.15, und nach Satz 3.2.10 ist $\text{Res}^{S_n}_{S_{n-2}}(D^{[l+2,l-1]})) \leftrightarrow S(n-2) \oplus 2 \cdot D^{[l+1,l-2]} \oplus \ldots$. Dies ist die Behauptung. $\square$

3.2. Haupt-Spinmodul

3.2.18 Lemma
Es sei $n = 2l + 1$. Dann gilt $a_j^l = a_j^{l-1}$ für $0 \leq j \leq l-1$. Insbesondere gilt

$$[S(n)^{\otimes 2} : D^{[n-m,m]}] = [S(n-2m)^{\otimes 2} : D^{[n-2m]}],$$

für $0 \leq m \leq l$, und damit $a_j^l > 0$. Zudem gilt $a_0^l = 1$, und ist $l \geq 1$, dann gilt $a_1^l = 2$.

Beweis. Wir führen den Beweis mit einer Induktion nach l. Für $l = 0, 1, 2$ bekommen wir mit den entsprechenden Brauercharakteren, die man zum Beispiel im Appendix von [36] findet, Folgendes: Im Fall $l = 0$ ist $S(1) = D^{[1]}$. Ist $l = 1$ so ist $S(3) = D^{[2,1]}$ und $S(3)^{\otimes 2} \hookrightarrow S(3) \oplus 2 \cdot D^{[3]}$. Für $l = 2$ ist $S(5) = D^{[3,2]}$ und $S(5)^{\otimes 2} \hookrightarrow S(5) \oplus 2 \cdot D^{[4,1]} \oplus 4 \cdot D^{[5]}$. Dies entspricht genau der Behauptung in diesen Fällen.

Betrachten wir also ab jetzt den Fall $3 \leq l$. Nach Bemerkung 3.2.15 gilt $\operatorname{Res}^{S_n}_{S_{n-2}}(S(n)) \hookrightarrow 2 \cdot S(n-2)$ und damit

$$\operatorname{Res}^{S_n}_{S_{n-2}}(S(n)^{\otimes 2}) \hookrightarrow 4 \cdot S(n-2)^{\otimes 2}. \tag{3.9}$$

Nach Definition ist $a_j^l = [S(n)^{\otimes 2} : D^{[l+1+j,l-j]}]$. Wir erhalten aus Bemerkung 3.2.15 und Lemma 3.2.17 somit den folgenden Zusammenhang zwischen der Vielfachheit von $S(n-2)$ in $\operatorname{Res}^{S_n}_{S_{n-2}}(S(n)^{\otimes 2})$ und in $S(n-2)^{\otimes 2}$:

$$2 \cdot a_0^l + a_1^l = 4 \cdot a_0^{l-1}.$$

Nun gilt nach Induktion: $a_0^{l-1} = 1$. Damit folgern wir also $2 \cdot a_0^l + a_1^l = 4$. Weiterhin besagt Theorem 3.1 in [24], dass $[S(n)^{\otimes 2} : S(n)] = a_0^l$ ungerade ist. Also muss $a_0^l = 1$ und $a_1^l = 2$ sein. Wir erhalten damit:

$$Q_l \begin{pmatrix} a_1^l \\ a_2^l \\ \vdots \\ a_{l-1}^l \\ a_l^l \end{pmatrix} \underset{3.2.16}{=} \begin{pmatrix} 4a_0^{l-1} - 2a_0^l \\ 4a_1^{l-1} \\ \vdots \\ 4a_{l-2}^{l-1} \\ 4a_{l-1}^{l-1} \end{pmatrix} \underset{\text{Ind.}}{=} \begin{pmatrix} 2 \\ 4a_1^{l-2} \\ \vdots \\ 4a_{l-2}^{l-2} \\ 4a_{l-1}^{l-1} \end{pmatrix}.$$

Nach Lemma 3.2.14 ist $Q_l = \begin{pmatrix} Q_{l-1} & 0 \\ * & 1 \end{pmatrix}$, und es folgt somit:

$$Q_{l-1} \begin{pmatrix} a_1^l \\ a_2^l \\ \vdots \\ a_{l-1}^l \end{pmatrix} = \begin{pmatrix} 2 \\ 4a_1^{l-2} \\ \vdots \\ 4a_{l-2}^{l-2} \end{pmatrix}. \tag{3.10}$$

Nach Induktion ist nun $a_0^{l-2} = 1 = a_0^{l-1}$. Damit haben wir andererseits mit Bemerkung 3.2.16:

$$Q_{l-1} \begin{pmatrix} a_1^{l-1} \\ a_2^{l-1} \\ \vdots \\ a_{l-1}^{l-1} \end{pmatrix} = \begin{pmatrix} 2 \\ 4a_1^{l-2} \\ \vdots \\ 4a_{l-2}^{l-2} \end{pmatrix}. \tag{3.11}$$

Da Q_{l-1} nach Lemma 3.2.14 invertierbar ist, folgt mit den Gleichungen (3.10) und (3.11): $a_j^l = a_j^{l-1}$ für $1 \leq j \leq l-1$. Da wir auch schon $a_0^{l-1} = 1 = a_0^l$ gezeigt haben, folgt nun die Behauptung. □

3.2.19 Korollar

Es sei $2l+1 = n$ ungerade. Dann gilt: $[S(n)^{\otimes 2} : D^{[n-m,m]}] = 2^{s+a_s-1}$, wobei $t := l - m$ und $t+1 = \sum_{i=1}^{s} 2^{a_i}$ die 2-adische Entwicklung von $t+1$, mit $0 \leq a_1 < \cdots < a_s$, sei.

Beweis. Dies folgt aus Satz 3.2.8 und Lemma 3.2.18. □

Damit sind also die Vielfachheiten der Kompositionsfaktoren von $S(n)^{\otimes 2}$ bekannt. Das Ergebnis des obigen Korollars deckt sich mit der Aussage von Theorem 3.1 in [24], welches in diesem Fall aussagt, dass $[S(n)^{\otimes 2} : S(n)]$ ungerade ist, und dass alle anderen Kompositionsfaktoren mit einer geraden Vielfachheit vorkommen. In diesem Fall hier sind die Vielfachheiten sogar alle Potenzen von 2.

Nachdem wir die Kompositionsfaktoren von $S(n)^{\otimes 2}$ bestimmt haben, wollen wir uns noch den Sockel dieses Moduls betrachten. Dazu beschäftigen wir uns zunächst mit dem Produkt $D_{n,1} \otimes S(n)$.

3.2.20 Lemma

Es sei $4 \leq n$. Dann ist

$$D_{n,1} \otimes S(n) \cong \begin{cases} S(n) \oplus D^{[2t,2t-1,1]}, & \text{falls } n = 4t, \\ \operatorname{Res}_{\mathcal{S}_n}^{\mathcal{S}_{n+1}}(D^{[2t+1,2t,1]}), & \text{falls } n = 4t+1, \\ D^{[2t+1,2t,1]}, & \text{falls } n = 4t+2, \\ S(n) \oplus \operatorname{Res}_{\mathcal{S}_n}^{\mathcal{S}_{n+1}}(D^{[2t+2,2t+1,1]}), & \text{falls } n = 4t+3. \end{cases}$$

Im Fall $n = 4t+1$ ist $\operatorname{hd}(D_{n,1} \otimes S(n)) \cong \operatorname{soc}(D_{n,1} \otimes S(n)) \cong S(n)$.

Beweis. Der Fall $n = 4t+2$ folgt aus Theorem 2.5 in [24]. Im Fall $n = 4t+1$ ist $\operatorname{Res}_{\mathcal{S}_n}^{\mathcal{S}_{n+1}}(D_{n+1,1}) = D_{n,1}$ nach der modularen Verzweigungs-Regel, Theorem 11.2.7 in [41]. Weiter gilt in diesem Fall $\operatorname{Res}_{\mathcal{S}_n}^{\mathcal{S}_{n+1}}(S(n+1)) = S(n)$ nach Bemerkung 3.2.15. Mit der modularen Verzweigungs-Regel, Theorem 11.2.7 in [41], folgt nun im Fall $n = 4t+1$, dass

$$\operatorname{hd}(D_{n,1} \otimes S(n)) \cong \operatorname{soc}(D_{n,1} \otimes S(n)) \cong \operatorname{soc}(\operatorname{Res}_{\mathcal{S}_n}^{\mathcal{S}_{n+1}}(D^{[2t+1,2t,1]})) \cong S(n)$$

ist, und somit der Moduln insbesondere unzerlegbar ist. Für die anderen Fälle betrachten wir $M_{n,1} \otimes S(n)$ und wenden dabei Lemma 3.1.1 sowie die modularen Verzweigungs-Regel an, um Aussagen über den Sockel zu erhalten. Kommen wir nun zum Fall $n = 4t+3$. Mit der modularen Verzweigungs-Regel folgt:

$$\operatorname{Ind}_{\mathcal{S}_{n-1}}^{\mathcal{S}_n}(S(n-1)) = S(n) \oplus D^{[2t+2,2t,1]}.$$

Damit folgt mit Bemerkung 3.2.15

$$M_{n,1} \otimes S(n) \leftrightarrow 2 \cdot \operatorname{Ind}_{\mathcal{S}_{n-1}}^{\mathcal{S}_n}(S(n-1)) \leftrightarrow 2 \cdot S(n) \oplus 2 \cdot D^{[2t+2,2t,1]}.$$

Wir erhalten somit $D_{n,1} \otimes S(n) \leftrightarrow S(n) \oplus 2 \cdot D^{[2t+2,2t,1]}$. Da die beiden einfachen Moduln $S(n)$ und $D^{[2t+2,2t,1]}$ in verschiedenen Blöcken liegen, folgt somit $S(n) \mid D_{n,1} \otimes S(n)$. Um diesen Fall abzuschließen, betrachten wir jetzt zunächst den Fall $n = 4t$. Aus der modularen Verzweigungs-Regel, Theorem 11.2.7 in [41], erhalten wir

$$[M_{n,1} \otimes S(n) : S(n)] = 3,$$

und aus $M_{n,1} \leftrightarrow 2 \cdot D_{n,0} \oplus D_{n,1}$ folgt dann $[D_{n,1} \otimes S(n) : S(n)] = 1$. Mit Theorem 3.4 in [24] folgt auch, dass $D^{[2t,2t-1,1]}$ ein Kompositionsfaktor $D_{n,1} \otimes S(n)$ ist. Nun folgt die Behauptung wieder mit der modularen Verzweigungs-Regel, da wir die Kompositionsfaktoren im Fall $n = 4t-1$ schon kennen. Damit folgt dann auch die Behauptung im Fall $n = 4t+3$ mit der modularen Verzweigungs-Regel, Theorem 11.2.7 in [41]. □

3.2. Haupt-Spinmodul

Wir erhalten damit direkt eine Aussage über den Sockel von $S(n)^{\otimes 2}$.

3.2.21 Korollar
Es sei $4 \leq n$. Genau dann ist $D_{n,1} \mid \operatorname{soc}(S(n)^{\otimes 2})$, wenn $n \not\equiv 2(4)$.
Beweis. Da die einfachen $k\mathcal{S}_n$-Moduln alle selbstdual sind, folgt dies aus Lemma 1.3.7 und Lemma 3.2.20. □

Was können wir über die direkte Summenzerlegung von $S(n)^{\otimes 2}$ aussagen? Mit der Kenntnis der Kompositionsfaktoren des Moduls können wir zunächst folgende Bemerkung zur Summenzerlegung machen.

3.2.22 Bemerkung
Es sei $n = 2l + 1$ ungerade und $0 \leq m \leq l$. Die Partition $[n-m, m]$ hat den 2-Kern $[1]$, falls m gerade ist und $[2, 1]$, falls m ungerade ist. Wir bezeichnen mit B den Block der zu $[2, 1]$ korrespondiert. Mit der Nakayama-Vermutung 1.6.12 gilt: Genau dann liegt $D^{[n-m,m]}$ in B_0, wenn $2 \mid m$. Nach Korollar 3.2.7 hat $S(n)^{\otimes 2}$ nur Kompositionsfaktoren zu Zweiteil-Partitionen, und weiter gilt nach Korollar 3.2.19 $[S(n)^{\otimes 2} : D^{[n-m,m]}] > 0$ für alle $0 \leq m \leq l$. Wir schließen also, dass $S(n)^{\otimes 2} = M_0 \oplus M_1$ ist für zwei $k\mathcal{S}_n$-Moduln M_0 und M_1, wobei M_0 in B_0 liegt und M_1 in B liegt. Ist nun n gerade, so gehören alle einfachen Moduln zu Zweiteil-Partitionen zum Hauptblock. Damit erhält man auf diese Weise für diesen Fall keine Informationen zur direkten Summenzerlegung von $S(n)^{\otimes 2}$. □

Können wir irgendwie ausschließen, dass andere einfache Moduln außer $D^{[n]}$ und $D_{n,1}$ im Sockel von $S(n)^{\otimes 2}$ auftauchen? Dass das Tensorquadrat des Haupt-Spinmoduls bei geraden n unzerlegbar ist, ist vielleicht auch ein Spezialfall eines anderen Phänomens. Aus den berechneten Ergebnissen von [58] und den im Laufe dieser Arbeit berechneten Beispielen mit der MeatAxe drängt sich folgende Vermutung über die Zerlegung der Tensorquadrate einfacher Moduln zu Zweiteil-Partitionen auf.

3.2.23 Vermutung
Es sei $n = 2l$ und $2 \leq m < l - 1$. Dann ist $D^{[n-m,m] \otimes 2}$ unzerlegbar. □

Die Behauptung der obigen Vermutung ist im Fall $m = 0$ trivial. Für $m = 1$ gilt die obige Vermutung für $n \geq 6$ nach den Ergebnissen von [51]. Wir möchten noch einen Ansatz vorstellen, wie man die Struktur von $S(n)^{\otimes 2}$ möglicherweise bestimmen kann. Den Hinweis zu diesem Ansatz hat mir Jürgen Müller gegeben. Eine zentrale Rolle dabei spielt die Clifford-Algebra zum natürlichen Modul. Als eine Quelle für die Theorie von Clifford-Algebren nehme man zum Beispiel die Kapitel 8 und 13 aus [30].

3.2.24 Bemerkung
Nach Lemma 6.2 in [4] besitzt der Modul $D := D_{n,1}$ genau dann eine invariante quadratische Form, wenn $n \not\equiv 2(4)$ ist. Damit können wir also in diesen Fällen die Clifford-Algebra $C(D)$ betrachten. Es gilt: $S(n)^{\otimes 2} \cong C(D)$ als $k\mathcal{S}_n$-Moduln, dies folgt zum Beispiel aus der Bemerkung 3.1.3 in [56]. Weiter ist $C(D)$ eine $\mathbb{Z}_2$-graduierte Algebra und besitzt als solche eine direkte Zerlegung in einen geraden und ungeraden Anteil, also $C(D) = C_0(D) \oplus C_1(D)$. Zudem gilt $\dim_k(C_0(D)) = \dim_k(C_1(D))$. Diese Zerlegung von $C(D)$ deckt sich auch mit den bisher berechneten Beispielen und Beobachtungen zu der Zerlegung von $S(n)^{\otimes 2}$; man vergleiche auch Bemerkung 3.2.22 im Fall n ungerade. Hat man nun mehr Informationen zu $C(D)$ als $k\mathcal{S}_n$-Modul, so ist es dann vielleicht möglich, einen Beweis für die in der obigen Vermutung angegebenen Zerlegungen in unzerlegbare Moduln von $S(n)^{\otimes 2}$ zu finden. □

Wir beenden diesen Abschnitt mit einer Vermutung, wie sich $S(n)^{\otimes 2}$ in unzerlegbare Moduln zerlegt. Die Vermutung stützt sich auf Berechnungen, die mit der MeatAxe für $n \leq 16$ gemacht wurden.

3.2.25 Vermutung

Mit $U(D)$ bezeichnen wir hier einen unzerlegbaren Moduln dessen Kopf isomorph zu dem $k\mathcal{S}_n$-Modul D ist.

(a) Es sei n ungerade. Dann ist:

(i) $S(n)^{\otimes 2} \cong U(D^{[n]}) \oplus U(D_{n,1})$, und es gilt $\dim_k(U(D^{[n]})) = \dim_k(U(D_{n,1}))$.

(ii) $\dim_k(\mathrm{End}_{k\mathcal{S}_n}(S(n)^{\otimes 2})) = n$.

(b) Es sei $n \equiv 0(4)$. Dann ist:

(i) $S(n)^{\otimes 2} \cong U(D^{[n]}) \oplus U(D_{n,1})$, und es gilt $\dim_k(U(D^{[n]})) = \dim_k(U(D_{n,1}))$.

(ii) $\dim_k(\mathrm{End}_{k\mathcal{S}_n}(S(n)^{\otimes 2})) = n - 1$.

(c) Es sei $n \equiv 2(4)$. Dann ist:

(i) $S(n)^{\otimes 2} \cong U(D^{[n]})$.

(ii) $\dim_k(\mathrm{End}_{k\mathcal{S}_n}(S(n)^{\otimes 2})) = \frac{n}{2}$.

□

3.3 Zyklischer Defekt

Über die Darstellungstheorie einer endlichen Gruppe G mit einer zyklischen p-Sylowgruppe ist relativ viel bekannt. Zunächst gibt es im diesem Fall nur endlich viele Isomorphieklassen von unzerlegbaren kG-Moduln. Denn eine zyklische Gruppe P von p-Potenzordnung hat nur endlich viele unzerlegbare Moduln über einem Körper der Charakteristik p, man vergleiche dazu die Einführung von Kapitel VII in [21]. Damit gibt es nur endlich viele unzerlegbare Moduln von p-Untergruppen von G. Somit gibt es also nur endlich viele mögliche Quellen für unzerlegbare kG-Moduln. Also ist deren Anzahl auch endlich. Aus Arbeiten von Brauer und Dade sind allgemein die Zerlegungszahlen zu Blöcken mit zyklischem Defekt bekannt, man siehe zum Beispiel Theorem 2.1.5 in [34]. Ist die p-Sylowgruppe P zyklisch und normal in G, so lassen sich die unzerlegbaren kG-Moduln durch zwei Parameter, ihren Sockel und ihre Loewylänge, eindeutig beschreiben. Lindsey hat in [45] für diese spezielle Situation, dass P zyklisch und normal ist, einen Algorithmus angegeben, wie man die Zerlegung von Tensorprodukten zweier unzerlegbarer kG Modul beschreiben kann. Diese Ergebnisse wollen wir nutzen, um mit Hilfe der Greenkorrespondenz Aussagen über das Tensorprodukt zweier einfacher und nicht-projektiver $k\mathcal{S}_n$-Moduln zu erhalten.

In diesem ganzen Abschnitt sei p eine ungerade Primzahl und $p \leq n < 2p$. Somit sind die p-Sylowgruppen von $\mathcal{S}_n$ alle zyklisch von Ordnung p. Wir wollen nun mittels der Greenkorrespondenz mit den oben erwähnten Ergebnissen Rückschlüsse für Tensorprodukte von $k\mathcal{S}_n$-Moduln gewinnen. Deshalb ist unser Hauptziel in diesem Abschnitt, die Greenkorrespondenten der einfachen $k\mathcal{S}_n$-Moduln zu bestimmen.

Aus Scopes Artikel [64] folgt für symmetrische Gruppen, dass die Blöcke von $k\mathcal{S}_n$ mit Defekt 1 Morita-äquivalent zum Hauptblock von $k\mathcal{S}_p$ sind. Das heißt, dass die Zerlegungsmatrix eines jeden dieser Blöcke die gleiche Gestalt hat. Dies vereinfacht unsere kommenden Untersuchungen wesentlich, da bei allen diesen Blöcken dieselbe Situation vorliegt.

3.3. Zyklischer Defekt

In diesem Abschnitt bezeichnen wir mit P eine p-Sylowgruppe von $\mathcal{S}_n$. Dabei sei ohne Einschränkung $P := \langle (1,\ldots,p) \rangle$. Weiter halten wir folgende Notationen fest: $N := N_{\mathcal{S}_n}(P)$, sowie $\tilde{N} := N_{\mathcal{S}_n}(\mathcal{S}_p)$. Wir fassen diese Gruppen hier als Permutationsgruppen auf n Punkten auf. Zudem sei (K,R,k) ein p-modulares Zerfällungssystem für $\mathcal{S}_n$. Ist B ein Block einer Gruppe G, so sei $\mathrm{Irr}(B) := \{\chi \in \mathrm{Irr}(G) : \chi \text{ gehört zu } B\}$ und $\mathrm{IBr}(B) := \{\varphi \in \mathrm{IBr}(G) : \varphi \text{ gehört zu } B\}$. Wir beginnen mit der Bestimmung der Strukturen der beiden Normalisatoren.

3.3.1 Bemerkung
Es ist $\tilde{N} \cong \mathcal{S}_p \times \mathcal{S}_{n-p}$ und $N \cong (P \rtimes C_{p-1}) \times \mathcal{S}_{n-p}$. Wobei $\mathcal{S}_p$ und $(P \rtimes C_{p-1})$ auf $\{1,\ldots,p\}$ operieren und $\mathcal{S}_{n-p}$ auf $\{p+1,\ldots,n\}$ operiert.
Beweis. Es gilt sicherlich

$$[\mathcal{S}_n : \tilde{N}] = |\{\mathcal{S}_p^\pi : \pi \in \mathcal{S}_n\}| = \binom{n}{p}.$$

Also erhalten wir $|\tilde{N}| = p!(n-p)!$. Da $\mathcal{S}_p \times \mathcal{S}_{n-p} \leq \tilde{N}$ ist, folgt aus Ordnungsgründen $\mathcal{S}_p \times \mathcal{S}_{n-p} = \tilde{N}$. Betrachten wir jetzt N. Für $x \in N$ gilt $(1,\ldots,p)^x \in P$. Also gilt $\{x(1),\ldots,x(p)\} = \{1,\ldots,p\}$, und somit $(1,2)^x \in \mathcal{S}_p$. Es folgt also $y^x \in \mathcal{S}_p$ für alle $y \in \mathcal{S}_p$. Damit ist $N \leq \tilde{N}$. Es ist $\frac{n \cdot n-1 \cdots n-p}{p}$ die Anzahl der p-Zykel von $\mathcal{S}_n$. Dann ist $\frac{n \cdot n-1 \cdots n-p}{p(p-1)}$ die Anzahl der p-Sylowgruppen von $\mathcal{S}_n$, da jeder Untergruppe von $\mathcal{S}_n$ der Ordnung p eine p-Sylowgruppe von $\mathcal{S}_n$ ist. Also folgt aus

$$[\mathcal{S}_n : N] = \text{Anzahl der } p\text{-Sylowgruppen in } \mathcal{S}_n = \frac{n!}{(n-p)!p(p-1)},$$

dass $|N| = (n-p)!p(p-1)$ ist. Nach 4.1.19 in [36] ist $C = P \times \mathcal{S}_{n-p}$. Damit folgern wir im Spezialfall $n = p$: $N_{\mathcal{S}_p}(P)/C_{\mathcal{S}_p}(P) \cong \mathrm{Aut}(P) \cong C_{p-1}$, wobei $\mathrm{Aut}(P)$ die Automorphismengruppe von P sei. Mit dem Satz von Schur-Zassenhaus, Theorem 8.35 in [15], ist dann $N_{\mathcal{S}_p}(P) \cong P \rtimes C_{p-1}$. Damit erhalten wir $N_{\mathcal{S}_p}(P) \times \mathcal{S}_{n-p} \lesssim N$, und aus Ordnungsgründen folgt dann die Behauptung. □

Wir benötigen für das Kommende noch eine gewisse lineare Darstellung von N beziehungsweise deren Brauercharakter.

3.3.2 Definition und Bemerkung
Es sei $\beta : N \to \mathrm{Aut}(P)$ der Gruppenhomomorphismus der durch

$$\beta(y) : x \mapsto y^{-1}xy$$

für $y \in N$ und $x \in P$ gegeben sei. Sind $y \in N$ und $1 \neq x \in P$, dann existiert ein $\overline{\alpha(y)} \in \mathbb{N}$ mit $\beta(y)(x) = y^{-1}xy = x^{\overline{\alpha(y)}}$. Wir erhalten nun eine lineare Darstellung $\alpha : N \to k$, indem wir $\alpha(y) := \overline{\alpha(y)}1_k$ für $y \in N$ setzen. Wir wollen noch zeigen, dass α wohldefiniert ist, also nicht von x abhängt. Sind $1 \neq x,z \in P$, so existiert ein $r \in \mathbb{N}$ mit $x^r = z$. Nun gilt für ein $y \in N$:

$$\beta(y)(z) = y^{-1}zy = z^{m_y} \text{ und } \beta(y)(x) = y^{-1}xy = x^{n_y}$$

für geeignete $n_y, m_y \in \mathbb{N}$. Weiter gilt: $z^{n_y} = y^{-1}zy = y^{-1}x^ry = x^{rm_y} = z^{m_y}$. Also folgt $n_y \equiv m_y \pmod{p}$. Damit ist also $\alpha(y)$ unabhängig vom gewählten Erzeuger x von P, also ist α wohldefiniert. Wir wollen auch den Brauercharakter von α mit α bezeichnen. □

Über die irreduziblen Brauercharaktere eines Blocks von N haben wir folgende Aussage:

3.3.3 Satz
Es sei B ein Block von N. Ist $\varphi \in \text{IBr}(B)$, dann ist $\{\varphi \cdot \alpha^i : 0 \leq i \leq p-2\} = \text{IBr}(B)$.
Beweis. Die Behauptung folgt aus Theorem 2.4, Kapitel VII, in [21]. □

Tsushima hat in [68] unter anderem die Greenkorrespondenten der einfachen nicht-projektiven Moduln für den Fall $n = p$ bestimmt. Wir möchten nun auch in den Fällen $p < n < 2p$ die Greenkorrespondenten der einfachen nicht-projektiven Moduln von $\mathcal{S}_n$ bestimmen. Dazu benötigen wir die Information, wie die unzerlegbaren kN-Moduln im Allgemeinen aufgebaut sind.

3.3.4 Satz
Es sei M ein unzerlegbarer kN-Modul. Dann ist M uniseriell, und es ist $l(M) \leq p$. Der Modul M ist bis auf Isomorphie eindeutig durch seinen Sockel und seine Loewylänge bestimmt.
Beweis. Dies folgt aus Theorem 2.4 und Theorem 2.6 aus Kapitel VII in [21]. □

3.3.5 Definition und Bemerkung
Mit $V(\phi, l)$ bezeichnen wir den nach Satz 3.3.4 bis auf Isomorphie eindeutigen unzerlegbaren kN-Modul, dessen Sockel den irreduziblen Brauercharakter ϕ hat, und dessen Loewylänge gleich l ist. Die Kompositionsfaktoren von $V(\phi, l)$, in aufsteigender Reihenfolge, haben die Brauercharaktere: $\phi, \phi \cdot \alpha^{-1}, \ldots, \phi \cdot \alpha^{-l-1}$.
Beweis. Die Aussage über die aufsteigende Kette von Faktormoduln folgt aus Theorem 2.8, Kapitel VII, in [21]. □

Eine weitere benötigte Information sind die Zerlegungszahlen eines Blocks von Defekt 1. An dieser Stelle wollen wir an die folgende Notation, die wir in dieser Arbeit bei Brauercharakteren verwenden, erinnern: Nämlich $\varphi^\lambda = \varphi_{D^\lambda}$ und $\varphi_{n,i} = \varphi^{[n-i,1^i]}$.

3.3.6 Lemma
Es sei B ein Block vom Defekt 1 von $\mathcal{S}_n$. Dann ist B Morita-äquivalent zum Hauptblock von $\mathcal{S}_p$. Der zu B korrespondierende Teil der Zerlegungsmatrix hat folgende Gestalt:

	φ^{λ^0}	φ^{λ^1}	φ^{λ^2}	$\cdots$	$\varphi^{\lambda^{p-2}}$
ζ^{λ^0}	1				
ζ^{λ^1}	1	1			
ζ^{λ^2}		1	1		
$\vdots$			$\ddots$	$\ddots$	
$\zeta^{\lambda^{p-2}}$				1	1
$\zeta^{\lambda^{p-1}}$					1

wobei $\text{Irr}(B) = \{\zeta^{\lambda^i} : 0 \leq i \leq p-1\}$ und $\text{IBr}(B) = \{\varphi^{\lambda^i} : 0 \leq i \leq p-2\}$ sei, mit $\lambda^0 > \lambda^1 > \lambda^2 > \cdots > \lambda^{p-1}$.
Beweis. Aus Example 1 in [64] folgt, dass B Morita-äquivalent zum Hauptblock $B_0(\mathcal{S}_p)$ von $\mathcal{S}_p$ ist. Nach Theorem 6.2.1 und Theorem 6.2.2 in [36] folgt $|\text{Irr}(B_0(\mathcal{S}_p))| = p-1$ und $|\text{IBr}(B_0(\mathcal{S}_p))| = p-2$. Also ist $\text{Irr}(B_0(\mathcal{S}_p)) = \{\zeta_{p,i} : 0 \leq i \leq p-1\}$ und $\text{IBr}(B_0(\mathcal{S}_p)) = \{\varphi_{p,i} : 0 \leq i \leq p-2\}$. Da die Morita-Äquivalenz aus [64] die lexikographische Ordnung erhält, Lemma 2.2 [64], folgt mit dem Satz 3.1.3 die Behauptung über die Zerlegungszahlen von B. □

3.3. Zyklischer Defekt

Von nun an bezeichnen wir bis zum Schluss dieses Abschnittes mit B immer einen Block von kS_n vom Defekt 1. Wir bestimmen als Nächstes den Greenkorrespondenten des Blockanführers von B. Dies ermöglicht uns dann auch die Greenkorrespondenten der anderen einfachen Moduln von B zu bestimmen.

3.3.7 Lemma
Es sei λ der Blockanführer von B und $f = f(S_n, N, P)$ die Greenkorrespondenz. Dann ist der Brauercharakter von $f(D^\lambda)$ gleich $1_{P \rtimes C_{p-1}} \boxtimes \zeta^{\tilde{\lambda}}$, wobei $\tilde{\lambda} \vdash n - p$ der p-Kern von λ sei. Insbesondere ist $f(D^\lambda)$ einfach.

Beweis. Da λ der Blockanführer von B ist, ist $\lambda_1 = \tilde{\lambda}_1 + p$, und nach Lemma 2.1.9 gilt $Y^\lambda \cong S^\lambda \cong D^\lambda$. Im Folgenden sei $D := D^\lambda$. Nach Satz 7.8 in [25] gilt für dessen Greenkorrespondenten bezüglich der Greenkorrespondenz $g(S_n, \tilde{N}, S_p)$ dann $g(D) \cong D^{[p]} \boxtimes D^{\tilde{\lambda}}$. Insbesondere ist $g(D)$ einfach. Da $g(D)$ ein triviale Quelle hat, hat $g(D)$ den gewöhnlichen Charakter $1_{S_p} \boxtimes \zeta^{\tilde{\lambda}}$. Nun hat $X := \mathrm{Res}_N^{\tilde{N}}(g(D))$ den Charakter $1_{P \rtimes C_{p-1}} \boxtimes \zeta^{\tilde{\lambda}}$ und ist somit auch ein einfacher Modul. Es ist $\mathrm{vx}(g(D)) = \mathrm{vx}(D) = P$, und da X der Greenkorrespondent bezüglich $(\tilde{N}, N, P)$ von $g(D)$ sein muss, folgt $\mathrm{vx}(X) = P$. Wir haben nun

$$X = \mathrm{Res}_N^{\tilde{N}}(g(D)) \mid \mathrm{Res}_N^{S_n}(D).$$

Nach einem Satz von Burry und Carlson, Theorem 4.6 Kapitel 4 in [55], folgt $X \cong f(D)$. Daraus ergibt sich die Behauptung. □

Klaus Lux hat mich darauf aufmerksam gemacht, dass in Lemma 2.2 in [57] schon allgemein gezeigt wird, dass der Greenkorrespondent eines einfachen Moduls mit trivialer Quelle wieder ein einfacher Modul ist. Da der Blockanführer ein Youngmodul ist, also insbesondere ein Modul mit trivialer Quelle, ist somit die Aussage des obigen Lemmas über die Einfachheit des entsprechenden Greenkorrespondenten ein Spezialfall des Lemmas 2.2 in [57].

Wir sind nun in der Lage mit Benutzung des Brauerbaums, die Loewylänge eines Greenkorrespondenten zu bestimmen. Für eine Definition des Brauerbaumes verweisen wir hier auf Definition 2.1.2 in [34].

3.3.8 Lemma
Es sei $f = f(S_n, N, P)$ die Greenkorrespondenz, und es sei $\mathcal{P}(B) := \{\lambda^i : 0 \leq i \leq p-1\}$, mit $\lambda^0 > \lambda^1 > \lambda^2 > \cdots > \lambda^{p-1}$, die Menge der Partitionen, die zu den gewöhnlichen Charakteren von B korrespondieren. Dann gilt für die Loewylängen der Greenkorrespondenten der einfachen Moduln von B:

$$l(f(D^{\lambda^i})) = m_i := m(\lambda^i) := \begin{cases} i+1, & \text{falls } i \text{ gerade,} \\ p-i-1, & \text{sonst,} \end{cases}$$

für $0 \leq i \leq p-2$.

Beweis. Nach Lemma 3.3.6 und der Definition des Brauerbaums 2.2.12 in [34] hat der Brauerbaum des Blocks B folgende Gestalt, wobei die Knoten des Baums durch die gewöhnlichen Charaktere von B gekennzeichnet sind:

Da nach Lemma 3.3.7 der Modul $f(D^{\lambda^0})$ einfach ist, folgt nun die Behauptung aus der Gestalt des Brauerbaums zu B mit Lemma 9.3, Kapitel VII, in [21]. □

Um nun die Greenkorrespondenten der einfachen Moduln des Blocks zu ermitteln, müssen wir nur noch die Sockel dieser Moduln bestimmen.

3.3.9 Lemma
Es sei $\mathcal{P}(B)$ wie im obigen Lemma gegeben. Für $0 \leq i \leq p-2$ definieren wir:

$$\gamma_i := \gamma(\lambda^i) := \begin{cases} j, & \text{falls } i = 2j, \\ p-2-j, & \text{falls } i = 2j+1, \end{cases}$$

und es sei $\phi_{B,i} := \alpha^{\gamma_i} \cdot (1_{P \rtimes C_{p-1}} \boxtimes \zeta^{\tilde{\lambda}}) \in \operatorname{IBr}(N)$, wobei $\tilde{\lambda}$ der p-Kern von λ^0 sei. Dann ist

$$f(D^{\lambda^i}) \cong V(\phi_{B,i}, m_i).$$

Ist $\mu = \lambda^i$, so setzen wir $V(\phi_\mu, m(\mu)) := V(\phi_{B,i}, m_i)$.

Beweis. Nach dem Lemma 3.3.8 sind die Loewylänge der Greenkorrespondenten bekannt. Wir müssen also nur die Charaktere der Sockel dieser Moduln bestimmen. Dazu führen wir eine Induktion nach i durch. Für $i = 0$ folgt die Behauptung aus Lemma 3.3.7. Wir setzen $\phi := \phi_{B,0}$. Gemäß Satz 3.3.3 ist $\operatorname{IBr}(b) = \{\phi_{B,i} : 0 \leq i \leq p-2\}$, wobei b der Brauer-Korrespondent von B sei; dazu siehe man zum Beispiel Corollary 3.11 Kapitel 5 in [55]. Damit reicht es aus, die richtige Potenz von α zu finden, um die Charaktere der Sockel der übrigen Greenkorrespondenten zu beschreiben. Es sei also $i+1 > 1$. Wir machen nun eine Fallunterscheidung, ob $i+1$ gerade oder ungerade ist. Es sei zuerst $i+1 = 2j+1$ ungerade; damit ist insbesondere $i = 2j$ gerade. Mit Lemma 3.8 aus [60] folgt, dass $\operatorname{soc}(f(D^{\lambda^{i+1}}))$ den Brauercharakter $\alpha^{b_{i+1}} \cdot \phi$ hat, für ein $b_{i+1} \in \mathbb{Z}$ mit $b_{i+1} \equiv \frac{i}{2} + 1 + p - 3 - i \pmod{p-1}$. Da α die Ordnung $p-1$ hat, können wir also annehmen, dass $b_{i+1} = p - 2 - \frac{i}{2}$ ist. Damit folgt in diesem Fall $\phi_{B,i+1} = \alpha^{p-2-j} \cdot \phi$, was genau die Behauptung im Fall $i+1 = 2j+1$ ist. Ist nun $i+1 = 2j$ gerade, also i ungerade, so folgt wiederum mit Lemma 3.8 in [60], dass $\operatorname{soc}(f(D^{\lambda^{i+1}}))$ den Brauercharakter $\alpha^{b_{i+1}} \cdot \phi$ hat, mit $b_{i+1} \equiv p - 2 - \frac{i-1}{2} + i + 1 \pmod{p-1}$. Wir erhalten daraus: $b_{i+1} = \frac{i+1}{2}$. Damit ist $\phi_{B,i+1} = \alpha^j \cdot \phi$, was der Behauptung im Fall $i+1 = 2j$ entspricht. Damit ist das Lemma bewiesen. □

Nun ist es uns möglich, die Zerlegung der Tensorprodukte einfacher Moduln von $k\mathcal{S}_n$ mit Hilfe der Greenkorrespondenz auf die Zerlegung von Tensorprodukten einfacher $k\mathcal{S}_{n-p}$-Moduln zurückzuführen. Sind die Produkte der einfachen $k\mathcal{S}_{n-p}$-Moduln bekannt, so kann man dann den nicht-projektiven Anteil eines Produktes vollständig beschreiben.

3.3.10 Bemerkung
Es seien D^λ und D^μ zwei nicht-projektive einfache $k\mathcal{S}_n$-Moduln. Wir wollen hier Aussagen über den nicht-projektiven Anteil von $D^\lambda \otimes D^\mu$ treffen. Wir werden gleich sehen, dass dieser Teil des Tensorproduktes hauptsächlich durch das Produkt $\zeta^{\tilde{\lambda}} \cdot \zeta^{\tilde{\mu}}$ bestimmt ist. Hierbei sein $\tilde{\lambda}$ und $\tilde{\mu}$ die p-Kerne der Blockanführer der zu λ bzw. μ gehörenden Blöcke. Da P normal in N ist, ist P die einzige p-Sylowgruppe von N. Insbesondere ist der Vertex eines unzerlegbaren und nicht-projektiven kN-Moduls gleich P. Es sei $f = f(\mathcal{S}_n, N, P)$ die Greenkorrespondenz. Nach Lemma 3.3.9 haben wir folgende Greenkorrespondenten:

$$f(D^\lambda) \cong V(\phi_\lambda, m(\lambda)) \text{ und } f(D^\mu) \cong V(\phi_\mu, m(\mu)).$$

Um den nicht-projektiven Anteil der Produktes zu bekommen, benutzen wir Lemma 2.1 und Satz 5.7,

3.4. Projektive Summanden

Kapitel III, aus [21] und Lemma 3.3.9. Damit gilt dann nämlich:

$$\begin{aligned} f(D^\lambda \otimes D^\mu) &\equiv f(D^\lambda) \otimes f(D^\mu) \quad (\text{mod } \mathfrak{X}) \\ &\cong V(\phi_\lambda, m(\lambda)) \otimes V(\phi_\mu, m(\mu)) \\ &\cong \underbrace{V(1_N, m(\lambda)) \otimes V(1_N, m(\mu))}_{:=T} \otimes \underbrace{V(\phi_\lambda \cdot \phi_\mu, 1)}_{:=S}, \end{aligned}$$

wobei $\mathfrak{X} = \{\{1\}\}$ ist gemäß Abschnitt 5, Kapitel III, in [21]. Eine Zerlegung des Moduls T kann man mit den Formeln aus Kapitel VIII in [21] ermitteln. Für den Modul S muss man das Produkt $\phi_\lambda \cdot \phi_\mu$ kennen. Dabei ist

$$\phi_\lambda \cdot \phi_\mu = \alpha^{\gamma(\lambda)+\gamma(\mu)} \cdot (1_{P \rtimes C_{p-1}} \boxtimes (\zeta^{\tilde{\lambda}} \cdot \zeta^{\tilde{\mu}})). \tag{3.12}$$

$\square$

Wir wollen noch folgende Anmerkung machen. Man kann auch mit Hilfe der Formeln aus Kapitel VIII in [21] nachrechnen, dass der nicht-projektive Anteil eines solchen Tensorproduktes immer halbeinfach ist. Die entsprechenden Rechnungen sind zwar elementar, aber sehr länglich, sodass wir hier von einer Verifikation dieser Behauptung abgesehen haben.

3.4 Projektive Summanden

Im Allgemeinen ist über das Vorkommen von projektiven Summanden in einem Tensorprodukt zweier nicht-projektiver Moduln wenig bekannt. Zum Beispiel garantieren kleine Vertizes der beiden Faktoren nicht unbedingt, dass direkte Summanden des entsprechenden Produkts kleinere Vertizes haben. Zudem ist es auch nicht klar, falls es PIMs als direkte Summanden gibt, welche das sind. Nach Alperins Kriterium [1] wissen wir aber zumindest, dass bis auf drei Ausnahmefälle die PIMs von $k\mathcal{S}_n$ immer irreduzibel erzeugt sind. Wir wollen in diesem Abschnitt der Frage nachgehen, was die kleinste Anzahl von Moduln ist, sodass der 1-PIM ein direkter Summand in dem entsprechenden Produkt ist. Wir machen daher folgende Definition.

3.4.1 Definition und Bemerkung
Es sei:

$$h_p(\mathcal{S}_n) := \begin{cases} 0, & \text{falls } (p,n) \in \{(2,2),(2,4),(3,3)\}, \\ \min\{i : P(k) \mid (k\mathcal{S}_n/J(k\mathcal{S}_n))^{\otimes i}\}, & \text{sonst.} \end{cases}$$

Damit ist $h_p(\mathcal{S}_n) \in \mathbb{N}$ wohldefiniert und hängt nur von der Charakteristik von k ab.
Beweis. Dass $h_p(\mathcal{S}_n)$ nur von der Charakteristik von k abhängt und wohldefiniert ist, kann man [13] entnehmen. $\square$

Wir wollen uns nun die drei Fälle, in denen $\mathcal{S}_n$ eine nicht-triviale und normale p-Untergruppe hat, betrachten:

- Ist $p = 2$ und $n = 2$ bzw. $p = 3$ und $n = 3$, so sind alle einfachen $k\mathcal{S}_n$-Moduln eindimensional. Also ist in diesen Fällen kein PIM irreduzibel erzeugt.

- Im Fall $k\mathcal{S}_4$ für $p = 2$ hat jeder einfache $k\mathcal{S}_4$-Modul $O_2(\mathcal{S}_4)$ im Kern; somit hat auch jedes Tensorprodukt einfacher $k\mathcal{S}_4$-Moduln $O_2(\mathcal{S}_4)$ im Kern. Aber der 1-PIM hat $O_2(\mathcal{S}_4)$ nicht in seinem Kern. Damit kann der 1-PIM auch kein direkter Summand eines Tensorproduktes einfacher $k\mathcal{S}_4$-Moduln sein, und ist somit nicht irreduzibel erzeugt.

3.4.2 Bemerkung
Hat $k\mathcal{S}_n$ einen projektiven einfachen Modul, so gilt $h_p(\mathcal{S}_n) \leq 2$. Ansonsten gilt $h_p(\mathcal{S}_n) > 2$.
Beweis. Dies folgt direkt aus der Definition von $h_p(\mathcal{S}_n)$ und Satz 2.2.17. □

Wir zitieren nun einige Ergebnisse zu $h_p(\mathcal{S}_n)$.

3.4.3 Satz
Es gelten: $h_2(\mathcal{A}_n) \leq h_2(\mathcal{S}_n)$ und $h_p(\mathcal{A}_n) = h_p(\mathcal{S}_n)$, falls $p > 2$. Dabei sei $h_p(\mathcal{A}_n)$ analog zu $h_p(\mathcal{S}_n)$ definiert.
Beweis. Die Aussage folgt aus Theorem 4.6 in [13]. □

3.4.4 Lemma
Für $h_p(\mathcal{S}_n)$ gelten folgende Aussagen:

- Ist $5 \leq p$, so gilt: $h_p(\mathcal{S}_n) \leq 2$.

- Ist $p \in \{2, 3\}$ und $5 \leq n$ so gilt $2 \leq h_p(\mathcal{S}_n)$.

Beweis. Granville und Ono haben in [26] gezeigt, dass $k\mathcal{S}_n$ immer einen einfachen PIM hat, falls $5 \leq p$ ist. Mit Bemerkung 3.4.2 folgt dann die erste Behauptung. Der zweite Punkt folgt, da in diesem Fall k nicht projektiv ist. □

Für $p \in \{2, 3\}$ ist $h_p(\mathcal{S}_n)$ im Allgemeinen nicht bekannt. Wir wollen uns in diesem Abschnitt der Aufgabe widmen, diese Konstante in den offenen Fällen zu untersuchen. Wir wollen auch für den restlichen Abschnitt annehmen, dass $p \in \{2,3\}$ und $5 \leq n$ ist. Eine erste allgemeiner obere Schranke für $h_p(\mathcal{S}_n)$ bekommen wir mit einem Satz von Bryant und Kovács [11]: $h_p(\mathcal{S}_n) \leq n!$. Können wir noch stärkere obere Schranken oder sogar $h_p(\mathcal{S}_n)$ exakt bestimmen? Es stellt sich als ziemlich schwierig heraus, diese Konstante im Allgemeinen zu ermitteln. Zum einen sind noch einige allgemeine Fragen zu den einfachen $k\mathcal{S}_n$-Moduln unbeantwortet. Wie zum Beispiel: Was sind die Dimensionen der einfachen Moduln? Oder: Wie sehen die Vertizes der einfachen Moduln aus? Um geeignete Kandidaten zu finden, deren Produkte projektive Summanden enthalten, wären diese Informationen hilfreich. Zum Beispiel wären Moduln mit einer sehr großen Dimension oder mit kleinen Vertizes vorteilhaft um $h_p(\mathcal{S}_n)$ zu bestimmen. Bei Produkten solcher Moduln ist nämlich die „Wahrscheinlichkeit" größer, dass diese einen projektiven Summanden haben.

Um einen ersten Einblick zu erhalten, kann man Rechnungen mit dem Computer durchführen. Arbeitet man dabei mit Matrixdarstellungen, so sind diesem Vorhaben, nach heutigem Stand der Technik, leider ganz schnell Grenzen gesetzt. In Kapitel 2 sind wir auf das Problem der Auswertung des inneren Produktes $\langle -, - \rangle$ auf dem Darstellungsring einer endlichen Gruppe eingegangen. Dort haben wir gezeigt, dass wir für Youngmoduln dieses innere Produkt mit Hilfe von Charakteren auswerten können. Wir geben am Ende dieses Abschnitts obere Schranken für $h_p(\mathcal{S}_n)$ an, die mit Hilfe von GAP unter Benutzung von Charakteren von Youngmoduln bestimmt wurden.

Eine Idee, das Problem theoretisch anzugehen ist es, Tensorprodukte von einfachen Youngmoduln oder anderen einfachen Moduln mit trivialer Quelle zu betrachten. Die Produkte solcher Moduln verhalten

3.4. Projektive Summanden

sich in der Regel nicht so „wild", und scheinen besser handhabbar zu sein. Doch auch in diesem Fall halten sich die gefunden Ergebnisse in Grenzen. Dies liegt zum einen daran, dass es nur relativ wenige Modulen dieser Art gibt, und zum anderen ist der heutige Wissensstand über diese Modulen nur begrenzt.

Da wir nur in wenigen Fällen $h_p(S_n)$ genau bestimmen können, werden wir uns auf die Bestimmung oberer Schranken fokussieren. Die folgenden Methoden basieren mehr oder weniger auf Ad-hoc-Argumenten, die sich so nicht verallgemeinern lassen. Wir wollen zunächst höhere Potenzen des natürlichen Moduls betrachten.

3.4.5 Bemerkung
Es gelte $p \nmid n$. Dann gilt: $h_p(S_n) \leq n-1$.

Beweis. Wir führen zunächst eine eine Induktion nach i, um zu zeigen, dass $M_{n,i} \mid M_{n,1}^{\otimes i}$ ist für $1 \leq i \leq n-1$. Für $i=1$ ist die Behauptung klar. Es sei also $1 < i$. Wir zeigen nun: $M_{n,i} \mid M_{n,i-1} \otimes M_{n,1}$. Dies folgt aber aus Lemma 2.9.16 in [36]. Also gilt $M_{n,i} \mid M_{n,1}^{\otimes i}$. Betrachten wir dann nun $kS_n \cong M_{n,n-1}$, so folgt mit der eben gezeigten Behauptung $kS_n \mid M_{n,1}^{\otimes n-1}$. Insbesondere ist damit der 1-PIM ein direkter Summand von $M_{n,1}^{\otimes n-1}$. Die Behauptung folgt nun mit Bemerkung 3.1.2. $\square$

Wir haben im Fall $p=3$ noch die folgende Möglichkeit, eine stärkere obere Schranke anzugeben. In diesem Fall existieren nämlich auch einfache verallgemeinerte Youngmodulen. Diese Tatsache können wir wie folgt nutzen.

3.4.6 Bemerkung
Es sei $p=3$, $3 \nmid n$, und es sei $L := \frac{\ln(n)}{\ln(2)}$. Dann gilt: $h_3(S_n) \leq \lceil L \rceil + 1$.

Beweis. Es sei
$$l := \begin{cases} \frac{n}{2}, & \text{falls } n \text{ gerade,} \\ \frac{n-1}{2}, & \text{sonst,} \end{cases}$$

und weiter sei $M := M(n-l|l)$, wobei $M(n-l|l)$ der wie in 2.1.12 definiert sei. Bei geeigneter Wahl eines Elementes aus $S_{n-l} \times S_l \backslash S_n / S_{n-l} \times S_l$ kann man mit Mackeys Tensorproduktsatz zeigen, dass $M^{\otimes 2}$ einen direkten Summanden hat, der von einer Untergruppe der Form $S_{\lambda^1} \times S_{\lambda^2} \times S_{\lambda^3} \times S_{\lambda^4}$ induziert wird, für geeignete $\lambda^i \vdash m$ mit $m \leq \lceil \frac{n}{4} \rceil$ für $1 \leq i \leq 4$. Iteriert man nun dieses Vorgehen, so kann man gewährleisten, dass ein direkter Summand von $M^{\otimes s}$ von einer Gruppe H der Form $S_{\mu^1} \times \cdots \times S_{\mu^s}$ induziert wird. Nun ist H eine $3'$-Gruppe, falls $\mu^i \vdash 1$ oder $\mu^i \vdash 2$ ist für alle $1 \leq i \leq s$. Dies ist genau dann der Fall, wenn $\frac{n}{2^s} \leq 2$ ist. Dies wiederum ist äquivalent zu $L \leq s+1$. Damit hat $M^{\otimes \lceil L \rceil}$ einen projektiven direkten Summanden. Tensoriert man nun $M^{\otimes \lceil L \rceil}$ mit $kS_n/J(kS_n)$, so kommt in diesem Produkt der 1-PIM vor, man siehe die Bemerkung nach Satz 2.2.17. Da M halbeinfach ist nach Lemma 3.1.6, folgt also: $h_3(S_n) \leq \lceil L \rceil + 1$. $\square$

3.4.7 Definition
Eine natürliche Zahl n heißt *Dreiecks-* bzw. *Treppenzahl*, falls eine Partition von n existiert die ein 2-Kern bzw. 3-Kern ist.

3.4.8 Bemerkung
Es sei λ ein 2-Kern für ein $n \in \mathbb{N}$. Dann existiert ein $l \in \mathbb{N}$ mit $n = \sum_{i=1}^{l} i$ und es ist $\lambda = [l, l-1, \ldots, 2, 1] \vdash n$.

Beweis. Man siehe 2.7.1 in [36]. $\square$

Ist n eine Dreiecks- bzw. eine Treppenzahl, so existiert nach Korollar 2.1.10 ein einfacher projektiver kS_n-Modul. Somit folgt in diesen Fällen aus Bemerkung 3.4.2 und Lemma 3.4.4: $h_2(S_n) = 2$ bzw. $h_3(S_n) = 2$. Damit können wir nun auch in ein paar anderen Fällen $h_p(S_n)$ angeben. Ist n dagegen keine Dreiecks-

bzw. Treppenzahl, so folgt in diesen Fällen aus Bemerkung 3.4.2: $h_2(\mathcal{S}_n) > 2$ bzw. $h_3(\mathcal{S}_n) > 2$. Zunächst wollen wir im Fall $p = 2$ für $h_2(\mathcal{A}_n)$ einen Spezialfall betrachten.

3.4.9 Lemma
Es sei $p = 2$, und es sei n eine Dreieckszahl. Dann ist $h_2(\mathcal{A}_{n+2}) = 2$.

Beweis. Es sei $\lambda := [m+2, m-1, \ldots, 2, 1]$. Mit [10] folgern wir, dass $\operatorname{Res}_{\mathcal{A}_{n+2}}^{\mathcal{S}_{n+2}}(D^\lambda)$ einfach ist. Nun gilt

$$\nu_2(|\mathcal{A}_{n+2}|) = \nu_2(|\mathcal{S}_{n+2}|) - 1 \underset{2.1.9}{=} \nu_2(\dim(D^\lambda)).$$

Nach Theorem 6.2, Kapitel 3, in [55], liegt $\operatorname{Res}_{\mathcal{A}_{n+2}}^{\mathcal{S}_{n+2}}(D^\lambda)$ in einem Block von Defekt Null. Also ist dieser Modul ein projektiver $k\mathcal{A}_{n+2}$-Modul. Die Behauptung folgt nun mit Bemerkung 3.4.2. □

Nach Satz 3.4.3 gilt $h_3(\mathcal{A}_n) = h_3(\mathcal{S}_n)$ für alle $n \in \mathbb{N}$. Für $p = 2$ zeigt hingegen das obige Lemma, dass der Fall $h_2(\mathcal{A}_n) \neq h_2(\mathcal{S}_n)$ eintreten kann. Zum Beispiel ist $2 = h_2(\mathcal{A}_{12}) < h_2(\mathcal{S}_{12}) = 3$; man siehe Tabelle 3.1.

3.4.10 Lemma
Ist n gerade und eine Dreieckszahl, dann gilt $h_2(\mathcal{S}_{n-1}) = h_2(\mathcal{S}_{n+1}) = 3$.

Beweis. Nach Bemerkung 3.4.8 existiert ein $l \in \mathbb{N}$ mit $n = \sum_{i=1}^{l} i$. Dann ist $\lambda := [l, l-1, \ldots, 2, 1] \vdash n$ ein 2-Kern von n, siehe Bemerkung 3.4.8. Also ist D^λ ein PIM. Nun folgt mit der modularen Verzweigungs-Regel, Theorem 11.2.7 und Theorem 11.2.8 in [41], dass $\nu \vdash n-1$ und $\mu \vdash n+1$ existieren mit $D^\lambda \mid \operatorname{Ind}_{\mathcal{S}_{n-1}}^{\mathcal{S}_n}(D^\nu)$ und $D^\lambda \mid \operatorname{Res}_{\mathcal{S}_n}^{\mathcal{S}_{n+1}}(D^\mu)$. Da $n-1$ bzw. $n+1$ ungerade sind ist $M_{n-1,1} = D_{n-1,0} \oplus D_{n-1,1}$ bzw. $M_{n+1,1} = D_{n+1,0} \oplus D_{n+1,1}$ nach der modularen Verzweigungs-Regel. Mit Lemma 3.1.1 (b) folgern wir:

$$\operatorname{Res}_{\mathcal{S}_{n-1}}^{\mathcal{S}_n}(D^\lambda) \mid D^\nu \oplus M_{n-1,1} \otimes D^\nu \cong 2 \cdot D^\nu \oplus D_{n-1,1} \otimes D^\nu,$$

und mit Lemma 3.1.1 (a) folgern wir

$$\operatorname{Ind}_{\mathcal{S}_n}^{\mathcal{S}_{n+1}}(D^\lambda) \mid M_{n+1,1} \otimes D^\mu \cong D^\mu \oplus D_{n+1,1} \otimes D^\mu.$$

Die Moduln D^ν und D^μ sind nicht projektiv, da $n-1$ und $n+1$ keine Dreieckszahlen sind und somit keine projektiv einfachen Moduln haben. Also muss $\operatorname{Res}_{\mathcal{S}_{n-1}}^{\mathcal{S}_n}(D^\lambda) \mid D_{n-1,1} \otimes D^\nu$ und $\operatorname{Ind}_{\mathcal{S}_n}^{\mathcal{S}_{n+1}}(D^\lambda) \mid D_{n+1,1} \otimes D^\mu$ gelten. Da der induzierte sowie der eingeschränkte Modul jeweils projektiv sind, haben also die beiden obigen Tensorprodukt projektive Summanden. Bilden wir mit diesem Modul und mit $k\mathcal{S}_{n-1}/J(k\mathcal{S}_{n-1})$ bzw. $k\mathcal{S}_{n+1}/J(k\mathcal{S}_{n+1})$ das Tensorprodukt, so folgt, dass dieses Produkt den 1-PIM enthält, man siehe die Bemerkung nach Satz 2.2.17. Damit ist die Behauptung gezeigt. □

3.4.11 Lemma
Ist n eine Treppenzahl, so gilt $h_3(\mathcal{S}_{n-1}), h_3(\mathcal{S}_{n+1}) \leq 3$, falls $3 \nmid n-1$ bzw. $3 \nmid n+1$.

Beweis. Man zeigt analog wie im Beweis des vorangegangenen Lemmas, dass $D_{n-1,1} \otimes D^\nu$ und $D_{n+1,1} \otimes D^\mu$ jeweils einen projektiven Summanden haben, für geeignete ν, μ. □

Wir wollen nun die Fälle auflisten, wann $h_p(\mathcal{S}_n)$ bekannt ist und mit welcher Methode diese Zahl bestimmt wurde. Wir geben zuvor eine kurze Erläuterung der Methode, die genutzt wurden, um diese Zahlen praktisch zu bestimmen.

3.4. Projektive Summanden

3.4.12 Bemerkung
Für ein Tensorprodukt von Youngmoduln kann man mit Hilfe von Skalarprodukten gewöhnlicher Charaktere und der Klassenfunktion sgn_n^p die Vielfachheit von $P(k)$ bestimmen; man siehe Lemma 2.5.2. Falls zu n kein p-Kern existiert oder keine anderen theoretischen Begründungen vorliegen, haben wir diese Methode benutzt, um eine stärkere obere Schranke für $h_p(\mathcal{S}_n)$ zu finden. Dafür haben wir das Skalarprodukt von sgn_n^p und Produkte von Charakteren zu irreduziblen Youngmoduln, in den meisten Fällen zu Blockanführern, mit GAP berechnet. Dort sind Charaktertafeln der symmetrischen Gruppe bis $n \leq 18$ vorhanden. Für $n > 18$ wurden mit dem GAP-Programm `CharValueSymmetric` die Charaktere von Youngmoduln zu Blockanführern berechnet. Da wir mit dieser Methode nur einen kleinen Teil aller einfachen Moduln betrachten, werden die damit ermittelten oberen Schranken für $h_p(\mathcal{S}_n)$ in manchen Fällen nicht allzu scharf sein. Deshalb wurde in einigen wenigen Fällen mit konkreten Rechnungen mit der MeatAxe nachgewiesen, dass ein bestimmtes Produkt einen PIM als direkten Summanden hat, und damit stärkere obere Schranken gefunden. □

3.4.13 Vermutung
Ist $p \in \{2, 3\}$ so gilt $h_p(\mathcal{S}_n) \leq 3$. □

n	$h_2(\mathcal{S}_n)$	Begründung	$h_3(\mathcal{S}_n)$	Begründung
2	0	Def.	1	k proj.
3	2	Dreieckszahl	0	Def.
4	0	Def.	2	Treppenzahl
5	3	3.4.10	2	Treppenzahl
6	2	Dreieckszahl	2	Treppenzahl
7	3	3.4.10	3	3.4.11
8	3	$Y^{[3,2,1^3]} \mid D^{[5,3]} \otimes D^{[4,3,1]}$	2	Treppenzahl
9	3	3.4.10	2	Treppenzahl
10	2	Dreieckszahl	2	Treppenzahl
11	3	3.4.10	3	3.4.11
12	3	$Y^{[2^3,1^8]} \mid D^{[6,3,2,1]\otimes 2}$	2	Treppenzahl
13	≤ 5	$Y^{[3^2,2^3,1]} \mid D^{[10,3]\otimes 4}$	3	3.4.11
14	3	3.4.12	2	Treppenzahl
15	2	Dreieckszahl	3	3.4.11
16	3	$Y^{[4,3^2,2^2,1^2]} \mid D^{[10,3,2,1]\otimes 2}$	2	Treppenzahl
17	3	3.4.12	2	Treppenzahl
18	≤ 4	3.4.12	3	3.4.12
19	3	3.4.12	3	3.4.11
20	≤ 5	3.4.12	2	Treppenzahl
21	2	Dreieckszahl	3	Treppenzahl
$22 \leq n \leq 40$	≤ 6	Dreiecksz. / 3.4.12	≤ 3	Treppenz. / 3.4.12

Tabelle 3.1: Werte und obere Schranken von $h_p(\mathcal{S}_n)$.

ns vulnera
Kapitel 4
Kohomologie

Im Allgemeinen ist es sehr schwer, die gesamte Zerlegung eines Tensorproduktes zweier Moduln in unzerlegbare Moduln zu bestimmen. Manchmal kann man aber unter bestimmten Voraussetzungen gewisse unzerlegbare Summanden in einem solchen Produkt identifizieren. Ist zum Beispiel M ein kG-Modul mit $p \nmid \dim_k(M)$, so ist k ein direkter Summand von $M^* \otimes M$; man vergleiche Lemma 6.18, Kapitel 2 in [44]. Wir wollen in diesem Kapitel der folgenden Frage nachgehen: Was kann man über direkte unzerlegbare Summanden in einem Tensorprodukt mit nicht-trivialer erster Kohomologiegruppe aussagen? Dabei kann man diese Frage wie folgt konkretisieren: Gibt es bestimmte Moduln mit nicht-trivialer Kohomologie, die als direkte Summanden vorkommen? Was kann man über die Struktur solcher Moduln aussagen?

Um Einblicke in diese Fragestellungen zu gewinnen, wurden im Zuge dieser Arbeit einige Tensorprodukte einfacher kG-Moduln mit dem Computer berechnet. Die Berechnungen wurden für $p = 3$ und für Gruppen mit p-Sylowgruppe $C_3 \times C_3$ gemacht. Zusätzlich wurden auch noch ein paar weitere Tensorprodukte von Moduln mit Vertizes der Form $C_3 \times C_3$ betrachtet. Diese Einschränkung war nötig, um die Handhabung der Rechnungen mit dem Computer zu gewährleisten und dennoch genügend Beispiele zu haben, die alle gewisse gemeinsame Rahmenbedingungen erfüllen. Zudem wurden diese Berechnungen nicht nur für symmetrische Gruppen durchgeführt, sondern auch für einige alternierende Gruppen, Schursche Überlagerungen von symmetrischen Gruppen und einige weitere endliche einfache Gruppen.

Das Kapitel gliedert sich wie folgt. Zuerst stellen wir Grundeigenschaften von Ext_A^n zusammen. Danach werden die Methoden angegeben, wie rechnerisch vorgegangen wurde, um in den betrachteten Beispielen die Moduln mit nicht-trivialer Kohomologie in den entsprechenden Tensorprodukten zu bestimmen. Im dritten Abschnitt stehen die Ergebnisse der Berechnungen. Details zu den rechnerischen und mathematischen Methoden werden im Einzelnen angegeben. Abschließend werden wir noch ein paar theoretische Ergebnisse für Moduln symmetrischer Gruppen angeben.

In diesem Kapitel sei A eine endlich-dimensionale k-Algebra, und k sei ein Zerfällungskörper für A der Charakteristik p.

4.1 Eigenschaften von Ext_A^n

Für den ganzen Abschnitt seien M, N zwei A-Moduln. Wir wollen in diesem Abschnitt kurz die Definition der Gruppen $\text{Ext}_A^n(M,N)$ sowie einige Eigenschaften davon angeben, man vergleiche auch Kapitel 2 in [5]. Wir verwenden auch noch die folgende Notation: Es seien $f \in \text{Hom}_A(M,N)$ und X ein A-Modul;

dann induziert f einen additiven Homomorphismus

$$f^* : \operatorname{Hom}_A(N,X) \to \operatorname{Hom}_A(M,X),$$

der gegeben ist durch $f^*\alpha := \alpha \circ f \in \operatorname{Hom}_A(M,X)$ für $\alpha \in \operatorname{Hom}_A(N,X)$.

4.1.1 Definition
Es sei

$$\mathbf{P}: \quad \ldots \xrightarrow{\delta_2} P_1 \xrightarrow{\delta_1} P_0 \xrightarrow{\delta_0} M \to 0$$

eine projektive Auflösung von M. Der kontravariante Funktor $\operatorname{Hom}_A(-,N)$ überführt $\mathbf{P}$ in

$$\mathbf{Q}: \quad \ldots \xleftarrow{\delta_2^*} \operatorname{Hom}_A(P_1,N) \xleftarrow{\delta_1^*} \operatorname{Hom}_A(P_0,N) \xleftarrow{\delta_0^*} \operatorname{Hom}_A(M,N) \leftarrow 0.$$

Es ist $\delta_{i+1}^* \circ \delta_i^* = (\delta_i \circ \delta_{i+1})^* = 0$ für $i \geq 1$, und somit $\operatorname{Im}(\delta_i^*) \subseteq \operatorname{Kern}(\delta_{i+1}^*)$ für $i \geq 1$. Damit definieren wir für $n \geq 1$:

$$\operatorname{Ext}_A^n(M,N) := \frac{\operatorname{Kern}(\delta_{n+1}^*)}{\operatorname{Im}(\delta_n^*)}.$$

Aus Abschnitt 2.4 in [5] folgt, dass diese Definition unabhängig von der gewählten projektiven Auflösung $\mathbf{P}$ von M ist.

Nun stellen wir einige grundlegende Eigenschaften von $\operatorname{Ext}_A^n(M,N)$ im Bezug auf direkte Summen und Tensorprodukte von Moduln zusammen.

4.1.2 Proposition
Es gelten folgende Aussagen:

(i) Genau dann ist N projektiv, wenn $\operatorname{Ext}_A^n(M,N) = 0$ für $n \geq 1$ und alle A-Moduln M ist.

(ii) Sind M', N' zwei weitere A-Moduln, dann gilt:

$$\operatorname{Ext}_A^n(M, N \oplus N') \;\cong\; \operatorname{Ext}_A^n(M,N) \oplus \operatorname{Ext}_A^n(M,N')$$
$$\text{und}$$
$$\operatorname{Ext}_A^n(M \oplus M', N) \;\cong\; \operatorname{Ext}_A^n(M,N) \oplus \operatorname{Ext}_A^n(M',N).$$

(iii) Ist $A = kG$, dann gilt $\operatorname{Ext}_{kG}^n(M,N) \cong \operatorname{Ext}_{kG}^n(k, M^* \otimes N)$, wobei M^* der Kontragradient von M ist.

(iv) Ist $A = kG$, $H \leq G$ und S ein kH-Modul, dann gilt:

$$\operatorname{Ext}_{kG}^n(\operatorname{Ind}_H^G(S), M) \cong \operatorname{Ext}_{kH}^n(S, \operatorname{Res}_H^G(M)).$$

Beweis. Man vergleiche etwa Abschnitte 2.4, 2.8 und 3.1 in [5]. □

Da wir uns im Folgenden nur für die Gruppe $\operatorname{Ext}_A^1(M,N)$ interessieren, wollen wir hier zum Schluss dieses Abschnittes Interpretationsmöglichkeiten dieser Gruppe aufführen.

4.1.3 Satz
Es seien M, N zwei einfache A-Moduln und es sei P ein projektiver A-Modul mit $P/\operatorname{rad}(P) \cong M$. Dann ist
$$\operatorname{Ext}_A^1(M,N) \cong \operatorname{Hom}_A(\operatorname{rad}(P)/\operatorname{rad}^2(P), N).$$

Beweis. Man siehe Proposition 2.4.3 in [5]. □

Dieser Satz impliziert unmittelbar, dass $\dim_k(\operatorname{Ext}_A^1(M,N))$ gleich der Vielfachheit von N in der zweiten Radikalschicht von P ist. Von dieser Aussage wurde auch im praktischen Teil dieser Arbeit Gebrauch gemacht, um in manchen Fällen die k-Dimensionen der ersten Kohomologiegruppen zu ermitteln. Eine weitere Interpretationsmöglichkeit ist die folgende. Die Gruppe $\operatorname{Ext}_A^1(M,N)$ klassifiziert die Erweiterungen von M mit N bis auf kohomologische Äquivalenz. Ist $\operatorname{Ext}_A^1(M,N) = 0$, so zerfällt jede Erweiterung von M mit N. Ist $\operatorname{Ext}_A^1(M,N) \cong k$, so existiert eine bis auf Isomorphie eindeutige nicht-zerfallende Erweiterung von M mit N. Dieser Sachverhalt wird zum Beispiel im Appendix I in [44] dargestellt.

4.2 Angewandte Methoden und Kniffe

Es sei G eine endliche Gruppe. Es seien M und N zwei kG-Moduln und $M^* \otimes N \cong \bigoplus_i U_i$ eine Zerlegung in unzerlegbare Moduln. Mit den Eigenschaften von $\operatorname{Ext}_{kG}^1$, die in Proposition 4.1.2 aufgeführt sind, erhalten wir folgende Isomorphien:
$$\operatorname{Ext}_{kG}^1(M,N) \cong \operatorname{Ext}_{kG}^1(k, M^* \otimes N) \cong \bigoplus_i \operatorname{Ext}_{kG}^1(k, U_i).$$

Gilt nun $0 \neq \operatorname{Ext}_{kG}^1(M,N)$, so wollen wir die U_i mit $0 \neq \operatorname{Ext}_{kG}^1(k, U_i)$ ermitteln.

Wie kann man diese Moduln nun praktisch bestimmen? In diesem Abschnitt wollen wir die Methoden präsentieren, die bei den Berechnungen der Beispiele genutzt wurden.

Der erste Schritt, um die direkten Summanden eines A-Moduls M mit nicht-trivialer erster Kohomologiegruppe zu ermitteln, ist, die Zerlegung des Moduls M in unzerlegbare Summanden zu bestimmen. Die MeatAxe-Programme von Szöke, [67], ermöglichen es, eine direkte Zerlegung eines Moduls in unzerlegbare Moduln mit dem Computer zu bestimmen. Diese wurden auch bei den betrachteten Beispielen eingesetzt. Bei großen Moduln ist es aber ein sehr schweres oder gar nicht zu bewältigendes Problem, die Zerlegung des gesamten Moduls zu bestimmen. Deshalb muss man in manchen Fällen die Moduln vorher mit anderen Verfahren „verkleinern", um die Rechnungen durchführbar zu machen. Im Wesentlichen haben wir dies für die hier betrachteten Beispiele auf zwei Arten getan. Diese wollen wir jetzt vorstellen.

Eine Methode der rechnergestützten Darstellungstheorie ist die sogenannte Fixpunktkondensation. Von ihr wurde in dieser Arbeit ausgiebig Gebrauch gemacht. Mit ihrer Hilfe ist es manchmal möglich, die gewünschten Informationen über eine sehr großen Darstellung aus einer kleineren und damit rechnerisch besser handhabbaren Darstellung zu erhalten. Wir wollen nun zunächst die Grundlagen und -ideen dieser Methode vorstellen. Des Weiteren zeigen wir noch auf, dass diese Methode unter bestimmten Voraussetzungen alle gewünschten Strukturen erhält. Detaillierte und weiterreichende Informationen zur Fixpunktkondensation entnehme man zum Beispiel [47].

Wendet man Fixpunktkondensation an, so findet im Allgemeinen ein Wechsel der Modulkategorien statt. Ist dieser Übergang eine Morita-Äquivalenz, so bleiben viele Eigenschaften der Moduln erhalten. Ausführliche Informationen zur Morita-Äquivalenz entnehme man [2]. Wir nehmen von jetzt ab an, dass B

eine endlich-dimensionale k-Algebra sei. Mit mod$-A$ bzw. mod$-B$ bezeichnen wir die jeweilige Kategorie der endlich-dimensionalen Rechtsmoduln von A bzw. B. Insbesondere sind dann Morphismen in den jeweiligen hier betrachteten Modulkategorien k-lineare Homomorphismen.

4.2.1 Definition
Zwei Kategorien C und D heißen *äquivalent*, falls zwei kovarinate Funktoren $\mathcal{F} : \text{C} \to \text{D}$ und $\mathcal{G} : \text{D} \to \text{C}$ existieren, sodass $\mathcal{F} \circ \mathcal{G}$ und $\mathcal{G} \circ \mathcal{F}$ natürlich äquivalent zum jeweiligen Identitätsfunktor id_D bzw. id_C sind. Ist C = mod$-A$ und D = mod$-B$, so heißen A und B *Morita-äquivalent* (vermöge $\mathcal{F}$ und $\mathcal{G}$), falls C und D äquivalent sind. In diesem Fall nennen wir $\mathcal{F}$ eine *Äquivalenz* und $\mathcal{G}$ eine *inverse Äquivalenz*.

Wir stellen nun die für unseren Gebrauch wichtigsten Eigenschaften, die durch eine Morita-Äquivalenz erhalten bleiben, vor.

4.2.2 Proposition
Es seien A und B Morita-äquivalent und $\mathcal{F}$ eine Äquivalenz. Weiter seien $U, V, W \in \text{mod}-A$. Dann gilt:

- Der Funktor $\mathcal{F}$ ist exakt, das heißt, die kurze Sequenz

$$0 \to U \xrightarrow{\iota} V \xrightarrow{\pi} W \to 0$$

ist genau dann (zerfallend und) exakt in mod$-A$, wenn die Sequenz

$$0 \to \mathcal{F}(U) \xrightarrow{\mathcal{F}(\iota)} \mathcal{F}(V) \xrightarrow{\mathcal{F}(\pi)} \mathcal{F}(W) \to 0$$

(zerfallend und) exakt in mod$-B$ ist.

- Genau dann ist V projektiv, wenn $\mathcal{F}(V)$ projektiv ist.
- Genau dann ist V einfach, wenn $\mathcal{F}(V)$ einfach ist.
- Genau dann ist V unzerlegbar, wenn $\mathcal{F}(V)$ unzerlegbar ist.
- Der Untermodulverband von V ist isomorph zum Untermodulverband von $\mathcal{F}(V)$.

Beweis. Diese Aussagen kann man den Propositionen 21.6., 21.7. und 21.4 in [2] entnehmen. Für die erste Aussage benutze man noch zusätzlich Proposition 2.21 aus [15]. □

4.2.3 Proposition
Es seien A und B Morita-äquivalent und $\mathcal{F}$ eine Äquivalenz. Für $M, N \in \text{mod}-A$ bewirkt $\mathcal{F}$, eingeschränkt auf $\text{Hom}_A(M, N)$, einen Isomorphismus abelscher Gruppen

$$\mathcal{F} : \text{Hom}_A(M, N) \to \text{Hom}_B(\mathcal{F}(M), \mathcal{F}(N)).$$

Zudem ist $\mathcal{F}$ in unserem Fall ein Isomorphismus von k-Vektorräumen.

Beweis. Der erste Teil folgt mit der Aussage von Proposition 21.2. in [2]. Da alle Morphismen unserer Kategorien k-linear sind, folgt der zweite Teil des Satzes aus dem Beweis von Proposition 21.2. in [2]. □

Nun können wir uns die Morita-Äquivalenz auch für die Gruppen $\text{Ext}_A^n(M, N)$ zunutze machen. Dies ist eine direkte Konsequenz aus dem Vorhergegangenen.

4.2. Angewandte Methoden und Kniffe

4.2.4 Korollar
Es seien A und B Morita-äquivalent und $\mathcal{F}$ eine Äquivalenz. Weiter seien $M, N \in \operatorname{mod} -A$. Der Funktor $\mathcal{F}$ induziert k-lineare Isomorphien zwischen

$$\mathcal{F} : \operatorname{Ext}_A^n(M,N) \to \operatorname{Ext}_B^n(\mathcal{F}(M), \mathcal{F}(N)), \qquad n \geq 1.$$

Beweis. Nach Proposition 4.2.2 ist $\mathcal{F}$ exakt, und $\mathcal{F}$ überführt projektive A-Moduln in projektive B-Moduln. Ist nun **P** eine projektive Auflösung von M, so folgt, dass $\mathcal{F}(\mathbf{P})$ eine projektive Auflösung von $\mathcal{F}(M)$ ist. Die Behauptung folgt nun aus der Exaktheit von $\mathcal{F}$, Proposition 4.2.3 und der Definition von $\operatorname{Ext}_A^n(M,N)$. □

Zusammenfassend lässt sich also sagen, dass eine Äquivalenz es uns ermöglicht, die Moduln mit nicht-trivialer erster Kohomologiegruppe zu bestimmen, indem wir entsprechende Moduln über einer äquivalenten Algebra betrachten. Natürlich ist ein solcher Wechsel nur sinnvoll, wenn es bestimmte, in unserem Fall rechnerische, Vorteile gibt. Wir geben nun die Definition des Kondensationsfunktors an.

4.2.5 Definition
Es sei $e \in A$ ein Idempotent. Wir nennen die Teilalgebra eAe von A die zu e gehörende *kondensierte Algebra*. Der *Kondensationsfunktor* $\operatorname{cond}_{eAe}^A : \operatorname{mod} -A \to \operatorname{mod} -eAe$ sei wie folgt definiert:

$$\begin{aligned} \operatorname{cond}_{eAe}^A : V &\mapsto Ve \\ \varphi &\mapsto \varphi|_{Ve} \end{aligned}$$

für $V \in \operatorname{mod} -A$ und $\varphi \in \operatorname{Hom}_A(V,W)$, $W \in \operatorname{mod} -A$. Wir bezeichnen den eAe-Modul Ve als den *kondensierten Modul* von V.

Den Idempotenten, die eine Morita-Äquivalenz gewährleisten, wollen wir nun einen Namen geben.

4.2.6 Definition
Es sei $\{S_i : 1 \leq i \leq r\}$ ein Vertretersystem von Isomorphieklassen einfacher A-Moduln und $e \in A$ ein Idempotent. Gilt $S_i e \neq 0$ für alle $1 \leq i \leq r$, so nennen wir e ein *treues Idempotent*.

4.2.7 Satz
Es sei $e \in A$ ein Idempotent. Dann sind äquivalent:

- Das Idempotent e ist treu.
- Der Funktor $\operatorname{cond}_{eAe}^A$ ist eine Äquivalenz zwischen A und eAe.

Beweis. Dies ist eine der Aussagen von Theorem 3.2.3 in [47]. □

Für die Berechnungen haben wir nur Kondensation mit treuen Idempotenten benutzt. Die dazu benötigten Informationen, nämlich geeignete treue Idempotente für die einzelnen Gruppenalgebren und Erzeuger für die zugehörigen kondensierten Algebren, sind aus [47] entnommen worden. Allgemein lässt sich sagen, dass es nicht so leicht ist, eine kleine Menge von Erzeugern einer kondensierten Algebra zu finden.

Wir werden jetzt noch eine weitere Möglichkeit vorstellen, wie man einen Modul verkleinern kann und dennoch alle wichtigen Informationen erhält. Wollen wir vom A-Modul M die unzerlegbaren Summanden mit nicht-trivialer Kohomologie bestimmen, müssen wir nämlich gar nicht die Zerlegung des gesamten Moduls M betrachten. Wir können mit den in der folgenden Bemerkung angeführten Kniffen einen kleineren Untermodul von M betrachten, der die gesuchten Moduln enthält, und dessen Zerlegung im Allgemeinen rechnerisch besser zu bearbeiten ist.

4.2.8 Bemerkung

Ist $A = kG$ und U ein unzerlegbarer direkter Summand von M mit $\text{Ext}_A(k,U) \neq 0$, so muss U offensichtlich im Hauptblock liegen, da nach der Definition die Gruppe $\text{Ext}_A(k,U)$ ein Quotient von Homomorphismenräumen zwischen Moduln aus dem Hauptblock und U ist; diese sind immer trivial, falls U nicht im Hauptblock ist. Weiter muss U nach Proposition 4.1.2 nicht-projektiv sein.

Diese Fakten kann man nun wie folgt nutzen: Soweit wie möglich trennt man alle direkten Summanden des Moduls M, die nicht im Hauptblock liegen oder projektiv sind, ab. Der daraus resultierende nicht-projektive Hauptblockanteil von M enthält dann immer noch die Moduln mit nicht-trivialer erster Kohomologiegruppe. □

In einigen betrachteten Fällen gibt es sogar genau einen nicht-projektiven direkten unzerlegbaren Summanden im Hauptblock. Dieser muss dann, gemäß der obigen Bemerkung, der gesuchte Modul sein. Ist nun $A = ekGe$ eine kondensierte Algebra, so kann man mit einem Analogon zur obigen Bemerkung einen entsprechenden Untermodul von M finden. Also kann man beide Methoden, einen Modul zu verkleinern, kombinieren. Das heißt, zuerst werden die Moduln kondensiert. Dann werden von den kondensierten Moduln nur die Untermoduln betrachtet, die zum Hauptblock korrespondieren und keinen projektiven Summanden mehr enthalten. Dieses Vorgehen wurde in einigen Beispielen hier angewendet.

Wie man nun praktisch mit der **MeatAxe** die Moduln zum Hauptblock und projektive Moduln von einem Modul abspalten kann, wollen wir jetzt kurz erläutern. Dazu benötigen wir zunächst noch folgende Definition.

4.2.9 Definition

Es sei M ein A-Modul und S ein einfacher A-Modul. Ein Element $a_S \in A$ heißt *S-Peakwort* bezüglich M, falls folgende Bedingungen erfüllt sind:

- $\text{Kern}_T(a_S) = \{0\}$ für alle Kompositionsfaktoren T von M, die nicht isomorph zu S sind.
- $\dim_k(\text{Kern}_S(a_S^2)) = \dim_k(\text{End}_A(S))$.

Dabei ist $\text{Kern}_T(a_S)$ der Kern der linearen Abbildung:

$$T \to T$$
$$t \mapsto ta_S.$$

Peakwörter ermöglichen es, primitive Idempotente der Algebra zu finden. Diesen Sachverhalt und auch noch weitere andere Eigenschaften von Peakwörtern sowie deren praktische Benutzung in der **MeatAxe** entnehme man [47] und [48]. Auch für unser Vorhaben lassen sich die durch das **MeatAxe**-Programm `pwkond` bestimmten Peakwörter ausnutzen.

- Der Hauptblockanteil eines Moduls kann wie folgt bestimmt werden: Zuerst werden die Kompositionsfaktoren des Moduls mit dem Programm `chop` bestimmt, und dann wird das Programm `pwkond -t` benutzt. Die Kerne der Peakwörter zu den einfachen Moduln, die zum Hauptblock gehören, kann man zusammenfassen. Und mit dem **MeatAxe**-Programm `zsp` erzeugt man dann damit den Hauptblockanteil des Moduls.

- Projektive Moduln kann man wie folgt abtrennen: Falls noch nicht gemacht, muss man zunächst wieder die Programme `chop` und `pwkond -t` ausführen. Für jeden Vektor aus dem Kern eines Peakwortes zu einem einfachen Modul erzeugt man mit `zsp` den Untermodul, der von diesem

4.3. Rechnerische Ergebnisse

Vektor erzeugt wird. Hat dieser Untermodul einen einfachen Kopf und die gleiche k-Dimension wie der PIM zu diesem einfachen Modul, so ist er dieser PIM. Nun kann man den Quotienten nach diesem Untermodul im ursprünglichen Modul, den man mit `zsp -q` berechnen kann, betrachten und das Verfahren solange fortführen, bis alle entsprechenden projektiven Moduln abgetrennt sind. Mit dem restlichen Anteil des Moduls kann man dann wie üblich vorgehen.

Mit diesen beiden Verfahren kann man die Berechnung der Zerlegung in manchen Fällen erheblich beschleunigen bzw. in manchen Fällen erst gewährleisten.

Abschließend wollen wir noch vorstellen, auf welche Art und Weise die unzerlegbaren Moduln mit nichttrivialer erster Kohomologiegruppe rechnerisch bestimmt wurden. Um praktisch zu entscheiden, ob ein Modul N eine nicht-triviale erste Kohomologiegruppe hat, wurden folgende vier Methoden benutzt:

(i) Das **GAP**-Programm `FirstCohomologyDimension` berechnet $\dim_k(\mathrm{Ext}^1_{kG}(k,N))$.

(ii) In der Habilitationsschrift von Lux, [47], wird in Abschnitt 5.1 ein Algorithmus vorgestellt, der für $\dim_k(\mathrm{Ext}^1_{kG}(k,N))$ eine obere Schranke angibt. Dieser Algorithmus wird in `Prob1Cohom`, einer **GAP**-Implementation von Jürgen Müller, benutzt.

(iii) Mit den Bezeichnungen aus Definition 4.1.1 und $M = k$ ist

$$\mathrm{Ext}^1_A(k,N) = \frac{\mathrm{Kern}(\delta_2^*)}{\mathrm{Im}(\delta_1^*)}.$$

$\mathrm{Kern}(\delta_2^*)$ und $\mathrm{Im}(\delta_1^*)$ wurden mit der **MeatAxe** mit dem Programm `mkhom` von Szöke, [67], bestimmt. Dafür muss aber vorher der PIM $P(k)$ zum trivialen Modul rechnerisch realisiert werden. Mit dem **MeatAxe**-Programm `rad` kann man dann $\mathrm{rad}(P(k))$ bestimmen.

(iv) Im Fall $G = \mathcal{S}_{11}$ konnte mit Hilfe der Greenkorrespondenz der gesuchte Modul gefunden werden. Das wird an entsprechender Stelle noch genauer erläutert.

Im Allgemeinen kann man nämlich die ersten beiden Methoden, die nur für Moduln von Gruppenalgebren funktionieren, nicht auf kondensierte Moduln anwenden, da die kondensierten Algebren nicht unbedingt Gruppenalgebren sind. Weitestgehend wurden die ersten beiden Vorgehensweisen simultan genutzt, um mögliche Fehler zu minimieren. Dadurch wurde im Programm `FirstCohomologyDimension` auch ein Fehler entdeckt. Dieser wurde daraufhin von Derek Holt behoben. Die dritte Methode wurde bei kondensierten Moduln und bei den betrachteten Schurschen Überlagerungen angewandt. Glücklicherweise konnten mit allen vier Methoden insgesamt die entsprechenden Moduln identifiziert werden.

4.3 Rechnerische Ergebnisse

Um die Dimension der ersten Kohomologiegruppe zweier einfacher Moduln zu bestimmen, kann man gemäß Satz 4.1.3 die zweite Radikalschicht der entsprechenden PIMs betrachten. Für die Mathieu-Gruppen und die Higman-Sims-Gruppe sind die Radikalreihen und die Dimensionen der ersten Kohomologiegruppen in Wakis Artikeln [69] und [70] angegeben. Im Fall der symmetrischen Gruppen können wir hier auf die Ergebnisse von Scopes [65] zurückgreifen. Zudem können wir mit [10] und [65] unter Benutzung von Proposition 4.1.2 auch die Dimensionen der ersten Kohomologiegruppen für die hier betrachteten alternierenden Gruppen bestimmen.

Es sei hier $\hat{\mathcal{S}}_n$ die Schursche Überlagerung von $\mathcal{S}_n$ wie sie auf Seite 22 in [35] gegeben sei. In den Fällen $G \in \{\hat{\mathcal{S}}_6, \hat{\mathcal{S}}_7, \hat{\mathcal{S}}_8, L_3(4), U_3(5)\}$ haben wir einen rechnerischen Weg eingeschlagen um die Dimensionen der ersten Kohomologiegruppen zu bestimmen. Dafür wurden die jeweiligen PIMs mit der MeatAxe konstruiert. Dies wurde auf zwei Arten realisiert:

- Aus Tensorprodukten eines projektiven Moduls mit einem anderen Modul.

- Aus Permutationsmoduln zu p'-Untergruppen.

Von den so konstruierten PIMs wurden dann mit der MeatAxe jeweils die Radikalreihen bestimmt.

Alle einfachen Matrixdarstellungen der einfachen Gruppen wurden dem WWW-Atlas [73] entnommen. Die einfachen Darstellungen der Schurschen Überlagerungen wurden mit Hilfe von Permutationsmoduln gewonnen. Die einfachen Moduln für die symmetrischen Gruppen wurden als Kompositionsfaktoren von Spechtmoduln realisiert. Die Rechnungen wurden in allen Fällen über einem jeweiligen minimalen endlichen Zerfällungskörper der Charakteristik 3 gemacht.

Es werden nun kurz die Notationen, die im restlichen Teil des Abschnittes genutzt werden, erklärt.

4.3.1 Definition
Der *Ext-Köcher* von kG ist ein gerichteter Graph, wobei die Vertizes dieses Graphen den Isomorphieklassen von einfachen nicht-projektiven kG-Moduln entsprechen. Zwei Vertizes sind durch einen einfachen bzw. doppelten gerichteten Pfeil verbunden, $M \to N$ bzw. $M \Rightarrow N$, falls für die entsprechenden Vertreter der Isomorphieklassen, M und N, $\dim_k(\mathrm{Ext}^1_{kG}(M,N)) = 1$ bzw. $\dim_k(\mathrm{Ext}^1_{kG}(M,N)) = 2$ gilt.

Wir wollen noch anmerken, dass wir die Defekt-0-Blöcke nicht betrachten, da die entsprechenden einfachen Moduln projektiv sind und somit nur triviale Erweiterungen mit anderen Moduln besitzen.

Für jede Gruppe wird zuerst der zugehörige Ext-Köcher angegeben. Danach werden die unzerlegbaren und nicht einfachen Moduln mit nicht-trivialer erster Kohomologiegruppe, welche in den betrachteten Tensorprodukten vorkommen, mit Radikalreihe aufgeführt. Anschließend wird noch angegeben, in welchen Produkten diese Moduln auftreten. Das folgende Lemma gibt uns eine Methode für die Praxis zur Hand, um die unzerlegbaren Summanden verschiedener Moduln zu vergleichen.

4.3.2 Lemma
Es seien M und N unzerlegbare A-Moduln. Weiter sei $\{\varphi_i : 1 \le i \le m\}$ eine k-Basis von $\mathrm{Hom}_A(M,N)$. Genau dann ist M isomorph zu N, wenn ein $1 \le j \le m$ existiert, sodass φ_j invertierbar ist.

Beweis. Es sei $\psi \in \mathrm{Hom}_A(N,M)$ ein Isomorphismus. Dann ist $\{\psi \circ \varphi_i : 1 \le i \le m\}$ eine Basis von $E := \mathrm{End}_A(M)$. Da M unzerlegbar ist, ist E ein lokaler Ring nach Lemma 1.1.13. Wegen $\mathrm{id}_M \in E$ muss also ein j existieren, sodass $\psi \circ \varphi_i$ invertierbar ist. Also muss φ_j invertierbar sein. Die andere Richtung ist trivial. □

Ein Modul wird nach der MeatAxe-Konvention mit der Dimension des Moduls und einem angehängten Buchstaben, um Moduln gleicher Dimension zu unterscheiden, bezeichnet. Bei den einfachen Gruppen stimmen die Bezeichnungen der Moduln hier mit den Bezeichnungen der Moduln in [73] überein. Für die symmetrischen Gruppen sind sie wie in [58]. Des Weiteren bezeichnen wir mit $1a$ immer den trivialen Modul. Nun geben wir noch die Konvention an, wie wir die Radikalreihe notieren.

4.3. Rechnerische Ergebnisse

Ist M ein kG-Modul und sind $[M/\mathrm{rad}(M),\mathrm{rad}(M)/\mathrm{rad}^2(M),\ldots,\mathrm{rad}^{l-1}(M)]$ die einzelnen Schichten der Radikalreihe von M, wobei l die Loewylänge von M sei, dann schreiben wir

$$\begin{array}{c} M/\mathrm{rad}(M) \\ \mathrm{rad}(M)/\mathrm{rad}^2(M) \\ \vdots \\ \mathrm{rad}^{l-1}(M). \end{array}$$

Sind Xa und Xb zwei unzerlegbare Moduln der Dimension X, dann schreiben wir:

$$Xa^r b^s := \underbrace{Xa \oplus \ldots \oplus Xa}_{r-\text{mal}} \oplus \underbrace{Xb \oplus \ldots Xb}_{s-\text{mal}}.$$

Dies führen wir bei drei oder mehr Moduln mit gleichen Dimension entsprechend fort.

4.3.3 $\mathbb{F}_9 \mathcal{A}_6$

Die Gruppe hat die Ordnung $|\mathcal{A}_6| = 360 = 2^3 \cdot 3^2 \cdot 5$.

$\mathbb{F}_9 \mathcal{A}_6$ hat einen Block mit Defekt 2. Dies ist der Hauptblock. Der Ext-Köcher hat die folgende Gestalt:

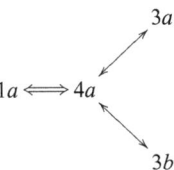

Wir haben also zwei Tensorprodukte zu betrachten. Wir haben folgende Moduln mit nicht-trivialer erster Kohomologiegruppe:

$$3a \otimes 4a = 12a = \begin{array}{c} 4a \\ 1a \oplus 3b \\ 4a \end{array} \qquad 3b \otimes 4a = 12b = \begin{array}{c} 4a \\ 1a \oplus 3a \\ 4a \end{array}$$

4.3.4 $\mathbb{F}_3 \mathcal{S}_6 \,\&\, \mathbb{F}_3 \hat{\mathcal{S}}_6$

Die symmetrische Gruppe hat die Ordnung $|\mathcal{S}_6| = 720 = 2^4 \cdot 3^2 \cdot 5$. Weiter gibt es in diesem Fall nur eine Schursche Überlagerung.

- $\mathbb{F}_3 \mathcal{S}_6$ hat einen Block mit Defekt 2. Der Ext-Köcher hat die folgende Gestalt:

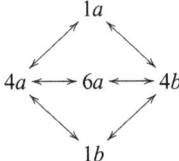

- $\mathbb{F}_3\hat{\mathcal{S}}_6$ hat einen zusätzlichen Block mit Defekt 2. Der Ext-Köcher hat die folgende Gestalt:

$$4c \circlearrowleft \longleftrightarrow 12a$$

Wir haben also vier Tensorprodukte zu betrachten. Wir haben folgenden $\mathbb{F}_3\mathcal{S}_6$- bzw. $\mathbb{F}_3\hat{\mathcal{S}}_6$-Modul mit nicht-trivialer erster Kohomologiegruppe:

$$24a = \begin{matrix} 4ab \\ 1ab \oplus 6a \\ 4ab \end{matrix}$$

In den Produkten kommen nun die folgenden Summanden mit nicht-trivialer Kohomologie vor:
- $4a \oplus 4b \mid 4c \otimes 4c$
- $24a \mid 4a \otimes 6a \cong 4b \otimes 6a, 4c \otimes 12a$

4.3.5 $\mathbb{F}_9\mathcal{A}_7$

Die Gruppe hat die Ordnung $|\mathcal{A}_7| = 2520 = 2^3 \cdot 3^2 \cdot 5 \cdot 7$.

$\mathbb{F}_9\mathcal{A}_7$ hat einen Block mit Defekt 2 und einen mit Defekt 1. Der Ext-Köcher hat die folgende Gestalt:

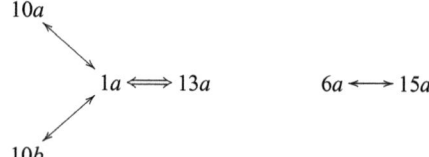

Wir haben also nur ein Produkt zu betrachten. Wir haben folgenden Modul mit nicht-trivialer erster Kohomologiegruppe:

$$69a = \begin{matrix} 10ab \oplus 13a \\ 1a^3 \\ 10ab \oplus 13a \end{matrix} \quad \text{und es ist} \quad 69a \mid 6a \otimes 15a.$$

4.3.6 $\mathbb{F}_3\mathcal{S}_7 \,\&\, \mathbb{F}_3\hat{\mathcal{S}}_7$

Die symmetrische Gruppe hat die Ordnung $|\mathcal{S}_7| = 5040 = 2^4 \cdot 3^2 \cdot 5 \cdot 7$.

- $\mathbb{F}_3\mathcal{S}_7$ hat einen Block mit Defekt 2 und zwei Blöcke mit Defekt 1. Der Ext-Köcher hat die folgende Gestalt:

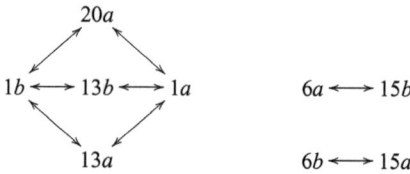

- $\mathbb{F}_3\hat{\mathcal{S}}_7$ hat einen zusätzlichen Block mit Defekt 2. Der Ext-Köcher hat die folgende Gestalt:

$$8a \overset{\curvearrowleft}{\longleftrightarrow} 12a$$

Wir haben also sechs Produkte zu betrachten. Die Moduln mit nicht-trivialer erster Kohomologiegruppe haben folgende Gestalt:

$$69b = \begin{matrix} 13b \oplus 20a \\ 1ab^2 \\ 13b \oplus 20a \end{matrix} \qquad 48a = \begin{matrix} 20a \\ 1ab \\ 13ab \end{matrix}$$

Diese Moduln kommen in den Produkten wie folgt vor:

- $20a \mid 8a \otimes 8a$

- $69b \mid 6a \otimes 15b \cong 6b \otimes 15a$

- $48a \mid 8a \otimes 12a$

4.3.7 $\mathbb{F}_9\mathcal{A}_8$

Die Gruppe hat die Ordnung $|\mathcal{A}_8| = 20160 = 2^6 \cdot 3^2 \cdot 5 \cdot 7$.

$\mathbb{F}_9\mathcal{A}_8$ hat einen Block mit Defekt 2 und einen Block mit Defekt 1. Der Ext-Köcher hat die folgende Gestalt:

$$\begin{array}{ccccc} 1a & \longleftrightarrow & 35a & \longleftrightarrow & 28a \qquad \overset{\curvearrowleft}{21a} \\ \updownarrow & & \updownarrow & & \\ 13a & \longleftrightarrow & 7a & & \end{array}$$

Wir haben also vier Produkte zu betrachten. Die Moduln mit nicht-trivialer erster Kohomologiegruppe haben folgende Gestalt:

$$91a = \begin{matrix} 28a \\ 35a \\ 28a \end{matrix} \qquad 111a = \begin{matrix} 13a \oplus 35a \\ 1a \oplus 7a^2 \\ 13a \oplus 35a \end{matrix}$$

Diese Moduln kommen in den Produkten wie folgt vor:

- $35a \mid 7a \otimes 35a, 28a \otimes 35a$

- $91a \mid 7a \otimes 13a$

- $111a \mid 21a \otimes 21a$

4.3.8 $\mathbb{F}_3\mathcal{S}_8 \,\&\, \mathbb{F}_9\hat{\mathcal{S}}_8$

Die symmetrische Gruppe hat die Ordnung $|\mathcal{S}_8| = 40320 = 2^7 \cdot 3^2 \cdot 5 \cdot 7$.

- $\mathbb{F}_3 \mathcal{S}_8$ hat zwei Blöcke mit Defekt 2 und einen Block mit Defekt 1. Der Ext-Köcher hat die folgende Gestalt:

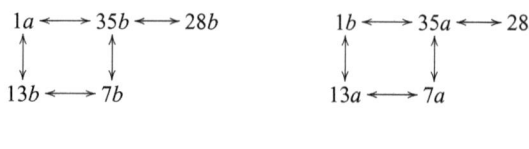

$$21a \longleftrightarrow 21b$$

- $\mathbb{F}_9 \hat{\mathcal{S}}_8$ hat einen Block mit Defekt 2 und einen weiteren Block mit Defekt 1. Der Ext-Köcher hat folgende Gestalt:

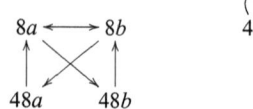

Man beachte, dass $8b^* \cong 8a$ ist. Ansonsten sind alle einfachen Moduln selbstdual.

Wir haben also 11 Produkte zu betrachten. Die $\mathbb{F}_3 \mathcal{S}_8$- bzw. $\mathbb{F}_9 \hat{\mathcal{S}}_8$-Moduln mit nicht-trivialer erster Kohomologiegruppe haben die folgende Gestalt:

$$91a = \begin{matrix} 28b \\ 35b \\ 28b \end{matrix} \qquad 111a = \begin{matrix} 13b \oplus 35b \\ 1a \oplus 7b^2 \\ 13b \oplus 35b \end{matrix} \qquad 147a = \begin{matrix} 35b \\ 1a \oplus 7b \oplus 28b \\ 13b \oplus 35b \\ 28b \end{matrix}$$

Diese Moduln kommen dabei wie folgt vor:

- $35b \mid 7a \otimes 35a \cong 7b \otimes 35b,\ 28a \otimes 35a \cong 28b \otimes 35b,\ 8a \otimes 8b$
- $91a \mid 7a \otimes 13a \cong 7b \otimes 13b$
- $111a \mid 21a \otimes 21b,\ 48c \otimes 48c$
- $147a \mid 8a \otimes 48a \cong 8b \otimes 48b$

4.3.9 $\mathbb{F}_3 \mathcal{S}_{10}$

Die Gruppe hat Ordnung $|\mathcal{S}_{10}| = 3628800 = 2^8 \cdot 3^4 \cdot 5^2 \cdot 7$

$\mathbb{F}_3 \mathcal{S}_{10}$ hat einen Block mit Defekt 4 und zwei Blöcke mit Defekt 2. Wir betrachten hier nur die Blöcke vom Defekt zwei. Diese Blöcke sind nach [64] Morita-äquivalent zum Hauptblock von $\mathbb{F}_3 \mathcal{S}_8$. Damit haben diese Blöcke die folgenden Ext-Köcher:

$$\begin{array}{ccc} 9a \longleftrightarrow 126a \longleftrightarrow 90a \\ \updownarrow \qquad \updownarrow \\ 279b \longleftrightarrow 36b \end{array} \qquad \begin{array}{ccc} 9b \longleftrightarrow 126b \longleftrightarrow 90b \\ \updownarrow \qquad \updownarrow \\ 279a \longleftrightarrow 36a \end{array}$$

4.3. Rechnerische Ergebnisse

Nach Knörr, man vergleiche Satz 3.1.1 in [74], sind die Vertizes aller einfachen Moduln eines Blocks mit abelschem Defekt gleich der Defektgruppe des Blocks. Also haben in diesem Fall alle einfachen Moduln der beiden betrachteten Blöcke $C_3 \times C_3$ als Vertex.

Wir haben also 10 Produkte zu betrachten. Die $\mathbb{F}_3 \mathcal{S}_{10}$-Moduln mit nicht-trivialer erster Kohomologiegruppe haben folgende Gestalt:

$$306b = \begin{matrix} 41b \\ 224b \\ 41b \end{matrix} \qquad 882a = \begin{matrix} 84a \oplus 224a \\ 1a \oplus 41a \oplus 224b \\ 84a \oplus 224a \end{matrix} \qquad 1116a = \begin{matrix} 41a \\ 1b \oplus 34a \oplus 84a \oplus 224b \\ 1a \oplus 41a^3 \oplus 224a \\ 1b \oplus 34a \oplus 84a \oplus 224b \\ 41a \end{matrix}$$

Diese Moduln kommen dabei wie folgt vor:

- $306b \mid 9a \otimes 279b \cong 9b \otimes 279a$

- $882a \mid 9a \otimes 126a \cong 9b \otimes 126b, 90a \otimes 126a \cong 90b \otimes 126b, 36b \otimes 126a \cong 36a \otimes 126b$

- $1116a \mid 36b \otimes 279b \cong 36a \otimes 279a$

4.3.10 $\mathbb{F}_3 \mathcal{S}_{11}$

Die Gruppe hat die Ordnung $|\mathcal{S}_{11}| = 39916800 = 2^8 \cdot 3^4 \cdot 5^2 \cdot 7 \cdot 11$.

Um eine Zuordnung zwischen den einfachen Moduln und den 3-regulären Partitionen herzustellen, reichen hier die Dimensionen der Moduln.

$\mathbb{F}_3 \mathcal{S}_{11}$ hat zwei Blöcke mit Defekt 4, einen mit Defekt 2 und einen Block mit Defekt 1. Wir wollen hier nur den Block mit Defekt 2 betrachten. Der Ext-Köcher dieses Blocks mit Defekt zwei sieht folgendermaßen aus:

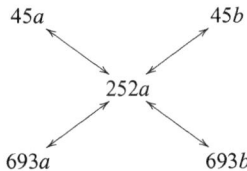

Wie schon im Fall $\mathbb{F}_3 \mathcal{S}_{10}$ haben auch hier alle einfachen Moduln des Blocks den Vertex $C_3 \times C_3$.

Wir haben also 4 Produkte zu betrachten. In diesen kommt nur ein unzerlegbarer Modul mit nicht-trivialer erster Kohomologiegruppe vor:

$$3816a = \begin{matrix} 120a \oplus 714a \oplus 791a \\ 1a^2 \oplus 34a \oplus 210a \oplus 320a \\ 120a \oplus 714a \oplus 791a \end{matrix}$$

Dieser Modul kommt in allen vier Produkten vor.

$$3816a \mid 45a \otimes 252a \cong 45b \otimes 252a, 693a \otimes 252a \cong 693b \otimes 252a$$

Da es im Allgemeinen nicht leicht ist, geeignete Kondensationsuntergruppen und Erzeuger der zugehörigen Kondensationsalgebren zu finden, wurde hier keine Fixpunktkondensation angewandt. Mit der Greenkorrespondenz war es dennoch möglich, kleinere Moduln zu betrachten und die gewünschten Moduln zu bestimmen.

Im Folgenden wird beschrieben, wie dabei praktisch vorgegangen wurde. Es sei B_0 der Hauptblock von $\mathbb{F}_3 \mathcal{S}_{11}$ und e das zugehörige Blockidempotent.

(i) Zerlegung von $(45a \otimes 252a)e$.

Wie in Bemerkung 4.2.8 angemerkt, müssen wir nur den Hauptblockanteil des Moduls betrachten. Dazu wurde auf den Modul $45a \otimes 252a$ das Programm chop angewandt und dann das Programm pwkond benutzt. Mittels zsp wurde dann $(45a \otimes 252a)e$ erzeugt. Dieser Modul der Dimension 4950 wurde anschließend in unzerlegbare Summanden zerlegt. Man erhält die Zerlegung:

$$(45a \otimes 252a)e = 1134a \oplus 3816a.$$

(ii) Bestimmung des Moduls in $45a \otimes 252a$ mit nicht-trivialer Kohomologie.

Das Programm ProblCohom liefert $\mathrm{Ext}^1_{k\mathcal{S}_{11}}(k, 1134a) = 0$. Und somit ist

$$\dim_k(\mathrm{Ext}^1_{k\mathcal{S}_{11}}(k, 3816a)) = 1.$$

Mit den nun folgenden Schritten werden wir mit Hilfe der Greenkorrespondenz zeigen, dass $3816a \mid 693a \otimes 252a \cong 693b \otimes 252a$ ist.

(iii) Bestimmung der Greenkorrespondenten.

Nach Knörr, Satz 3.1.1 in [74], sind die Vertizes aller einfachen Moduln eines Blocks mit abelschem Defekt gleich der Defektgruppe des Blocks. Mit den Programmen von Zimmermann, man siehe [74], finden wir, dass $P := \langle (1,2,3), (4,5,6) \rangle$ ein Vertex von $45a$ ist. Also ist P auch eine Defektgruppe des Blocks vom Defekt 2. Weiter sei $N := N_{\mathcal{S}_{11}}(P)$ und es sei $f = f(\mathcal{S}_{11}, N, P)$ die entsprechende Greenkorrespondenz. Zunächst wurden die kN-Moduln $f(45a), f(252a), f(693a)$ bestimmt. Dazu wurde wie folgt vorgegangen. Zuerst wurden die einfachen Moduln auf N eingeschränkt und eine Zerlegung in Unzerlegbare bestimmt. Mit den Programmen von Zimmermann wurden dann von diesen Moduln die Vertizes bestimmt. Mit einem Satz von Burry und Carlson, Theorem 4.6, Kapitel 4, in [55], konnten damit die Greenkorrespondenten der einfachen Moduln bestimmt werden.

Weiter gilt $\mathrm{vx}(3816a) \leq P$. Da $3816 = 2^3 \cdot 3^2 \cdot 53$ ist, folgt mit Theorem 7.5, Kapitel 4, in [55], dass $\mathrm{vx}(3816a) = P$ ist. Da die Zerlegung von $\mathrm{Res}^{\mathcal{S}_{11}}_N(3816a)$ mit dem Rechner nicht bestimmt werden konnte, konnte so auch nicht direkt $f(3816a)$ bestimmt werden. Wie $f(3816a)$ dennoch bestimmt werden konnte, wollen wir im Folgenden erläutern.

Aus weiteren Berechnungen findet man einen kN-Modul $12a$ mit folgenden Eigenschaften:

- $12a \mid f(45a) \otimes f(252a), f(693a) \otimes f(252a)$,
- $\mathrm{vx}(12a) = P$,
- $\mathrm{Ext}^1_{kN}(k, 12a) \cong k$.

Nach Lemma 5.7, Kapitel III, in [21] ist damit $f^{-1}(12a) \mid 45a \otimes 252a$, und nach Corollary 5.1.19 in [44] ist

$$\mathrm{Ext}^1_{k\mathcal{S}_{11}}(k, f^{-1}(12a)) \cong \mathrm{Ext}^1_{kN}(k, 12a) \cong k.$$

Damit muss mit den Ergebnissen aus (i) und (ii) dann $f^{-1}(12a) \cong 3816a$ sein.

(iv) Bestimmung des Moduls in $693a \otimes 252a$ mit nicht-trivialer Kohomologie.
Mit den obigen Resultaten und mit Lemma 5.7, Kapitel III, in [21] ist nun
$$3816a \mid 693a \otimes 252a \cong 693b \otimes 252a,$$
was uns das Ergebnis in diesem Fall liefert.

4.3.11 $\mathbb{F}_9 L_3(4)$

Die Gruppe hat die Ordnung $|L_3(4)| = 20160 = 2^6 \cdot 3^2 \cdot 5 \cdot 7$.

Um den Ext-Köcher zu bestimmen, wurde das Tensorprodukt $45a \otimes 45b$ betrachtet. Dort kommen die PIMs zu allen einfachen $\mathbb{F}_9 L_3(4)$-Moduln vor, so dass man nach Berechnung der Radikalreihen der PIMs den Ext-Köcher bestimmen kann.

$\mathbb{F}_9 L_3(4)$ hat einen Block mit Defekt 2. Der Ext-Köcher hat die folgende Gestalt:

$$\begin{array}{ccc} & 15a \qquad\qquad 15b & \\ & \nwarrow \qquad \nearrow & \\ 1a \Longleftrightarrow & 19a & \longleftrightarrow 15c \end{array}$$

Wir haben also drei Produkte zu betrachten. Es gibt drei Moduln mit nicht-trivialer erster Kohomologiegruppe:

$$69a = \begin{array}{c} 19a \\ 1a \oplus 15bc \\ 19a \end{array} \qquad 69b = \begin{array}{c} 19a \\ 1a \oplus 15ac \\ 19a \end{array} \qquad 69c = \begin{array}{c} 19a \\ 1a \oplus 15ab \\ 19a \end{array}$$

Diese Moduln kommen in den Produkten wie folgt vor:

- $69a \mid 15a \otimes 19a$
- $69b \mid 15b \otimes 19a$
- $69c \mid 15c \otimes 19a$

4.3.12 $\mathbb{F}_9 U_3(5)$

Die Gruppe hat die Ordnung $|U_3(5)| = 126000 = 2^4 \cdot 3^2 \cdot 5^3 \cdot 7$.

Es wurden die Tensorprodukte $20a \otimes 126a$ und $28c \otimes 84a$ betrachtet, um den Ext-Köcher zu bestimmen.

$\mathbb{F}_9 U_3(5)$ hat einen Block mit Defekt 2 und einen Block mit Defekt 1. Der Ext-Köcher hat die folgende Gestalt:

$$\begin{array}{ccc} 28a \qquad\qquad 28b & & 21a \longleftrightarrow 84a \\ \searrow \qquad \swarrow & & \\ 1a \longleftarrow 20a \longleftarrow 28c & & \end{array}$$

Wir haben also vier Produkte zu betrachten. Es gibt einen Modul mit nicht-trivialer erster Kohomologiegruppe:

$$165a = \begin{array}{c} 20a^2 \\ 1a \oplus 28abc \\ 20a^2 \end{array}$$

Die Moduln kommen wie folgt in den Produkten vor:

- $20a \mid 20a \otimes 28a \cong 20a \otimes 28b \cong 20a \otimes 28c$
- $165a \mid 21a \otimes 84a$

4.3.13 $\mathbb{F}_3 M_{11}$

Die Gruppe hat die Ordnung $|M_{11}| = 7920 = 2^4 \cdot 3^2 \cdot 5 \cdot 11$.

$\mathbb{F}_3 M_{11}$ hat einen Block vom Defekt 2. Der Ext-Köcher hat folgende Gestalt:

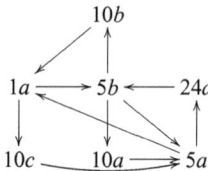

Die folgenden einfachen Moduln sind nicht selbstdual: $5a^* \cong 5b$, $10b^* \cong 10c$.

Wir erhalten folgende Moduln mit nicht-trivialer Kohomologiegruppe:

$$50a = \begin{matrix} 24a \\ 5b \\ 5a \oplus 10b \\ 1a \\ 5b \end{matrix} \qquad 75a = \begin{matrix} 5b \oplus 24a \\ 5b \\ 5a \oplus 10ab \\ 1a \\ 5b \oplus 10c \end{matrix}$$

Einige der Ergebnisse sind aus [69] schon bekannt. Die Moduln kommen wie folgt vor:

- $10c \mid 5a \otimes 5a$, man vergleiche auch Lemma 6.8 in [69].
- $50a \mid 5a \otimes 10a$, man vergleiche auch Lemma 6.14 in [69].
- $5b \mid 5a \otimes 10b$, man vergleiche auch Lemma 6.14 in [69].
- $75a \mid 5b \otimes 24a$

4.3.14 $\mathbb{F}_9 M_{22}$

Die Ordnung der Gruppe ist $|M_{22}| = 443520 = 2^7 \cdot 3^2 \cdot 5 \cdot 7 \cdot 11$.

$\mathbb{F}_9 M_{22}$ hat einen Block mit Defekt 2 und einen Block mit Defekt 1. Der Ext-Köcher hat folgende Gestalt:

$$55a \longleftrightarrow 49a \qquad\qquad 21a \longleftrightarrow 210a$$
$$49b \longleftrightarrow 1a \longrightarrow 231a$$

Die folgenden einfachen Moduln sind nicht selbstdual: $49a^* \cong 49b$.

4.3. Rechnerische Ergebnisse

Wir haben also fünf Produkte zu betrachten. Wir erhalten folgende Moduln mit nicht-trivialer erster Kohomologiegruppe:

$$483a = \begin{matrix} 49ab \\ 1a \oplus 55a \oplus 231a \\ 49ab \end{matrix} \qquad 714a = \begin{matrix} 49ab \\ 1a \oplus 55a \oplus 231a^2 \\ 49ab \end{matrix}$$

Die Moduln kommen wie folgt vor:

- $49b \mid 49a \otimes 55a$ bzw. $49a \mid 49b \otimes 55a$
- $483a \mid 49a \otimes 231a \cong 49b \otimes 231a$
- $714a \mid 21a \otimes 210a$

Um die Tensorprodukte $49a \otimes 231a$ und $49b \otimes 231a$ zu zerlegen, wurde Fixpunktkondensation genutzt. Bei diesen Produkten gab es jeweils nur einen nicht-projektiven Modul aus dem Hauptblock.

4.3.15 $\mathbb{F}_9 M_{23}$

Die Ordnung der Gruppe ist $|M_{23}| = 10200960 = 2^7 \cdot 3^2 \cdot 5 \cdot 7 \cdot 11 \cdot 13$.

$\mathbb{F}_9 M_{23}$ hat einen Block mit Defekt 2 und einen Block mit Defekt 1. Der Ext-Köcher hat die folgende Gestalt:

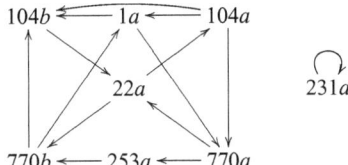

Die folgenden einfachen Moduln sind nicht selbstdual: $104a^* \cong 104b$, $770a^* \cong 770b$.
Wir haben also 6 Produkte zu betrachten. Wir erhalten folgende Moduln mit nicht-trivialer erster Kohomologiegruppe:

$$1253a = \begin{matrix} 104b \\ 22a \\ 104a \\ 770a \\ 253a \end{matrix} \qquad 1666a = \begin{matrix} 770a \\ 22a \\ 104a \\ 770a \end{matrix}$$

$$2815a = \begin{matrix} 104b \oplus 770a \\ 22a^2 \oplus 253a \\ 104a \oplus 770b \\ 770a \end{matrix} \qquad 5586a = \begin{matrix} 104a \oplus 770ab \\ 1a \oplus 22a \oplus 104b^2 \oplus 770a \\ 22a^3 \oplus 253a \\ 104a^2 \oplus 770b^2 \\ 104b \oplus 770a \end{matrix}$$

Die Moduln kommen wie folgt vor:

- $770a \mid 22a \otimes 770b, 253a \otimes 770b$
- $1253a \mid 22a \otimes 104a$

- $1666a \mid 104b \otimes 104b$
- $2815a \mid 104b \otimes 770a$
- $5586a \mid 231a \otimes 231a$

Für die Zerlegung der Moduln $104b \otimes 104b, 104b \otimes 770a, 253a \otimes 770b$ und $231a \otimes 231a$ wurde Fixpunktkondensation benutzt. $\mathbb{F}_9 M_{23}$ hat die zwei einfachen projektiven Moduln $45a$ und $45b$ mit $45a^* \cong 45b$. Die Dimension des PIMs zum trivialen Modul ist $2025 = 45^2$, damit muss dann $45a \otimes 45b \cong P(1a)$ sein. Damit konnte, durch Kondensation des Produktes $45a \otimes 45b$, die Kondensation des PIMs zum trivialen Modul realisiert werden.

4.3.16 $\mathbb{F}_3 HS$

Die Ordnung der Gruppe ist $|HS| = 44352000 = 2^9 \cdot 3^2 \cdot 5^3 \cdot 7 \cdot 11$.

$\mathbb{F}_3 HS$ hat zwei Blöcke mit Defekt 2 und einen Block mit Defekt 1. Der Ext-Köcher hat folgende Gestalt:

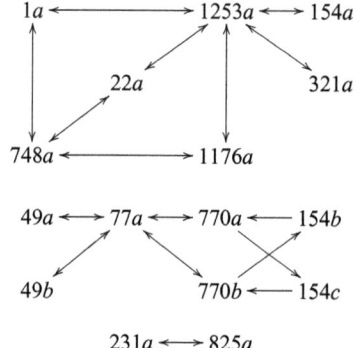

Die folgenden einfachen Moduln sind nicht selbstdual: $49a^* = 49b, 770a^* \cong 770b$.

Wir haben also 13 Produkte zu betrachten. Wir erhalten folgende Moduln mit nicht-trivialer erster Kohomologiegruppe:

$$1561a = \begin{matrix} 154a \\ 1253a \\ 154a \end{matrix} \qquad 2750a = \begin{matrix} 321a \\ 1253a \\ 1176a \end{matrix}$$

$$3858a = \begin{matrix} 1253a \\ 22a \oplus 154a \oplus 1176a \\ 1253a \end{matrix} \qquad 6720a = \begin{matrix} 1253a \oplus 748a \\ 1a \oplus 22a^2 \oplus 321a \oplus 1176a^2 \\ 1253a \oplus 748a \end{matrix}$$

Die Moduln kommen wie folgt vor:

- $1253a \mid 22a \otimes 1253a, 154a \otimes 1253a, 49a \otimes 77a \cong 49b \otimes 77a$
- $1561a \mid 22a \otimes 748a$
- $3858a \mid 321a \otimes 1253a, 748a \otimes 1176a, 1176a \otimes 1253a$

- $2750a \mid 77a \otimes 770a \cong 77a \otimes 770b, 154b \otimes 770b \cong 154c \otimes 770a$

- $6720a \mid 231a \otimes 825a$

Nur bei $49a \otimes 77a$ brauchte keine Fixpunktkondensation angewandt werden.

Um die direkten Summanden mit nicht-trivialer Kohomologie bei den kondensierten Produkten zu bestimmen, wurden mit der MeatAxe die entsprechenden Homomorphismen berechnet. Der dazu benötigte PIM zum trivialen Modul wurde dabei aus einer Permutationsdarstellung auf den Nebenklassen einer Untergruppe der Ordnung 2000, dies ist die Gruppe mit der Nummer 567 aus den Markentafeln, TableOfMarks, von HS in GAP, gewonnen.

4.4 Theoretische Ergebnisse

Ab jetzt betrachten wir den Fall $A = k\mathcal{S}_n$, und es sei (K, R, k) ein p-modulares Zerfällungssystem für $k\mathcal{S}_n$. Wir stellen in diesem Abschnitt einige Ergebnisse zu ein paar Spezialfällen vor. Wir bestimmen für einige Tensorprodukte explizit die unzerlegbaren Summanden die ein nicht-trivialer erste Kohomologiegruppe besitzen. Zuerst betrachten wir gewisse Produkte von einfachen Moduln, die zu Hakenpartitionen korrespondieren, im Fall $p \mid n$ und $5 \leq p$. Abschließend wenden wir uns einfachen Moduln zu, die in Blöcken mit sehr kleinem Defekt liegen. Dies machen wir aber nur für $p \in \{2,3\}$. In den betrachteten Fällen sind die nicht-trivialen ersten Kohomologiegruppen zwischen zwei einfachen Moduln eindimensional, sodass jeweils genau ein direkter Summand mit nicht-trivialer erster Kohomologiegruppe in den entsprechenden Tensorprodukten vorkommt.

Wir verwenden auch hier die Notation aus Kapitel 3 für die einfachen Moduln zu Hakenpartitionen. Wir wollen zunächst Tensorprodukte der Form $D_{n,r} \otimes D_{n,r+1}$ im Fall $p \mid n$ betrachten. Dazu geben wir ein bekanntes Ergebnis über die ersten Kohomologiegruppen für diese Moduln an.

4.4.1 Lemma
Es sei $3 \leq p \mid n$ und $0 \leq r \leq n-2$. Dann gilt $\text{Ext}^1_{k\mathcal{S}_n}(D_{n,r}, D_{n,r+1}) \cong k$.
Beweis. Die Behauptung folgt mit Proposition 3.2 aus [42] und Satz 3.1.3. □

Was können wir nun über direkte Summanden von $D_{n,r} \otimes D_{n,r+1}$ mit nicht-trivialer erster Kohomologiegruppe aussagen? Mit Satz 3.1.17 folgt im Fall $p = 3$, dass $D_{n,1} \otimes D_{n,2}$ ein unzerlegbarer Modul mit nicht-trivialer erster Kohomologiegruppe sein muss. Für den Fall $5 \leq p$ und $0 \leq r \leq p-3$ kann folgende Aussage getroffen werden. Dabei schreiben wir $M \parallel N$, falls M genau einmal als direkter Summand von N vorkommt.

4.4.2 Lemma
Es sei $0 \leq r \leq p-3$ und $5 \leq p \mid n$, dann gilt:

$$D_{n,1} \parallel D_{n,r} \otimes D_{n,r+1}.$$

Dabei gilt nach Lemma 4.4.1: $\text{Ext}^1_{k\mathcal{S}_n}(k, D_{n,1}) \cong k$.
Beweis. Wir zeigen, dass $\text{Hom}_{k\mathcal{S}_n}(D_{n,1}, D_{n,r} \otimes D_{n,r+1})$ einen zerfallenden Homomorphismus hat. Dazu betrachten wir aber zuerst die Einschränkung des Produktes auf $\mathcal{S}_{n-1}$. Nach Bemerkung 3.1.8 gilt

$$\text{Res}^{\mathcal{S}_n}_{\mathcal{S}_{n-1}}(D_{n,r}) \cong D_{n-1,r} \tag{4.1}$$

für $0 \leq r \leq n-2$. Somit ist $\mathrm{Res}_{\mathcal{S}_{n-1}}^{\mathcal{S}_n}(D_{n,r} \otimes D_{n,r+1}) \cong D_{n-1,r} \otimes D_{n-1,r+1}$. Zunächst zeigen wir

$$\mathrm{Res}_{\mathcal{S}_{n-1}}^{\mathcal{S}_n}(D_{n,1}) = D_{n-1,1} \parallel D_{n-1,r} \otimes D_{n-1,r+1}. \tag{4.2}$$

Dies werden wir dann benutzen, um die ursprüngliche Aussage zu beweisen. Nach den Voraussetzungen und Lemma 2.1.9 folgt, dass die Moduln der Form $D_{n-1,r}$ Youngmoduln sind. Nun wenden wir die in Abschnitt 2.6 entwickelten Methoden an, um die Hilfsaussage (4.2) zu beweisen. Man hat die folgenden p-adischen Entwicklungen der entsprechenden Partitionen

$$\begin{aligned} [n-2,1] &= [p-2,1] + \ldots \\ [n-r-1,1^r] &= [p-r-1,1^r] + \ldots \\ [n-r-2,1^{r+1}] &= [p-r-2,1^{r+1}] + \ldots. \end{aligned}$$

Mit Satz 2.6.10 folgt nun, dass die entsprechenden einfachen Moduln zu den obigen Partitionen, die ja auch zugleich Youngmoduln sind, alle den gleichen Youngvertex $\mathcal{S}_\rho$ haben, wobei ρ gemäß Satz 2.6.10 gegeben ist. Mit Korollar 2.6.11 und der Greenkorrespondenz $f = f(\mathcal{S}_{n-1}, \mathcal{S}_\rho, N_{\mathcal{S}_{n-1}}(\mathcal{S}_\rho))$ gelten nun für die entsprechenden Greenkorrespondenten, hier als $k\mathcal{S}_\beta$-Moduln betrachtet, wobei T ein triviales Modul für $\mathcal{S}_{\beta_2} \times \cdots \times \mathcal{S}_{\beta_s}$ und β wie in 2.6.10 sei, folgende Isomorphien:

$$\begin{aligned} f(D_{n-1,1}) &\cong D_{p-1,1} \boxtimes T, \\ f(D_{n-1,r}) &\cong D_{p-1,r} \boxtimes T, \\ f(D_{n-1,r+1}) &\cong D_{p-1,r+1} \boxtimes T. \end{aligned}$$

Da $k\mathcal{S}_{p-1}$ halbeinfach ist, sind in diesem Fall die einfachen Moduln auch gleichzeitig Spechtmoduln, und wir können die entsprechenden gewöhnlichen Charaktere betrachten. Nach Bemerkung 3.1.9 gilt $(\zeta_{p-1,1}, \zeta_{p-1,r}\zeta_{p-1,r+1})_{\mathcal{S}_{p-1}} = 1$. Dies ist äquivalent zu der Aussage $D_{p-1,1} \parallel D_{p-1,r} \otimes D_{p-1,r+1}$. Mit der Greenkorrespondenz gemäß Korollar 2.6.11 folgt damit die Hilfsaussage (4.2).

Nun betrachten wir Homomorphismen, um die eigentliche Aussage beweisen. Wegen (4.1) gilt nun:

$$\mathrm{Hom}_{k\mathcal{S}_n}(D_{n,1}, D_{n,r} \otimes D_{n,r+1}) \leq \mathrm{Hom}_{k\mathcal{S}_{n-1}}(D_{n-1,1}, D_{n-1,r} \otimes D_{n-1,r+1}) =: H_1 \tag{4.3}$$

und

$$\mathrm{Hom}_{k\mathcal{S}_n}(D_{n,r} \otimes D_{n,r+1}, D_{n,1}) \leq \mathrm{Hom}_{k\mathcal{S}_{n-1}}(D_{n-1,r} \otimes D_{n-1,r+1}, D_{n-1,1}) =: H_2. \tag{4.4}$$

Da die einfachen Moduln selbstdual sind, gilt insbesondere $H_1 \cong H_2$. Aus Lemma 3.1.6 folgt, dass $D_{n-1,r}$ ein Modul mit trivialer Quelle ist mit gewöhnlichem Charakter $\zeta_{n,r}$. Nach Bemerkung 3.1.9 gilt:

$$(\zeta_{n-1,1}, \zeta_{n-1,r} \cdot \zeta_{n-1,r+1})_{\mathcal{S}_{n-1}} = 1.$$

Mit Satz 1.5.8 folgt damit dann $\dim_k(H_1) = 1 = \dim_k(H_2)$. Nach Bemerkung 3.1.16 ist die jeweilige linke Seite von (4.3) bzw. (4.4) nicht-trivial. Also folgt aus Dimensionsgründen jeweils die Gleichheit. Nach (4.2) gilt $D_{n-1,1} \mid D_{n-1,r} \otimes D_{n-1,r+1}$. Folglich existieren $0 \neq \varphi \in H_1$ und $0 \neq \psi \in H_2$ mit $0 \neq \psi \circ \varphi \in \mathrm{End}_{k\mathcal{S}_{n-1}}(D_{n-1,1}) \cong k$. Wegen der Gleichheit in (4.3) und (4.4) sind φ und ψ auch $k\mathcal{S}_n$-Homomorphismen. Also zerfällt φ auch als $k\mathcal{S}_n$-Homomorphismus. Damit folgt die Behauptung. □

4.4. Theoretische Ergebnisse

Die Aussage des Lemmas ist für $r \geq p-2$ im Allgemeinen nicht gültig. Im Fall $p \mid n$ und $r = p-2$ kann man nämlich folgende Aussage machen: $D_{n,1} \nmid D_{n,p-2} \otimes D_{n,p-1}$. Denn es ist $\mathrm{vx}(D_{n-1,p-1}) = \mathrm{Syl}_p(\mathcal{S}_{n-p-1})$ und $\mathrm{vx}(D_{n-1,1}) = \mathrm{Syl}_p(\mathcal{S}_{n-2})$ nach Satz 3.1.5; dabei bezeichne $\mathrm{Syl}_p(\mathcal{S}_m)$ eine p-Sylowgruppe von $\mathcal{S}_m$. Damit ist $|\mathrm{vx}(D_{n-1,p-1})| < |\mathrm{vx}(D_{n-1,1})|$. Also gilt $D_{n-1,1} \nmid D_{n-1,p-2} \otimes D_{n-1,p-1}$, und somit folgt die Aussage über $D_{n,1}$.

Für die nächste Bemerkung und das kommende Beispiel sei $p \leq n < 2p$, also liegt zyklischer Defekt vor. Wir benutzen die Notationen aus Abschnitt 3.3. Es sei also B ein Block von $k\mathcal{S}_n$ mit zyklischem Defekt, und es sei
$$\mathcal{P}(B) := \{\lambda^0 > \lambda^1 > \lambda^2 > \cdots > \lambda^{p-1}\}$$
die Menge der Partitionen, die zu den gewöhnlichen Charakteren von B korrespondieren.

4.4.3 Bemerkung
Es existiert genau ein D^μ aus dem Hauptblock von $k\mathcal{S}_n$ mit $\mathrm{Ext}^1_{k\mathcal{S}_n}(k, D^\mu) \cong k$.

Beweis. Aus den Zerlegungszahlen, 3.3.6, folgt, dass der 1-PIM den Brauercharakter $2\varphi_{D^{[n]}} + \varphi_{D^\mu}$ hat, für ein $\mu \vdash n$. Damit muss der 1-PIM uniseriell sein, und D^μ ist der zweite Kopf von $P(k)$. Nun folgt die Behauptung aus Satz 4.1.3. □

4.4.4 Beispiel
Es sei B ein Block von $k\mathcal{S}_n$ und $\mathcal{P}(B)$ wie in Lemma 3.3.8 gegeben. Weiter sei D der nach Bemerkung 4.4.3 eindeutig bestimmte einfache Modul aus dem Hauptblock $\mathrm{Ext}^1_{k\mathcal{S}_n}(k,D) \cong k$. Dann gilt:
$$D \parallel D^{\lambda^i} \otimes D^{\lambda^{i+1}},$$
für $0 \leq i \leq p-2$.

Beweis. Es sei $f = f(\mathcal{S}_n, N, P)$ die Greenkorrespondenz bezüglich $(\mathcal{S}_n, N, P)$. Es sei $\{\mu^0 > \mu^1 > \cdots > \mu^{p-1}\}$ die Menge der Partitionen die zu den gewöhnlichen Charakteren von B_0 korrespondieren. Nach Bemerkung 4.4.3 und Lemma 3.3.6 ist dann $D \cong D^{\mu^1}$. Mit Lemma 3.3.9 folgt:
$$f(D) = V(\phi_{B_0,2}, p-2) = V(\alpha^{p-2} 1_N, p-2). \tag{4.5}$$

Mit Lemma 2.1 und Satz 5.7, Kapitel III, [21] folgt
$$f(D^{\lambda^i} \otimes D^{\lambda^{i+1}}) \equiv f(D^{\lambda^i}) \otimes f(D^{\lambda^{i+1}})(\mathfrak{X}), \tag{4.6}$$

mit $\mathfrak{X} = \{\{1\}\}$. Wir wollen nun zeigen, dass
$$f(D) \mid f(D^{\lambda^i}) \otimes f(D^{\lambda^{i+1}}) \tag{4.7}$$

ist. Mit (4.6) wäre dann nämlich $f(D) \mid f(D^{\lambda^i} \otimes D^{\lambda^{i+1}})$, womit die Behauptung folgen würde. Wir wollen jetzt die Behauptung aus (4.7) zeigen. Dabei unterscheiden wir zwei Fälle:

- Es sei i gerade.
  Gemäß Lemma 3.3.9 und Lemma 2.1, Kapitel VIII, in [21] gilt
  $$f(D^{\lambda^i}) = V(\phi_{B,i}, i+1) = V(1_N, i+1) \otimes V(\phi_{B,i}, 1)$$
  und
  $$f(D^{\lambda^{i+1}}) = V(\phi_{B,i+1}, p-i-2) = V(1_N, p-i-2) \otimes V(\phi_{B,i+1}, 1).$$

Nun gilt nach Theorem 2.7, Kapitel VIII, in [21]:

$$V(1_N, p-2) \mid V(1_N, i+1) \otimes V(1_N, p-i-2). \tag{4.8}$$

Wie in Gleichung (3.12) müssen wir nur noch das Produkt $S^{\widetilde{\lambda}^{\otimes 2}}$ betrachten, wobei $\widetilde{\lambda} \vdash n-p$ der zu B gehörige p-Kern sei. Da $n-p < p$ ist, liegt der halbeinfache Fall vor, und es gilt $S^{[n-p]} \cong k \mid S^{\widetilde{\lambda}^{\otimes 2}}$. Somit folgt

$$V(\alpha^{p-2} 1_N, 1) \mid V(\phi_{B,i}, 1) \otimes V(\phi_{B,i+1}, 1) = V(\phi_{B,i} \phi_{B,i+1}, 1).$$

Mit den Greenkorrespondenten und (4.5) sowie (4.8) folgt nun insgesamt:

$$f(D) \mid f(D^{\lambda^i}) \otimes f(D^{\lambda^{i+1}}).$$

- Es sei i ungerade.
  Diesen Fall zeigt man analog zum ersten Fall.

Damit ist (4.7) gezeigt. Und mit der Greenkorrespondenz, und da die erste Kohomologoiegruppe eindimensional ist, folgt nun die Behauptung. □

Wir wollen für $p \in \{2, 3\}$ noch zwei Spezialfälle betrachten.

4.4.5 Bemerkung

Es sei k ein Körper der Charakteristik 2 und $4 \leq n$. Weiter sei B ein Block mit zyklischem Defekt von kS_n. Dann hat B nur einen einfachen modularen Modul D. Es gilt:

$$\dim_k(\mathrm{Ext}^1_{kS_n}(D, D)) = 1 = \dim_k(\mathrm{Ext}^1_{kS_n}(k, S(C_2)))$$

und $S(C_2) \cong Y^{[3, 1^{n-3}]} \parallel D^{\otimes 2}$, wobei $S(C_2)$ der Scottmodul zur Gruppe C_2 ist.

Beweis. Nach [64] ist B Morita-äquivalent zum Hauptblock von $S_2 = C_2$. Damit existiert genau ein modularer einfacher Modul D, der in B liegt, mit $\mathrm{Ext}^1_{kS_n}(D, D) \cong k$. Weiter ist D ein Youngmodul, da dieser Modul Blockanführer ist nach Lemma 2.1.9. Also hat D eine triviale Quelle. Mit Satz 1.5.4 folgt dann $S(C_2) \mid D^{\otimes 2}$. Nach Abschnitt 10 in [25] ist $S(C_2) \cong Y^{[3, 1^{n-3}]}$, und es gilt $\mathrm{Ext}^1_{kS_n}(k, Y^{[3, 1^{n-3}]}) \cong k$ nach Satz 12.4.2 in [14]. Insgesamt folgt die Behauptung. □

4.4.6 Bemerkung

Es sei k ein Körper der Charakteristik 3 und $5 \leq n$. Weiter sei B ein Block von kS_n mit Defekt 1, und es seien $D^{\lambda^1}, D^{\lambda^2}$ die einfachen Modulen des Blocks. Dann gilt:

$$\mathrm{sgn} \otimes Y^{[4, 1^{n-4}]} \parallel D^{\lambda^1} \otimes D^{\lambda^2}$$

und $\dim_k(\mathrm{Ext}^1_{kS_n}(k, \mathrm{sgn} \otimes Y^{[4, 1^{n-4}]})) = 1$.

Beweis. Es sei λ der 3-Kern, der zu B gehört, und $\{\lambda^1, \lambda^2, \lambda^3\}$ seien die Partitionen zu den gewöhnlichen Charakteren die in B liegen. Ohne Einschränkung seien $\lambda^1 := [\lambda_1 + 3, \lambda_2, \ldots]$ und $\lambda^3 := [\lambda_1, \lambda_2, \ldots, 1^3]$. Aus Lemma 2.3 in [12] folgt $\mathrm{Ext}^1_{kS_n}(k, \mathrm{sgn} \otimes Y^\mu) \neq 0$ genau dann, wenn $\mu = [4, 1^{n-4}]$ ist. In diesem Fall ist $\dim_k(\mathrm{Ext}^1_{kS_n}(k, \mathrm{sgn} \otimes Y^{[4, 1^{n-4}]})) = 1$. Da zyklischer Defekt vorliegt, hat der Block B nach Lemma 3.3.6 folgende Zerlegungsmatrix:

	λ^1	λ^2
λ^1	1	·
λ^2	1	1
λ^3	·	1

Also ist $D^{\lambda^2} \cong \mathrm{sgn} \otimes Y^{(\lambda^2)'}$ nach Proposition 1.1 in [32]. Und da $D^{\lambda^1} \cong Y^{\lambda^1}$ ist, ist damit jeder direkte unzerlegbare Summand von $D^{\lambda^1} \otimes D^{\lambda^2}$ isomorph zu einem Modul der Form $\mathrm{sgn} \otimes Y^\nu$ für ein $\nu \vdash n$. Die Behauptung folgt nun mit $\dim_k(\mathrm{Ext}^1_{kS_n}(D^{\lambda^1}, D^{\lambda^2})) = 1$. □

Anhang A

Spezies verallgemeinerter Youngringe

In diesem Teil des Anhangs wollen wir uns mit dem Unterring von $A(\mathcal{S}_n)$ beschäftigen, der von den verallgemeinerten Youngmoduln erzeugt wird. Wir werden feststellen, dass dieser Ring, wie der Youngring, eine endlich-dimensionale, halbeinfache und kommutative $\mathbb{C}$-Algebra ist. Die Hauptanliegen dieses Kapitels sind zum einen, einige Eigenschaften verallgemeinerter Youngmoduln anzugeben, und zum anderen, die Präsentation der im Zuge dieser Arbeit berechneten Tafeln der Spezies dieser Ringe in Charakteristik drei für $3 \leq n \leq 8$.

Im ersten Abschnitt werden wir Donkins Parametrisierung der verallgemeinerten Youngmoduln sowie die dazu benötigten Notationen und einige wichtige Resultate zu diesen Moduln angeben. Ein interessantes Ergebnis von Hemmer über verallgemeinerte Youngmoduln ist zum Beispiel, dass einfache Spechtmoduln verallgemeinerte Youngmoduln sind.

Gegenstand des zweiten Abschnitts sind die theoretischen Grundlagen und die benutzten Methoden sowie deren praktische Umsetzung, die den durchgeführten Rechnungen zu den Spezies der betrachteten Ringe zu Grunde liegen. Wir beenden diesen Abschnitt mit einer Vermutung über die Werte, die die Spezies dieser Ringe annehmen.

Im letzten Abschnitt werden die berechneten Spezies angegeben.

A.1 Verallgemeinerte Youngringe

Da wir uns in diesem Abschnitt mit verallgemeinerten Youngmoduln beschäftigen, wollen wir annehmen, dass der zugrundeliegende Körper k von ungerader Charakteristik ist. Weiter sei $1 \leq n \in \mathbb{N}$. Donkin untersucht in seiner Arbeit [20] die verallgemeinerten Youngmoduln. Er bestimmt die Anzahl der Isomorphietypen verallgemeinerter Youngmoduln sowie deren Vertizes und Greenkorrespondenten. Des Weiteren gibt er eine Parametrisierung dieser Moduln an. Wir sind dabei vor allem an dieser Parametrisierung interessiert, da sie uns in die Lage versetzt, alle verallgemeinerten Youngmoduln zu konstruieren. Bevor wir diese Ergebnisse zitieren, benötigen wir etwas Vorlauf. Eine *Komposition* von n ist eine endliche Folge $\lambda = [\lambda_1, \ldots, \lambda_l]$ von natürlichen Zahlen mit $\sum_{i=1}^{l} \lambda_i = n$. Donkins Parametrisierung der verallgemeinerten Youngmoduln benutzt gewisse Kompositionen von n der Länge $2n$. Um diese Parametrisierung anzugeben, wollen wir die folgenden Annahmen treffen sowie einige Notationen einführen.

A.1.1 Bezeichnungen

Alle Partitionen für ein $s \leq n$ werden als Partitionen von s der Länge n aufgefasst, wobei fehlende Stellen mit Nullen aufgefüllt werden. Die leere Partition sei $\emptyset := [0^n]$. Ist $n = l + m$ und $\lambda = [\lambda_1, \ldots, \lambda_n] \vdash l$ und

$\mu = [\mu_1, \ldots, \mu_n] \vdash m$, so sei $(\lambda \mid \mu) := [\lambda_1, \ldots, \lambda_n, \mu_1, \ldots, \mu_n]$; dies ist eine Komposition von n. Sind λ und μ zwei Kompositionen von n der Länge $2n$, so schreiben wir $\lambda \trianglerighteq \mu$, falls $\sum_{i=1}^{j} \lambda \geq \sum_{i=1}^{j} \mu_i$ ist, für alle $1 \leq j \leq 2n$. Weiter sei $\Lambda(n,p) := \{(\sigma \mid p\tau) : \sigma \vdash s, \tau \vdash t \text{ und } n = s + pt, s, t \in \mathbb{N}\}$.

Nun haben wir alles zusammen, um eine Parametrisierung der verallgemeinerten Youngmoduln anzugeben. Wir erinnern an dieser Stelle, dass die verallgemeinerten Youngpermutationsmoduln und die verallgemeinerten Youngmoduln in 2.1.12 definiert wurden.

A.1.2 Satz (Donkin)
Jeder verallgemeinerte Youngmodul ist absolut unzerlegbar. Es gibt eine Parametrisierung der Isomorphieklassen der unzerlegbaren verallgemeinerten Youngmoduln von $k\mathcal{S}_n$ durch die Elemente von $\Lambda(n,p)$, $(\sigma \mid p\tau) \mapsto Y(\sigma \mid p\tau)$, sodass Folgendes erfüllt ist:

(i) Die Menge $\{Y(\sigma \mid p\tau) : (\sigma \mid p\tau) \in \Lambda(n,p)\}$ ist eine vollständige Menge paarweise nicht isomorpher verallgemeinerter Youngmoduln.

(ii) Sind $n = l + m$ und $\lambda \vdash l$ und $\mu \vdash m$, dann gilt

$$M(\lambda \mid \mu) \cong \bigoplus_{(\sigma \mid p\tau) \in \Lambda(n,p)} d_{\lambda,\mu}^{\sigma,\tau} Y(\sigma \mid p\tau), \quad \text{für gewisse } d_{\lambda,\mu}^{\sigma,\tau} \in \mathbb{N}.$$

(iii) Ist $n = l + pm$ und $\lambda \vdash l$ und $\mu \vdash m$. Dann gilt:

$$M(\sigma \mid p\tau) \cong Y(\sigma \mid p\tau) \oplus C(\lambda \mid p\mu),$$

wobei alle unzerlegbaren Summanden von $C(\lambda \mid p\mu)$ verallgemeinerte Youngmoduln zu Kompositionen $(\lambda \mid p\mu)$ mit $(\lambda \mid p\mu) \triangleright (\sigma \mid p\tau)$ sind.

Beweis. Dass die verallgemeinerten Youngmoduln absolut unzerlegbar sind, geht aus (4) aus Abschnitt 1.2 in [20] hervor. Die anderen Aussagen folgen mit (6), (7) und (8) aus Abschnitt 2.3 in [20]. □

Wir wollen direkt folgende Anmerkungen machen. Der obige Satz beinhaltet, dass die Anzahl der Isomorphieklassen unzerlegbarer verallgemeinerter Youngmoduln von $k\mathcal{S}_n$ gleich $|\Lambda(n,p)|$ ist. Der Punkt (iii) gibt uns eine Möglichkeit, wie man die verallgemeinerten Youngmoduln gemäß der angegebenen Parametrisierung in praxi bestimmen kann. Dazu bestimmt man die unzerlegbaren Summanden der verallgemeinerten Youngpermutationsmoduln zu den Elementen von $\Lambda(n,p)$. Mit Aussage (iii) von Satz A.1.2 können wir durch Vergleichen der Moduln und mit der Dominanzordnung $\triangleright$ auf $\Lambda(n,p)$ nach und nach jedem Element von $\Lambda(n,p)$ den entsprechenden unzerlegbaren Summanden zuordnen. Wir gehen auch im Folgenden immer von dieser Parametrisierung der verallgemeinerten Youngmoduln aus.

A.1.3 Korollar
Die verallgemeinerten Youngmoduln sind selbstdual.
Beweis. Es sei Y ein verallgemeinerter Youngmodul von $k\mathcal{S}_n$. Dann existiert nach Satz A.1.2 ein $(\lambda \mid p\mu) \in \Lambda(n,p)$, sodass $Y \cong Y(\lambda \mid p\mu) \mid M(\lambda \mid p\mu) =: M$ ist. Mit Lemma 1.15, Kapitel 3, in [55] gilt $M^* \cong M$. Damit ist $Y^* \mid M$. Nach Satz A.1.2 existiert nun ein $(\sigma \mid p\tau) \in \Lambda(n,p)$, mit $Y^* \cong Y(\sigma \mid p\tau)$ und $(\sigma \mid p\tau) \trianglerighteq (\lambda \mid p\mu)$. Wenden wir nun das gleiche Vorgehen auf Y^* und $M(\sigma \mid p\tau)$ an, so erhalten wir $Y \mid M(\sigma \mid p\tau)$. Und daraus erhalten wir mit Satz A.1.2 $(\sigma \mid p\tau) \trianglelefteq (\lambda \mid p\mu)$. Also folgt $(\sigma \mid p\tau) = (\lambda \mid p\mu)$. Das bedeutet dann $Y \cong Y^*$. Somit folgt die Behauptung. □

A.1. Verallgemeinerte Youngringe

Wir untersuchen nun, in welchem Zusammenhang die Parametrisierungen der Youngmoduln und die der verallgemeinerten Youngmoduln stehen.

A.1.4 Bemerkung
Es sei $\lambda \vdash n$. Dann gilt $Y^\lambda \cong Y(\lambda \mid \emptyset)$.

Beweis. Da $M(\lambda \mid \emptyset) \cong M^\lambda$ ist, gilt $Y(\lambda \mid \emptyset) \mid M^\lambda$ nach Satz A.1.2. Ist $\mu \triangleright \lambda$, so ist insbesondere $(\mu \mid \emptyset) \triangleright (\lambda \mid \emptyset)$. Mit Satz A.1.2 folgt $Y(\lambda \mid \emptyset) \nmid M^\mu$. Dann muss nach Satz 2.1.2 $Y(\lambda \mid \emptyset) \cong Y^\lambda$ sein. □

Befassen wir uns jetzt mit Tensorprodukten verallgemeinerter Youngmoduln. Wir stellen zuerst Folgendes fest: Nach Mackeys Tensorproduktsatz lässt sich das Tensorprodukt zweier verallgemeinerter Youngpermutationsmoduln in verallgemeinerte Youngpermutationsmoduln zerlegen. Da die direkten unzerlegbaren Summanden eines solchen Tensorproduktes verallgemeinerte Youngmoduln sind, nach Satz A.1.2, folgern wir, dass das Tensorprodukt zweier verallgemeinerter Youngmoduln sich in eine direkte Summe von verallgemeinerten Youngmoduln zerlegen lässt. Damit können wir nun folgenden Unterring von $A(\mathcal{S}_n)$ definieren.

A.1.5 Definition
Wir bezeichnen den Unterring von $A(\mathcal{S}_n)$, der von den verallgemeinerten Youngmoduln erzeugt wird, mit $A(SY_n)$. Wir nennen $A(SY_n)$ einen *verallgemeinerten Youngring*. Weiter setzen wir $B(n,p) := \{Y(\sigma \mid p\tau) : (\sigma \mid p\tau) \in \Lambda(n,p)\}$.

Offensichtlich ist $A(Y_n) \subseteq A(SY_n)$. Insbesondere erhält man aus den Spezies für $A(SY_n)$ auch Spezies für $A(Y_n)$. Wir wollen noch einige Eigenschaft der verallgemeinerten Youngmoduln und von $A(SY_n)$ angeben.

A.1.6 Bemerkung
Der Ring $A(SY_n)$ ist eine halbeinfache und kommutative Algebra. Und $B(n,p)$ ist eine Basis von $A(SY_n)$.

Beweis. Wir zeigen die Halbeinfachheit analog wie in Lemma 2.3.2. Nach Satz 2.2.8 hat $A(\mathcal{S}_n, triv)$ keine nicht-trivialen nilpotenten Elemente. Da nach Bemerkung 2.1.13 die verallgemeinerten Youngmoduln Moduln mit trivialer Quelle sind, ist $A(SY_n) \subseteq A(\mathcal{S}_n, triv)$. Also hat auch $A(SY_n)$ keine nicht-trivialen nilpotenten Elemente. Es folgt $J(A(SY_n)) = 0$, und somit ist $A(SY_n)$ halbeinfach. Da $A(SY_n)$ von den unzerlegbaren verallgemeinerten Youngmoduln erzeugt wird und diese nach Satz A.1.2 paarweise nicht isomorph sind, folgt, dass die Menge der unzerlegbaren verallgemeinerten Youngmoduln eine Basis von $A(SY_n)$ bildet. □

Die Spezies, die praktisch bestimmt wurden, sind bezüglich der Basis $B(n,p)$ angegeben. Zum Schluss dieses Abschnitts wollen wir zeigen, in welcher Weise die einfachen Spechtmoduln bzw. die einfachen $k\mathcal{S}_n$-Moduln mit trivialer Quelle und verallgemeinerte Youngmoduln zusammenhängen.

A.1.7 Satz
Es sei $\lambda \vdash n$. Ist S^λ einfach, so ist S^λ ein verallgemeinerter Youngmodul. Ist λ p-regulär, so gilt $S^\lambda \cong Y^\lambda$.

Beweis. Die Aussagen folgen aus Proposition 1.1 und Theorem 4.2 in [32]. □

A.1.8 Satz
Es sei D ein einfacher $k\mathcal{S}_n$-Modul mit trivialer Quelle. Dann ist D isomorph zu einem Spechtmodul.

Beweis. Man siehe Proposition 4.6 in [17]. □

A.1.9 Korollar
Ist D ein einfacher $k\mathcal{S}_n$-Moduln mit trivialer Quelle, so ist D ein verallgemeinerter Youngmodul.
Beweis. Dies folgt unmittelbar aus den beiden Sätzen A.1.7 und A.1.8. □

Die obigen Aussagen lassen nun die folgende Frage aufkommen: Welche Gestalt haben σ und τ, falls $S^\lambda \cong Y(\sigma \mid p\tau)$ einfach ist? Diese Frage hat Hemmer in [32] gestellt. Susanne Danz hat in ihrer Dissertation, man siehe Vermutung 5.4.2 in [19], die nun folgende Vermutung zu der Parametrisierung der einfachen verallgemeinerten Youngmoduln aufgestellt. Diese Vermutung haben unabhängig von ihrer Arbeit auch Kay-Jin Lim und ich aufgestellt.

A.1.10 Vermutung
Es sei S^λ einfach. Ist $\hat\lambda$ die Partition, die wir durch sukzessives Entfernen von vertikalen p-Haken von λ erhalten, und μ_i die Anzahl der in der Spalte i von λ entfernten vertikalen p-Haken von λ, dann gilt: $S^\lambda \cong Y(\hat\lambda \mid p\mu)$, mit $\mu := [\mu_1, \ldots, \mu_n]$. □

Ist $\lambda \vdash n$, so nennen wir $\mathrm{sgn} \otimes Y^\lambda$ einen *verschränkten Youngmodul*. Offensichtlich sind verschränkte Youngmoduln auch verallgemeinerte Youngmoduln. Für verschränkte Youngmoduln können wir bezüglich der Parametrisierung als verallgemeinerte Youngmoduln folgende Antwort geben:

A.1.11 Satz
Es sei $\lambda \vdash n$ und $n = t + pm$. Ist $\lambda = \tau + p\mu$, mit $\tau \vdash t$ p-beschränkt und $\mu \vdash m$, dann gilt: $\mathrm{sgn} \otimes Y^\lambda \cong Y(m_t(\tau')' \mid p\mu)$, wobei m_t die Mullineux-Abbildung ist.
Beweis. Dies ist Proposition 5.8 in [32]. □

A.2 Praktisches Vorgehen

Da es sich bei $A(YS_n)$ um eine endlich-dimensionale, kommutative und halbeinfache $\mathbb{C}$-Algebra handelt, wollen wir hier eine allgemeine Methode, wie man die Spezies einer solchen k-Algebra über einem beliebigem Körper k bestimmen kann, vorstellen. Der Beweis des nun folgenden Satzes ist der Vorlesung Darstellungstheorie I, die von Herrn Hiß im Wintersemester 2003/04 gehalten wurde, entnommen.

A.2.1 Satz
Es sei A eine endlich-dimensionale, kommutative, halbeinfache k-Algebra und k ein Zerfällungskörper von A. Weiter sei $B := \{b_1, \ldots, b_l\}$ eine k-Basis von A mit $b_1 = 1_A$. Für $1 \leq i, j, k \leq l$ seien c_{ijk}, die Strukturkonstanten von A bezüglich der Basis B, definiert durch:

$$b_i \cdot b_j = b_j \cdot b_i = \sum_{k=1}^{l} c_{ijk} b_k. \tag{A.1}$$

Für $1 \leq i \leq l$ sei $X_i := (c_{ijk})_{j,k}$. Dann gilt:

(a) Es existiert eine Basis $\{v_1, \ldots, v_l\}$ von $k^{1 \times l}$, sodass v_j ein Eigenvektor von X_i ist, für alle $1 \leq i, j \leq l$. Also ist jeder Vektor v_j ein gemeinsamer Eigenvektor aller X_i.

(b) Es sei $\{v_1, \ldots, v_l\}$ eine Basis wie in (a). Für $1 \leq i, j \leq l$ sei $\varphi_j(b_i) \in k$ definiert durch:

$$v_j X_i = \varphi_j(b_i) v_j.$$

Durch lineare Fortsetzung wird φ_j zu einer linearen Abbildung $A \to k$. Dann ist $\{\varphi_1, \ldots, \varphi_l\}$ die Menge der Spezies von A.

A.2. Praktisches Vorgehen

(c) Für $1 \leq i, j \leq l$ ist $[\varphi_j(b_1), \ldots, \varphi_j(b_l)]$ ein Eigenvektor von X_i^{tr} zum Eigenwert $\varphi_j(b_i)$.

(d) Ist $[x_1, \ldots, x_l] \in k^{1 \times l}$ ein Eigenvektor von X_i für alle $1 \leq i \leq l$ mit $x_1 = 1$, dann existiert ein $1 \leq j \leq l$, sodass

$$x_i = \varphi_j(b_i) \text{ für } 1 \leq i \leq l.$$

Beweis.

(a) Für ein $x \in A$ sei $\rho_x : A \to A$, $a \mapsto a \cdot x$, die Rechtsmultiplikation mit x. Und es sei $\mathfrak{X}(x) := M_B(\rho_x) \in k^{l \times l}$ die Abbildungsmatrix von ρ_x bezüglich der Basis B. Somit ist $X_i = \mathfrak{X}(b_i)$. Es sei $V := k^{1 \times l}$. Durch $v.x := v\mathfrak{X}(x)$, für $v \in V$ und $x \in A$, wird V zu einem A-Modul, und es gilt $V \cong A_A$. Da k ein Zerfällungskörper von A ist, gilt $V = V_1 \oplus \ldots \oplus V_l$, wobei V_i ein eindimensionaler A-Modul ist, für $1 \leq i \leq l$. Insbesondere ist $V_i \not\cong V_j$, falls $i \neq j$ gilt. Es sei weiter $0 \neq v_i \in V_i$, $1 \leq i \leq l$. Somit ist $\{v_1, \ldots, v_l\}$ eine Basis von V, und es gilt $v_j X_i \subseteq V_j = \langle v_j \rangle$ für alle i. Also ist v_j ein simultaner Eigenvektor für alle X_i. Damit folgt die Behauptung für (a).

(b) Es sei j fest und $0 \neq v \in V_j$. Somit gilt $v.b_i = vX_i = \varphi_j(b_i)v$, für $1 \leq i \leq l$. Da $X_1 = \text{id} \in k^{l \times l}$ ist, folgt $\varphi_j(b_1) = 1$ ist und somit insbesondere $\varphi_j \neq 0$. Also ist φ_j eine Spezies von A. Dem Beweis von (a) entnehmen wir, dass $V_i \not\cong V_j$, falls $i \neq j$ ist. Also muss dann auch $\varphi_i \neq \varphi_j$ gelten, falls $i \neq j$ ist. Damit folgt (b).

(c) Es sei φ eine Spezies von A. Mit der Gleichung (A.1) folgt

$$\varphi(b_i) \cdot \varphi(b_j) = \varphi(b_j) \cdot \varphi(b_i) = \sum_{k=1}^{l} c_{ijk} \varphi(b_k)$$

für alle $1 \leq i, j \leq l$. Daraus folgt:

$$[\varphi(b_1), \ldots, \varphi(b_l)] \cdot \varphi(b_i) = [\varphi(b_1), \ldots, \varphi(b_l)] X_i^{tr}$$

für alle i. Damit folgt die Aussage von (c).

(d) Wir definieren $A^\sharp := k[X_1^{tr}, \ldots, X_l^{tr}] \subseteq k^{l \times l}$. In natürlicher Weise ist V ein $A^\sharp$-Modul. Weiter sei

$$w_j := [\varphi_j(b_1), \ldots, \varphi_j(b_l)] \in k^{1 \times l}$$

für $1 \leq j \leq l$. Mit (c) folgt: $W_j := \langle w_j \rangle$ ist ein eindimensionaler $A^\sharp$-Modul. Und die Matrixdarstellung von $A^\sharp$ auf W_j ist φ_j. Da $\varphi_1, \ldots, \varphi_l$ paarweise verschieden sind, folgt somit $W_i \not\cong W_j$, für $i \neq j$, als $A^\sharp$-Moduln. Es folgt $V = W_1 \oplus \ldots \oplus W_l$, und jeder eindimensionale $A^\sharp$-Untermodul von V ist gleich einem der W_j. Damit folgt (d).

$\square$

Um die Spezies von $A(SY_n)$ zu bestimmen, sind wir nun wie folgt vorgegangen:

(i) Konstruktion von Matrixdarstellungen der verallgemeinerten Youngmoduln mit **GAP** und **MeatAxe** unter der Benutzung von Satz A.1.2.

(ii) Bestimmung der Strukturkonstanten bezüglich der Basis der unzerlegbaren verallgemeinerten Youngmoduln durch Zerlegung mit der **MeatAxe** der einzelnen Tensorprodukte. Falls einer der Moduln projektiv war, wurde die Zerlegung dann mittels gewöhnlicher Charaktere mit **GAP** bestimmt.

(iii) Mit **GAP** Bestimmung simultaner Eigenvektoren der Strukturkonstantenmatrizen.

Damit kann man dann gemäß Satz A.2.1 die Spezies von $A(SY_n)$ bestimmen. Dabei müssen wir an dieser Stelle zwei Anmerkungen machen.

- Die Strukturkonstantenmatrizen bezüglich der Basis $B(n,p)$ haben Einträge aus $\mathbb{N}$. Damit hat das Minimalpolynom einer solchen Matrix nur ganzzahlige Koeffizienten. Also sind die Eigenwerte dieser Matrizen ganze Zahlen in $\mathbb{C}$. Bei den Berechnungen der hier angegebenen Tafeln wurde naiv versucht, simultane Eigenvektoren dieser Matrizen über $\mathbb{Q}$ zu finden. Dieses Vorgehen hat auch überraschenderweise, zumindest für den Autor, funktioniert.

- Um die Spezies von $A(SY_n)$ aus den so bestimmten simultanen Eigenvektoren zu erhalten, muss man nur diese mit einem entsprechenden Element aus $\mathbb{Q}$ so skalieren, dass der entsprechende Eintrag zum trivialen Modul k eine Eins ist. Dabei können wir in diesen Beispielen beobachten, dass die Werte der Spezies bei verallgemeinerten Youngmoduln in $\mathbb{Z}$ liegen. Die so erzeugten Tafeln werden im nächsten Abschnitt angegeben.

In Charakteristik Null haben wir das allgemein bekannte und bewiesene Phänomen, dass alle Charakterwerte der irreduziblen Charaktere von $\mathcal{S}_n$ in $\mathbb{Z}$ liegen. Wir wollen nun eine stärkere Vermutung, die diesen Fakt auch implizieren würde, aufstellen:

A.2.2 Vermutung
Es sei s eine Spezies von $A(SY_n)$. Ist Y ein verallgemeinerter Youngmodul, dann gilt $s(Y) \in \mathbb{Z}$. □

A.3 Tafeln in Charakteristik 3

In diesem Abschnitt stehen die rechnerisch bestimmten Tafeln von $A(SY_n)$ im Fall $3 \leq n \leq 8$ über dem Körper $\mathbb{F}_3$. Die Spezies von $A(SY_3)$ und $A(SY_4)$ können wir sogar mit Spezies aus den Definitionen 2.2.7 und 2.3.7 identifizieren. Für $3 \leq n \leq 5$ sind die verallgemeinerten Youngmoduln entweder Youngmoduln oder verschränkte Youngmoduln; ist p eine ungerade Primzahl, so gilt dies allgemein für $p \leq n < 2p$, man siehe dazu auch Proposition 4.2.3 in [33]. In den Fällen $6 \leq n \leq 8$ gibt es dann auch „echte" verallgemeinerte Youngmoduln, das soll heißen, es gibt einen Modul, der weder ein Youngmodul noch ein verschränkter Youngmodul ist. Wir benutzen die folgende Notationen:

A.3.1 Bezeichnungen
Die j-te Spalte der Tafeln zu $A(SY_n)$ entspricht einer Spezies von $A(SY_n)$, die wir mit φ_j bezeichnen wollen. Die Zeilen der Tafeln sind durch Kompositionen von n der Form $(\sigma \mid p\tau)$ indiziert; in der entsprechenden Zeile findet man die Werte aller Spezies bei der Auswertung an $Y(\sigma \mid p\tau)$. Ist die i-te Zeile mit $(\sigma \mid p\tau)$ indiziert, so entspricht der i,j-te Eintrag der Tafel gleich $\varphi_j(Y(\sigma \mid p\tau))$. Weiter sind die Spezies so angeordnet, dass $\varphi_1(Y(\sigma \mid p\tau)) = \dim_k(Y(\sigma \mid p\tau))$ ist. Ein „·" in den folgenden Tabellen steht dabei für 0.

	$s_{[1^3]}$	$s_{[3]}$	$s_{\mathcal{S}_3,(1,2)}$	$s_{[2,1]}$
$([1^3] \mid \emptyset)$	3	·	·	−1
$([2,1] \mid \emptyset)$	3	·	·	1
$([3] \mid \emptyset)$	1	1	1	1
$(\emptyset \mid [3])$	1	1	−1	−1

Tabelle A.1: Tafel von $A(SY_3)$.

A.3. Tafeln in Charakteristik 3

	$s_{[1^4]}$	$s_{[2^2]}$	$s_{[3,1]}$	$sS_{3,(1,2)}$	$s_{[2,1^2]}$	$s_{[4]}$
$([1^4] \mid \emptyset)$	3	3	·	·	−1	−1
$([2,1^2] \mid \emptyset)$	3	−1	·	·	1	−1
$([2^2] \mid \emptyset)$	3	3	·	·	1	1
$([3,1] \mid \emptyset)$	3	−1	·	·	−1	1
$([4] \mid \emptyset)$	1	1	1	1	1	1
$([1] \mid [3])$	1	1	1	−1	−1	−1

Tabelle A.2: Tafel von $A(SY_4)$.

	φ_1	φ_2	φ_3	φ_4	φ_5	φ_6	φ_7	φ_8	φ_9
$([1^5] \mid \emptyset)$	6	2	1	·	·	·	·	·	−2
$([2,1^3] \mid \emptyset)$	9	1	−1	·	·	·	·	−3	1
$([2^2,1] \mid \emptyset)$	6	2	1	·	·	·	·	·	2
$([3,1^2] \mid \emptyset)$	6	−2	1	·	·	·	·	·	·
$([3,2] \mid \emptyset)$	9	1	−1	·	·	·	·	3	−1
$([4,1] \mid \emptyset)$	4	·	−1	1	1	−1	−1	2	·
$([5] \mid \emptyset)$	1	1	1	1	1	1	1	1	1
$([1^2] \mid [3])$	1	1	1	1	−1	−1	1	−1	−1
$([2] \mid [3])$	4	·	−1	1	−1	1	−1	−2	·

Tabelle A.3: Tafel von $A(SY_5)$.

	φ_1	φ_2	φ_3	φ_4	φ_5	φ_6	φ_7	φ_8	φ_9	φ_{10}	φ_{11}	φ_{12}	φ_{13}	φ_{14}	φ_{15}	φ_{16}
$([1^6] \mid \emptyset)$	27	3	2	·	·	·	·	·	·	·	·	·	−1	−3	−3	−3
$([2,1^4] \mid \emptyset)$	36	·	1	·	·	·	·	·	·	·	·	·	−2	6	·	−6
$([2^2,1^2] \mid \emptyset)$	9	1	−1	·	·	·	·	·	·	·	·	·	1	−3	1	−3
$([2^3] \mid \emptyset)$	27	3	2	·	·	·	·	·	·	·	·	·	−1	3	3	3
$([3,1^3] \mid \emptyset)$	36	−4	1	·	·	·	·	·	·	·	·	·	·	·	·	·
$([3,2,1] \mid \emptyset)$	36	·	1	·	·	·	·	·	·	·	·	·	−2	−6	·	6
$([3^2] \mid \emptyset)$	10	2	·	1	1	1	1	1	1	1	−1	−1	−2	−4	·	4
$([4,1^2] \mid \emptyset)$	15	−1	·	3	3	·	·	−1	−1	·	·	·	−1	−3	1	5
$([4,2] \mid \emptyset)$	9	1	−1	·	·	·	·	·	·	·	·	·	1	3	−1	3
$([5,1] \mid \emptyset)$	6	2	1	3	3	·	·	1	1	·	·	·	·	·	2	4
$([6] \mid \emptyset)$	1	1	1	1	1	1	1	1	1	1	1	1	1	1	1	1
$([1^3] \mid [3])$	6	2	1	3	−3	·	·	1	−1	·	·	·	·	·	−2	−4
$([2,1] \mid [3])$	15	−1	·	3	−3	·	·	−1	1	·	·	·	−1	3	−1	−5
$([3] \mid [3])$	20	−4	·	2	·	2	−2	·	−2	·	·	·	·	·	·	·
$(\emptyset \mid [3^2])$	10	2	·	1	−1	1	1	−1	1	−1	1	−1	−2	4	·	−4
$(\emptyset \mid [6])$	1	1	1	1	−1	1	1	−1	1	−1	−1	1	1	−1	−1	−1

Tabelle A.4: Tafel von $A(SY_6)$.

	φ_1	φ_2	φ_3	φ_4	φ_5	φ_6	φ_7	φ_8	φ_9	φ_{10}	φ_{11}
$([1^7] \mid \emptyset)$	99	·	·	·	−1	3	·	·	−3	·	·
$([2,1^6] \mid \emptyset)$	27	·	·	·	2	−1	·	·	2	·	·
$([2^2,1^3] \mid \emptyset)$	63	·	·	·	−2	1	·	·	·	·	·
$([2^3,1] \mid \emptyset)$	99	·	·	·	−1	3	·	·	3	·	·
$([3,1^4] \mid \emptyset)$	36	·	·	·	1	−2	·	·	−1	·	·
$([3,2,1^2] \mid \emptyset)$	90	·	·	·	·	2	·	·	·	·	·
$([3,2^2] \mid \emptyset)$	27	·	·	·	2	−1	·	·	−2	·	·
$([3^2,1] \mid \emptyset)$	36	·	·	·	1	−2	·	·	1	·	·
$([4,1^3] \mid \emptyset)$	69	3	·	3	−1	1	·	−1	1	3	·
$([4,2,1] \mid \emptyset)$	63	·	·	·	−2	1	·	·	·	·	·
$([4,3] \mid \emptyset)$	28	1	1	1	−2	·	−1	1	·	1	−1
$([5,1^2] \mid \emptyset)$	15	3	·	−1	·	−1	·	1	·	−1	·
$([5,2] \mid \emptyset)$	15	3	·	3	·	1	·	1	2	3	·
$([6,1] \mid \emptyset)$	6	3	·	−1	1	·	·	−1	−1	−1	·
$([7] \mid \emptyset)$	1	1	1	1	1	1	1	1	1	1	1
$([1^4] \mid [3])$	15	3	·	3	·	1	·	−1	−2	−3	·
$([2,1^2] \mid [3])$	6	3	·	−1	1	·	·	1	1	1	·
$([2^2] \mid [3])$	69	3	·	3	−1	1	·	1	−1	−3	·
$([3,1] \mid [3])$	15	3	·	−1	·	−1	·	−1	·	1	·
$([4] \mid [3])$	20	2	2	2	·	·	·	·	·	·	·
$([1] \mid [3^2])$	28	1	1	1	−2	·	−1	−1	·	−1	1
$([1] \mid [6])$	1	1	1	1	1	1	1	−1	−1	−1	−1

Tabelle A.5: Tafel von $A(SY_7)$ Teil 1/2.

φ_{12}	φ_{13}	φ_{14}	φ_{15}	φ_{16}	φ_{17}	φ_{18}	φ_{19}	φ_{20}	φ_{21}	φ_{22}
·	−3	·	−3	·	−3	1	·	·	·	3
·	−3	·	−3	·	−3	−1	·	·	·	3
·	−3	·	3	·	−15	·	·	·	·	3
·	3	·	3	·	3	1	·	·	·	3
·	6	·	·	·	−6	1	·	·	·	·
·	·	·	·	·	·	−1	·	·	·	−6
·	3	·	3	·	3	−1	·	·	·	3
·	−6	·	·	·	6	1	·	·	·	·
·	3	−1	−1	3	11	−1	−1	·	−1	−3
·	3	·	−3	·	15	·	·	·	·	3
1	2	1	−2	1	10	·	1	1	1	4
·	−3	−1	1	3	5	1	−1	·	1	−1
·	3	1	1	3	7	1	1	·	1	3
·	·	1	2	3	4	−1	1	·	−1	2
1	1	1	1	1	1	1	1	1	1	1
·	−3	−1	−1	−3	−7	1	1	·	1	3
·	·	−1	−2	−3	−4	−1	1	·	−1	2
·	−3	1	1	−3	−11	−1	−1	·	−1	−3
·	3	1	−1	−3	−5	1	−1	·	1	−1
·	·	·	·	·	·	−1	−2	−2	−2	−4
−1	−2	−1	2	−1	−10	·	1	1	1	4
−1	−1	−1	−1	−1	−1	1	1	1	1	1

Tabelle A.6: Tafel von $A(SY_7)$ Teil 2/2.

A. Kapitel. Spezies verallgemeinerter Youngringe

	φ_1	φ_2	φ_3	φ_4	φ_5	φ_6	φ_7	φ_8	φ_9	φ_{10}	φ_{11}	φ_{12}	φ_{13}	φ_{14}	φ_{15}	φ
$([1^8] \mid \emptyset)$	135	−9	·	·	15	·	·	·	·	−3	1	·	·	·	2	−
$([2,1^6] \mid \emptyset)$	153	−9	·	·	9	·	·	·	·	−9	−1	·	·	·	−1	1
$([2^2,1^4] \mid \emptyset)$	90	−18	·	·	18	·	·	·	·	·	−4	·	·	·	−1	2
$([2^3,1^2] \mid \emptyset)$	162	−36	·	·	−6	·	·	·	·	6	2	·	·	·	1	−
$([2^4] \mid \emptyset)$	135	9	·	·	15	·	·	·	·	3	−1	·	·	·	2	4
$([3,1^5] \mid \emptyset)$	63	−9	·	·	−9	·	·	·	·	−3	1	·	·	·	·	1
$([3,2,1^3] \mid \emptyset)$	225	−27	·	·	9	·	·	·	·	3	−1	·	·	·	1	−
$([3,2^2,1] \mid \emptyset)$	153	9	·	·	9	·	·	·	·	9	1	·	·	·	−1	−
$([3^2,1^2] \mid \emptyset)$	225	27	·	·	9	·	·	·	·	−3	1	·	·	·	1	2
$([3^2,2] \mid \emptyset)$	63	9	·	·	−9	·	·	·	·	3	−1	·	·	·	·	−
$([4,1^4] \mid \emptyset)$	111	9	6	6	15	·	·	−2	2	1	1	1	·	·	−1	−
$([4,2,1^2] \mid \emptyset)$	90	·	·	·	−6	·	·	·	·	·	·	·	·	·	−1	·
$([4,2^2] \mid \emptyset)$	90	18	·	·	18	·	·	·	·	·	4	·	·	·	−1	−
$([4,3,1] \mid \emptyset)$	162	36	·	·	−6	·	·	·	·	−6	−2	·	·	·	1	1
$([4^2] \mid \emptyset)$	34	14	4	4	10	1	−1	·	·	·	4	−1	1	−1	−1	−
$([5,1^3] \mid \emptyset)$	99	21	9	9	3	·	·	1	1	1	1	−1	·	·	1	1
$([5,2,1] \mid \emptyset)$	93	27	6	6	−3	·	·	2	2	−1	−1	1	·	·	2	2
$([5,3] \mid \emptyset)$	28	10	1	1	−4	1	1	1	1	−2	−2	1	1	1	·	·
$([6,1^2] \mid \emptyset)$	21	9	6	6	−3	·	·	·	−2	3	−1	1	·	·	·	−
$([6,2] \mid \emptyset)$	27	15	9	9	3	·	·	−1	1	5	1	−1	·	·	−1	·
$([7,1] \mid \emptyset)$	7	5	4	4	−1	1	−1	·	·	3	−1	−1	1	−1	·	·
$([8] \mid \emptyset)$	1	1	1	1	1	1	1	1	1	1	1	1	1	1	1	1
$([1^5] \mid [3])$	93	−27	6	−6	−3	·	·	−2	2	1	1	1	·	·	2	−
$([2,1^3] \mid [3])$	27	−15	9	−9	3	·	·	1	1	−5	−1	−1	·	·	−1	·
$([2^2,1] \mid [3])$	111	−9	6	−6	15	·	·	2	2	−1	−1	1	·	·	−1	1
$([3,1^2] \mid [3])$	21	−9	6	−6	−3	·	·	·	−2	−3	1	1	·	·	·	1
$([3,2] \mid [3])$	99	−21	9	−9	3	·	·	−1	1	−1	−1	−1	·	·	1	−
$([4,1] \mid [3])$	35	−5	5	−3	3	2	−2	−1	1	−1	−1	·	·	·	·	·
$([5] \mid [3])$	35	5	5	3	3	2	2	1	1	1	1	·	·	·	·	·
$([1^2] \mid [3^2])$	28	−10	1	−1	−4	1	−1	−1	1	2	2	1	−1	1	·	·
$([2] \mid [3^2])$	34	−14	4	−4	10	1	1	·	·	−4	−1	−1	−1	−1	1	
$([1^2] \mid [6])$	1	−1	1	−1	1	1	−1	−1	1	−1	−1	1	−1	1	1	−
$([2] \mid [6])$	7	−5	4	−4	−1	1	1	·	·	−3	1	−1	−1	−1	·	·

Tabelle A.7: Tafel von $A(SY_8)$ Teil 1/2.

A.3. Tafeln in Charakteristik 3

φ_{17}	φ_{18}	φ_{19}	φ_{20}	φ_{21}	φ_{22}	φ_{23}	φ_{24}	φ_{25}	φ_{26}	φ_{27}	φ_{28}	φ_{29}	φ_{30}	φ_{31}	φ_{32}	φ_{33}
.	.	.	.	.	.	.	.	1	3	−1	.	.	.	3	.	3
.	.	.	.	3	.	.	.	1	−3	1	.	.	.	−9	.	9
.	.	.	.	.	.	.	.	.	2	.	.	.	.	−6	.	6
.	.	.	.	−3	.	.	.	.	−2	.	.	.	.	.	.	6
.	.	.	.	.	.	.	.	1	3	1	.	.	.	−3	.	3
.	.	.	.	3	.	.	.	−3	3	−1	.	.	.	3	.	3
.	.	.	.	.	.	.	.	−1	−3	1	.	.	.	9	.	−3
.	.	.	.	3	.	.	.	1	−3	−1	.	.	.	9	.	9
.	.	.	.	.	.	.	.	−1	−3	−1	.	.	.	−9	.	−3
.	.	.	.	3	.	.	.	−3	3	1	.	.	.	−3	.	3
.	.	.	.	1	−2	2	.	−1	−1	1	1	.	.	9	.	−1
.	.	.	.	.	.	.	.	2	2	.	.	.	.	.	.	−6
.	.	.	.	.	.	.	.	.	2	.	.	.	.	6	.	6
.	.	.	.	−3	.	.	.	.	−2	.	.	.	.	.	.	6
−1	−1	1	1	−1	.	.	2	.	2	.	−1	1	−1	2	2	6
.	.	.	.	−1	1	1	−3	−1	−1	−1	−1	.	.	−3	−3	−5
.	.	.	.	−2	2	2	.	1	1	1	1	.	.	3	.	5
−1	−1	−1	−1	−2	1	1	1	.	.	.	1	1	1	2	1	4
.	.	.	.	1	.	−2	.	−1	1	1	1	.	.	−3	.	1
.	.	.	.	2	−1	1	3	1	−1	−1	−1	.	.	3	3	7
1	1	−1	−1	2	.	.	2	1	−1	−1	−1	1	−1	1	2	3
1	1	1	1	1	1	1	1	1	1	1	1	1	1	1	1	1
.	.	.	.	−2	2	−2	.	1	1	−1	−1	.	.	−3	.	5
.	.	.	.	2	−1	−1	−3	1	−1	1	1	.	.	−3	3	7
.	.	.	.	1	−2	−2	.	−1	−1	−1	−1	.	.	−9	.	−1
.	.	.	.	1	.	2	.	−1	1	−1	−1	.	.	3	.	1
.	.	.	.	−1	1	−1	3	−1	−1	1	1	.	.	3	−3	−5
.	.	.	.	.	−1	1	1	−1	−1	1	2	−2	2	3	−3	−5
.	.	.	.	.	−1	−1	−1	−1	−1	−1	−2	−2	−2	−3	−3	−5
1	−1	1	−1	−2	1	−1	−1	.	.	.	−1	1	−1	−2	1	4
1	−1	−1	1	−1	.	.	−2	.	2	.	1	1	1	−2	2	6
−1	1	−1	1	1	1	−1	−1	1	1	−1	−1	1	−1	−1	1	1
−1	1	1	−1	2	.	.	−2	1	−1	1	1	1	1	−1	2	3

Tabelle A.8: Tafel von $A(SY_8)$ Teil 2/2.

Anhang B

Konstituenten von sgn_n^q

Wir wollen in diesem Teil des Anhangs der Frage nach den Konstituenten von sgn_n^q nachgehen, und die Untersuchungen dazu aus Kapitel 2 fortsetzen. Im ersten Teil werden wir theoretische Ergebnisse zu den Konstituenten liefern. Im zweiten Teil geben wir die mit GAP berechneten Ergebnisse zu den Konstituenten von sgn_n^q an.

B.1 Theoretische Ergebnisse zu sgn_n^q

Es sei $2 \leq q$ und $1 \leq n \in \mathbb{N}$. Weiter nehmen wir in diesem Abschnitt an, dass ein Körper der Charakteristik Null vorliegt. Insbesondere betrachten wir hier nur gewöhnliche Charaktere von $\mathcal{S}_n$. Wir wollen die Untersuchungen zu sgn_n^q und dessen Kompositionsfaktoren, die wir in Abschnitt 2.4 begonnen hatten, weiterführen. Zunächst werden wir in zwei Sonderfällen die Konstituenten von sgn_n^q und ihrer entsprechende Vielfachheit bestimmen.

B.1.1 Bemerkung
Es sei $3 \leq q$ und $n \in \{q, q+1\}$. Dann gilt:

$$\mathrm{sgn}_n^q = \sum_{i=1}^{q-1} (-1)^{i+1} \zeta^{\lambda^i},$$

wobei

$$\lambda^i := \begin{cases} [q-i, 1^i], & \text{falls } n = q, \\ [q-i, 2, 1^{i-1}], & \text{falls } n = q+1 \text{ und } i \neq q-1, \\ [1^{q+1}], & \text{falls } n = q+1 \text{ und } i = q-1, \end{cases}$$

für $1 \leq i \leq q-1$ sei.

Beweis. Wir betrachten zuerst sgn_q^q. Es sei $\zeta^\lambda \in \mathrm{Irr}(\mathcal{S}_q)$ und $\rho := \mathrm{sgn}_q^q - \zeta^{[q]}$. Dann gilt:

$$(\zeta^\lambda, \mathrm{sgn}_q^q)_{\mathcal{S}_q} = (\zeta^\lambda, \zeta^{[q]})_{\mathcal{S}_q} + (\zeta^\lambda, \rho)_{\mathcal{S}_q} = \delta_{\lambda, [q]} + (\zeta^\lambda, \rho)_{\mathcal{S}_q}.$$

Wir wollen nun das zweite Skalarprodukt betrachten. Nach Lemma 1.2.15 in [36] gilt $|C_{\mathcal{S}_q}(c_v)| = q$. Da

$\rho(c_v) = 0$, falls $v \neq [q]$ und $\rho(c_{[q]}) = -q$ ist, folgt dann mit Bemerkung 2.4.2:

$$\begin{aligned}(\zeta^\lambda, \rho)_{S_q} &= \sum_{v \vdash q} \frac{1}{|C_{S_q}(c_v)|} \zeta^\lambda(c_v) \rho(c_v) \\ &= \frac{1}{|C_{S_q}(c_{[q]})|} \zeta^\lambda(c_{[q]})(-q) \\ &= \begin{cases} (-1)^{i+1}, & \text{falls } \lambda = [n-i, 1^i], \\ 0, & \text{sonst.} \end{cases}\end{aligned}$$

Also folgt $\rho = \sum_{i=0}^{q-1}(-1)^{i+1}\zeta_{q,i}$, und damit $\text{sgn}_q^q = \rho - \zeta_{q,0} = \sum_{i=1}^{q-1}(-1)^{i+1}\zeta_{q,i}$. Was genau der Behauptung in diesem Fall entspricht.

Kommen wir nun zu sgn_{q+1}^q. Wir betrachten folgenden verallgemeinerten Charakter:

$$\theta_{q+1} := \sum_{i=1}^{q-1}(-1)^{i+1}\zeta^{\lambda^i}.$$

Mit der Verzweigungs-Regel, Theorem 9.3 in [38], folgt im Fall $q = 3$: $\text{Res}_{S_3}^{S_4}(\theta_4) = \zeta_{3,1} - \zeta_{3,2} = \text{sgn}_3^3$. Für $4 \leq q$ folgt mit der Verzweigungs-Regel:

$$\text{Res}_{S_q}^{S_{q+1}}(\zeta^{\lambda^i}) = \begin{cases} \zeta_{q,1} + \zeta^{[q-2,2]}, & \text{falls } i = 1, \\ \zeta_{q,i} + \zeta^{[q-i-1,2,1^{i-1}]} + \zeta^{[q-i,2,1^{i-2}]}, & \text{falls } 2 \leq i \leq q-3, \\ \zeta_{q,q-2} + \zeta^{[2^2,1^{q-4}]}, & \text{falls } i = q-2, \\ \zeta_{q,q-1}, & \text{falls } i = q-1. \end{cases}$$

Und damit erhalten wir für $q \leq 4$:

$$\begin{aligned}\text{Res}_{S_q}^{S_{q+1}}(\theta_{q+1}) &= \sum_{i=1}^{q-1}(-1)^{i+1} \text{Res}_{S_q}^{S_{q+1}}(\zeta^{\lambda^i}) \\ &= \sum_{i=1}^{q-1}(-1)^{i+1}\zeta_{q,i} \\ &\quad + (-1)^3 \zeta^{\lambda^{[q-2,2]}} + \sum_{i=2}^{q-3}(-1)^{i+1}(\zeta^{[q-i-1,2,1^{i-1}]} + \zeta^{[q-i,2,1^{i-2}]}) + (-1)^{q-1}\zeta^{[2^2,1^{q-4}]} \\ &= \text{sgn}_q^q + \sum_{i=1}^{q-3}(-1)^{i+1}\zeta^{[q-i-1,2,1^{i-1}]} + \sum_{i=1}^{q-3}(-1)^{i+2}\zeta^{[q-i-1,2,1^{i-1}]} \\ &= \text{sgn}_q^q.\end{aligned}$$

Dann gilt für $3 \leq q$ mit Bemerkung 2.4.2: $\theta_{q+1}(c_{[q+1]}) = (-1)^q \zeta_{q+1,q} = (-1)^q(-1)^q = 1$. Es folgt also $\text{sgn}_{q+1}^q(c_\lambda) = \theta_{q+1}(c_\lambda)$ für alle $\lambda \vdash q+1$, und somit $\text{sgn}_{q+1}^q = \theta_{q+1}$. Damit ist dann die Behauptung gezeigt. $\square$

Bevor wir weitere Aussagen zu Konstituenten von sgn_n^q machen, wollen wir eine bestimmte Menge von Partitionen betrachten. Wir benötigen zudem noch ein paar Notationen und Aussagen über die q-Kerne von Partitionen.

B.1. Theoretische Ergebnisse zu sgn_n^q

B.1.2 Definition
Es sei $\mu \vdash n$. Dann sei

$$\operatorname{Ind}_n^{n+1}(\mu) := \{\lambda \vdash n+1 : \lambda \text{ entsteht durch Hinzufügen eines Knotens von } \mu\}$$

und

$$\operatorname{Res}_{n-1}^n(\mu) := \{\lambda \vdash n-1 : \lambda \text{ entsteht durch Entfernen eines Knotens von } \mu\}.$$

Wir wollen auch noch die folgende Sprechweise etablieren: Wir nennen ein Element aus $\operatorname{Ind}_n^{n+1}(\mu)$ einen *Nachfolger* von μ, und ein Element aus $\operatorname{Res}_{n-1}^n(\mu)$ nennen wir einen *Vorgänger* von μ.
Es sei $m \in \mathbb{N}$, und es seien $a_i, b_i \in \mathbb{N}$ für $1 \leq i \leq m$. Existiert ein $\pi \in \mathcal{S}_m$, sodass $a_i \equiv b_{\pi(i)} \pmod{q}$, für $1 \leq i \leq m$ ist, so schreiben wir

$$\{a_1, \ldots, a_m\} \equiv \{b_1, \ldots, b_m\} \pmod{q}.$$

Im restlichen Teil des Abschnitts wollen wir noch der Frage nach den Konstituenten von sgn_n^q, falls q eine Primzahl ist, nachgehen. Doch zuvor wollen wir allgemein eine bestimmte Menge von Partitionen von n betrachten, die alle gewisse Eigenschaften erfüllen. Unter anderem, dass diese alle denselben q-Kern wie $[n]$ haben. Wir wollen zwei Partitionen gewisse Zahlenfolgen zuordnen, mit denen man leicht überprüfen kann, ob sie den gleichen q-Kern haben. Dazu werden wir jetzt eine Umformulierung der Ergebnisse aus Abschnitt 2.7 in [36] angeben.

B.1.3 Bemerkung
Es seien λ und μ Partitionen von n. Wir wollen den beiden Partitionen zwei Mengen von Zahlen zuordnen, deren Mächtigkeit durch q teilbar seien soll. Wir setzen $t := \min\{x \in \mathbb{N} : x \geq l(\lambda), x \geq l(\mu), q \mid x\}$. Nun seien $\alpha_i := \lambda_i + t - i$ und $\beta_i := \mu_i + t - i$ für $1 \leq i \leq t$. Nach 2.7.9 in [36] sind $\alpha := \{\alpha_1, \ldots, \alpha_t\}$ und $\beta := \{\beta_1, \ldots, \beta_t\}$ sogenannte β-Folgen für λ und μ. Für $1 \leq i \leq t$ ist das q-Residuum des Knotens (i, λ_i) kongruent zu $\alpha_i - t$ modulo q, und das q-Residuum von (i, μ_i) ist kongruent zu $\beta_i - t$ modulo q. □

Wir geben jetzt eine Charakterisierung an, wann zwei Partitionen den gleichen q-Kern haben. Ich verdanke Jean-Baptiste Gramain die Idee zum Beweis der folgenden Aussage.

B.1.4 Lemma
Es seien λ und μ Partitionen von n, und die Bezeichnungen seien wie in Bemerkung B.1.3. Wir setzen $a_i := |\{j : \alpha_j \equiv i \pmod{q}\}|$ und $b_i := |\{j : \beta_j \equiv i \pmod{q}\}|$ für $0 \leq i \leq q-1$. Dann gilt: Die Partitionen λ und μ haben genau dann den gleichen q-Kern, wenn $a_i = b_i$ für $0 \leq i \leq q-1$ ist.
Beweis. Wir verwenden hier die Terminologie der Abaki aus Abschnitt 2.7 in [36]. Nach Abschnitt 2.7 in [36] kann man λ und μ mittels der beiden β-Folgen α und β jeweils einen Abakus mit q Läufern, die mit $0, 1, \ldots, q-1$ indiziert sind, und t Kugeln zuordnen. Gilt nun $a_i = b_i$ für alle $0 \leq i \leq q-1$, so folgt mit Lemma 2.7.38 in [36], dass die beiden Abaki zu λ und μ für $0 \leq i \leq q-1$ gleich viele Kugeln auf dem i-ten Läufer haben. Nun folgt aus Lemma 2.7.16 in [36], dass λ und μ denselben q-Kern haben. Es gelte nun, dass λ und μ denselben q-Kern ν haben. Betrachten wir eine β-Folge γ zu ν, mit $\gamma_i := \nu_i - i + t$ für $0 \leq i \leq q-1$, so folgt dann mit Theorem 2.7.30 und Lemma 2.7.38 in [36], dass $a_i = b_i$ für alle $0 \leq i \leq q-1$ ist. □

B.1.5 Definition
Es seien $\lambda \vdash n$ und $\lambda_i - i \equiv r_i \pmod{q}$ mit $0 \leq r_i \leq q-1$, für $1 \leq i \leq l := l(\lambda)$. Wir nennen r_i ein q-*Endresiduum* für $1 \leq i \leq q-1$ und $(r_1, \ldots, r_l)$ die q-*Endresiduenmenge* von λ.

Wir beabsichtigen, eine Menge von Partitionen von n anzugeben, deren Elemente zu den Konstituenten von sgn_n^q korrespondieren. Zudem wollen wir einige Eigenschaften dieser Menge bezüglich der Operatoren Ind_n^{n+1} und Res_{n-1}^n beschreiben. Zunächst werden wir aber die folgende Menge von Partitionen untersuchen. Wir werden später sehen, dass die assoziierten Partitionen dieser Menge genau den gesuchten Partitionen entsprechen.

B.1.6 Definition

Es sei $n \equiv r \pmod{q}$, für ein $0 \leq r \leq q-1$. Dann setzen wir $\Lambda_n^q := \{\lambda \vdash n : l(\lambda) < q \text{ und } q\text{-Kern } \lambda = [1^r]\}$.

Offenbar gilt für $\mu \in \Lambda_n^q$, dass $r \leq l(\mu)$ ist, falls $n \equiv r \pmod{q}$, mit $0 \leq r \leq q-1$. Im folgenden Lemma wollen wir zeigen, dass ein $\mu \in \Lambda_n^q$ höchstens einen Vorgänger in Λ_{n-1}^q hat. Falls $\mu \in \Lambda_n^q$ keinen solchen Vorgänger hat, so existiert aber eine gewisse endliche Folge von Elementen aus Λ_n^q, sodass das letzte Element aus dieser Folge genau einen Vorgänger in Λ_{n-1}^q hat.

B.1.7 Lemma

Es sei $\mu \in \Lambda_n^q$. Dann sind alle Einträge in der q-Endresiduenmenge von μ paarweise verschieden. Weiter gilt:

(i) $|\mathrm{Ind}_n^{n+1}(\mu) \cap \Lambda_{n+1}^q| = 1$.

(ii)
$$|\mathrm{Res}_{n-1}^n(\mu) \cap \Lambda_{n-1}^q| = \begin{cases} 1, & \text{falls } q \nmid n \text{ oder } l(\mu) = q-1, \\ 0, & \text{sonst.} \end{cases}$$

(iii) Gilt $q \mid n$ und ist $l := l(\mu) < q-1$, dann existieren $\mu = \lambda^1, \lambda^2, \ldots, \lambda^m$, wobei $m := q - l$ sei, mit
- $\lambda^i \in \Lambda_n^q$.
- $l(\lambda^{i+1}) = l(\lambda^i) + 1$ und $l(\lambda^m) = q - 1$.
- $\mathrm{Res}_{n-1}^n(\lambda^i) \cap \mathrm{Res}_{n-1}^n(\lambda^{i+1}) = \{\nu^i\}$ und $\mathrm{Ind}_{n-1}^n(\nu^i) \cap \Lambda_n^q = \{\lambda^i, \lambda^{i+1}\}$ für $1 \leq i \leq m - 1$. Insbesondere ist $\nu^i \notin \Lambda_{n-1}^q$.

Beweis. Für $n < q$ ist $\Lambda_n^q = \{[1^n]\}$, und somit folgt die Behauptung in diesen Fällen direkt. Es sei also $q \leq n$ und $n \equiv r \pmod{q}$ mit $0 \leq r \leq q-1$. Wir zeigen zuerst, dass die q-Endresiduen von μ alle paarweise verschieden sind. Wie schon direkt vor diesem Lemma angemerkt, muss $r \leq l = l(\lambda)$ sein. Es seien t, α und β wie in Bemerkung B.1.3 gegeben, wobei $\lambda := [1^n]$ sei. Für $1 \leq i \leq t$ haben wir dann

$$\alpha_i = \begin{cases} t+1-i, & \text{falls } i \leq n, \\ t-i, & \text{falls } i > n, \end{cases}$$

und

$$\beta_i = \begin{cases} \mu_i + t - i, & \text{falls } 1 \leq i \leq l, \\ t - i, & \text{falls } l + 1 \leq i. \end{cases}$$

Also haben wir die β-Folgen $\alpha = \{t, t-1, \ldots, t+1-n, t-n-1, \ldots, 1, 0\}$ und $\beta = \{\mu_1 + t - 1, \ldots, \mu_l + t - l, t - l - 1, \ldots, 1, 0\}$. Da $[1^n]$ und μ den selben q-Kern haben, muss nach Lemma B.1.4 also gelten: $\alpha \equiv \beta \pmod{q}$. Da nun $\alpha_{i+1} = \beta_i$ für $l + 1 \leq i < n$ und $\alpha_i = \beta_i$ für $n + 1 \leq i \leq t$ ist, ist die Aussage $\alpha \equiv \beta \pmod{q}$ äquivalent zu:

$$\{t, \ldots, t-l\} \equiv \{\mu_1 + t - 1, \ldots, \mu_l + t - l, t - n\} \pmod{q}.$$

B.1. Theoretische Ergebnisse zu sgn_n^q

Da $n \equiv r \pmod{q}$ ist, ist dies wiederum äquivalent zu:

$$\{t,\ldots,t-l\}\setminus\{t-r\} \equiv \{\mu_1+t-1,\ldots,\mu_l+t-l\} \pmod{q}.$$

Da $t \equiv 0 \pmod{q}$ ist, folgt daraus:

$$\rho := \{0, q-1, \ldots, q-l\}\setminus\{s\} \equiv \{\mu_1-1,\ldots,\mu_l-l\} \pmod{q}, \tag{B.1}$$

wobei $s \equiv q-r \pmod{q}$ mit $0 \leq s \leq q-1$ sei. Es folgt, dass die q-Endresiduen von μ alle paarweise verschieden sind.

Bevor wir die drei weiteren Aussagen beweisen, wollen wir noch folgende Anmerkung machen. Es sei $b \equiv q-r+1 \pmod{q}$ mit $0 \leq b \leq q-1$. Der Knoten $(n+1,1)$ bzw. $(n,1)$ hat das q-Residuum s bzw. b. Damit nun μ einen Nachfolger bzw. Vorgänger in Λ_{n+1}^q bzw. in Λ_{n-1}^q hat, muss nach Satz 1.6.7 ein solcher Nachfolger bzw. Vorgänger zumindest dieselbe q-Residuenmenge wie $[1^{n+1}]$ bzw. $[1^{n-1}]$ haben. Also muss dann μ einen hinzufügbaren Knoten mit q-Residuum s bzw. einen entfernbaren Knoten mit q-Residuum b haben, da μ den gleichen q-Inhalt wie $\lambda = [1^n]$ hat. Diesen Fakt wollen wir im Folgenden benutzen. Ein weiterer Fakt ist der folgende: Fügt man einen Knoten (i, μ_i+1) zu μ hinzu und hat dieser Knoten das q-Residuum z, so gilt für den Knoten (i, μ_i), falls $\mu_i \neq 0$ ist, dann: $\mu_i - i \equiv z - 1 \pmod{q}$.

(i) Wir werden nachprüfen, dass es immer einen zu μ hinzufügbaren Knoten mit Residuum s gibt. Wir unterscheiden weiter zwei Fälle, nämlich ob $r < l$ oder ob $l = r$ ist.

– Es sei $r < l$. Aus (B.1) folgern wir, dass $q - r - 1 \in \rho$ ist, und dass genau ein i existiert, sodass $\mu_i - i \equiv q - r - 1 \pmod{q}$ ist. Da s nicht in der q-Endresiduenmenge von μ vorkommt, muss $\mu_{i-1} \neq \mu_i$ gelten, falls $i > 1$ ist. In diesem Fall kann man (i, μ_i+1) zu μ hinzufügen, und dieser hat das q-Residuum s. Damit ist also $[\mu_1, \ldots, \mu_i+1, \ldots, \mu_l] \in \Lambda_{n+1}^q$. Zudem gibt es in diesem Fall auch keine weitere Möglichkeit, einen Knoten mit q-Residuum s zu μ hinzuzufügen, da es nur genau einen Randknoten mit einem q-Residuum kongruent zu $q - r - 1$ gibt, an dem man einen solchen Knoten hinzufügen könnte, und der Knoten $(l+1,1)$ das q-Residuum $-l \not\equiv q - r \equiv s \pmod{q}$ hat.

– Ist nun $l = r$, so kann man $(l+1,1)$ zu μ hinzufügen. Und das entsprechende Residuum ist

$$1 - (l+1) \equiv -r \equiv s \pmod{q}.$$

Ist weiter $l \neq q-1$, so ist $[\mu_1, \ldots, \mu_l, 1] \in \Lambda_{n+1}^q$. In diesem Fall gibt es auch keinen anderen hinzufügbaren Knoten mit q-Residuum s, da $q - r - 1 \notin \rho$ ist und somit es nach der Äquivalenz aus (B.1) keinen Randknoten von μ mit Residuum kongruent zu $q - r - 1$ modulo q gibt, was dafür nötig wäre.

Ist hingegen $l = r = q-1$, so ist $s = 1$ und $q - l = 1$. Also ist $s = 1 \notin \rho$, aber es ist $0 \in \rho$. Also existiert wegen (B.1) ein j, sodass $\mu_j - j \equiv q - 1 - q + 1 \equiv 0 \pmod{q}$ ist. Und da $1 \notin \rho$ ist, folgt wieder mit (B.1), dass kein Zeilenendknoten das Residuum 1 hat. Also kann man (j, μ_j+1) an μ hinzufügen, und es ist $[\mu_1, \ldots, \mu_j+1, \ldots, \mu_l] \in \Lambda_{n+1}^q$. Dies ist die einzige Möglichkeit in diesem Fall.

Also gibt es in beiden Fällen immer genau einen zu μ hinzufügbaren Knoten mit q-Residuum s, sodass der so erhaltene Nachfolger in Λ_{n+1}^q liegt. Damit folgt die Aussage von (i).

(ii) Wir müssen nachprüfen, ob es einen entfernbaren Randknoten mit q-Residuum b gibt, wobei $b \equiv q - r + 1 \pmod{q}$ und $0 \leq b \leq q-1$ sei. Auch hier unterscheiden wir zwei Fälle:

- Es sei $q \mid n$ und $l < q - 1$. Damit ist in diesem Fall $b = 1$. Wir werden feststellen, dass $\operatorname{Res}_{n-1}^n(\mu) \cap \Lambda_{n-1}^q = \emptyset$ ist. Damit dieser Schnitt nicht leer wäre, müsste μ einen Endknoten mit q-Residuum 1 von μ haben. Aber da $l < q - 1$ ist, ist $1 \notin \rho$. Also hat nach (B.1) μ keinen Zeilenendknoten mit einem solchem q-Residuum. Damit ist der Schnitt der beiden Mengen leer. Also hat μ in diesem Fall keinen Vorgänger in Λ_{n-1}^q.
- Es gelte jetzt $q \nmid n$ oder $l = q - 1$. Gilt $q \nmid n$, so ist $q - r + 1 \in \rho$, da $r \leq l$ ist. Also gibt es nach (B.1) genau ein i mit $\mu_i - i \equiv b \pmod{q}$. Nun ist (i, μ_i) aus μ entfernbar, da der Knoten $(i + 1, \mu_i)$ nicht zu μ gehört, da das entsprechende q-Residuum eines solchen Knotens, nämlich s, nach (B.1) kein q-Endresiduum von μ ist. Damit gibt es in diesem Fall genau einen Vorgänger von μ in Λ_{n-1}^q. Gilt nun $q \mid n$ und $l = q - 1$, so ist $b = 1$, und somit ist $b \in \rho$. Mit der Argumentation von eben folgt auch in diesem Fall, dass es genau einen Vorgänger von μ in Λ_{n-1}^q gibt.

Damit ist die Behauptung von (ii) gezeigt.

(iii) Wir betrachten hier den Fall, dass $q \mid n$ und $l < q - 1$ gilt. Da in diesem Fall $q - l \in \rho$ ist, folgern wir mit (B.1), dass genau ein i existiert mit $\mu_i - i \equiv q - l \pmod{q}$. Da $q - l - 1 \notin \rho$ ist, existiert wegen (B.1) kein Endknoten mit entsprechendem Residuum. Also ist $(i + 1, \mu_i) \notin \mu$, und somit ist der Knoten (i, μ_i) entfernbar. Dann ist aber $\lambda^2 := [\mu_1, \ldots, \mu_i - 1, \ldots, \mu_l, 1] \in \Lambda_{n}^q$. Dabei sei angemerkt, dass $(l, 1) \neq (i, \mu_i)$ ist, da das Residuum von $(l + 1, 1)$ kongruent zu $-l \equiv \mu_i - i \pmod{q}$ ist und somit $(l, 1)$ nicht das gleiche Residuum hat wie (i, μ_i). Weiter erfüllt λ^2 auch die anderen Bedingungen von (iii). Zudem ist mit $\nu^1 := [\mu_1, \ldots, \mu_i - 1, \ldots, \mu_l]$ auch $\operatorname{Ind}_{n-1}^n(\nu^1) \cap \Lambda_n^q = \{\lambda^1, \lambda^2\}$, da alle anderen Elemente von $\operatorname{Ind}_{n-1}^n(\nu^1)$ andere q-Kerne haben. Sukzessive erhalten wir so $\mu =: \lambda^1, \lambda^2, \ldots, \lambda^m$ und $\nu^1, \ldots, \nu^{m-1}$ mit den gewünschten Eigenschaften. Damit folgt die Behauptung aus (iii).

□

Wir wollen eigentlich eine Aussage über bestimmte Partitionen machen, die denselben q-Kern wie $[n]$ haben. Mit der folgenden Menge können wir im Fall, dass q eine Primzahl ist, die Konstituenten von sgn_n^q parametrisieren.

B.1.8 Definition
Es sei $n \equiv r \pmod{q}$, für ein $0 \leq r \leq q - 1$. Dann setzen wir $\Delta_n^q := \{\lambda \vdash n : \lambda_1 < q, q\text{-Kern } \lambda = [r]\}$.

Man sieht schnell, dass die Mengen Λ_n^q und Δ_n^q wie folgt in Beziehung stehen: Genau dann ist $\lambda \in \Lambda_n^q$, wenn $\lambda' \in \Delta_n^q$ ist. Wir werden nun die Ergebnisse für Λ_n^q auf Elemente von Δ_n^q transformieren.

B.1.9 Korollar
Es sei $\mu \in \Delta_n^q$. Dann gilt:

(i) $|\operatorname{Ind}_n^{n+1}(\mu) \cap \Delta_{n+1}^q| = 1$.

(ii)
$$|\operatorname{Res}_{n-1}^n(\mu) \cap \Delta_{n-1}^q| = \begin{cases} 1, & \text{falls } q \nmid n \text{ oder } \mu_1 = q - 1, \\ 0, & \text{sonst.} \end{cases}$$

(iii) Gilt $q \mid n$ und $\mu_1 < q - 1$, $m := q - \mu_1$, so existieren $\mu = \lambda^1, \lambda^2, \ldots, \lambda^m$ mit

- $\lambda^i \in \Delta_n^q$.

B.1. Theoretische Ergebnisse zu sgn$_n^q$

- $\lambda_1^{i+1} = \lambda_1^i + 1$ und $\lambda_1^m = q - 1$.
- $\operatorname{Res}_{n-1}^n(\lambda^i) \cap \operatorname{Res}_{n-1}^n(\lambda^{i+1}) = \{\nu^i\}$ und $\operatorname{Ind}_{n-1}^n(\nu^i) \cap \Delta_n^q = \{\lambda^i, \lambda^{i+1}\}$ für $1 \leq i \leq m - 1$. Insbesondere ist $\nu^i \notin \Delta_{n-1}^q$.

Beweis. Das Transponieren von Partitionen induziert eine Bijektion $' : \Lambda_n^q \to \Delta_n^q$, $\mu \mapsto \mu'$. Denn ist ν der q-Kern von μ, so ist ν' der q-Kern von μ'. Die Behauptungen folgen nun aus Lemma B.1.7. □

Wir betrachten jetzt den Fall $q = p$ eine Primzahl. Wir bestimmen nun die Konstituenten von sgn$_n^p$ und ihre Vielfachheiten.

B.1.10 Korollar
Es ist
$$\operatorname{sgn}_n^p = \sum_{\mu \in \Delta_n^p} \delta_\mu \cdot \zeta^\mu,$$

wobei $\delta_\mu \in \{\pm 1\}$ ist.

Beweis. Wir führen den Beweis durch Induktion nach n. Ist $n < p$, so ist sgn$_n^p = \zeta_{n,0}$ und $\Delta_n^p = \{[n]\}$. Somit stimmt die Behauptung für $n < p$. Es sei also $n \geq p$, und es sei $\mu \in \Delta_n^p$. Wir erinnern daran, dass $\operatorname{Res}_{S_{n-1}}^{S_n}(\operatorname{sgn}_n^p) = \operatorname{sgn}_{n-1}^p$ ist.

- Zunächst betrachten wir den Fall, dass $p \nmid n$ oder $\mu_1 = p - 1$ ist. Nach Korollar B.1.9 gilt

$$\operatorname{Res}_{n-1}^n(\mu) \cap \Delta_{n-1}^p = \{\nu\}.$$

Andererseits folgern wir mit Korollar B.1.9 dann

$$\operatorname{Ind}_{n-1}^n(\nu) \cap \Delta_n^p = \{\mu\}.$$

Da nach Lemma 2.4.9 jeder Konstituent von sgn$_n^p$ in Δ_n^p ist, können wir nun mit der Frobenius-Reziprozität und der Induktionsannahme folgern:

$$\delta = (\operatorname{sgn}_{n-1}^p, \zeta^\nu)_{S_{n-1}} = (\operatorname{sgn}_n^p, \operatorname{Ind}_{S_{n-1}}^{S_n}(\zeta^\nu))_{S_n} = (\operatorname{sgn}_n^p, \zeta^\mu)_{S_n}, \qquad (B.2)$$

für ein $\delta \in \{\pm 1\}$.

- Kommen wir also zum zweiten Fall: $p \mid n$ und $\mu_1 < p - 1$. Es seien $\{\mu = \lambda^1, \ldots, \lambda^m\} \subseteq \Delta_n^p$ und $\nu^1, \ldots, \nu^{m-1}$ Partitionen von $n - 1$, gemäß Korollar B.1.9 (iii), mit $\lambda_1^m = p - 1$. Mit einer Argumentation wie der von oben folgt dann mit der Frobenius-Reziprozität für $1 \leq i \leq m - 1$:

$$0 = (\operatorname{sgn}_{n-1}^p, \zeta^{\nu^i})_{S_{n-1}} = (\operatorname{sgn}_n^p, \operatorname{Ind}_{S_{n-1}}^{S_n}(\zeta^{\nu^i}))_{S_n} = (\operatorname{sgn}_n^p, \zeta^{\lambda^i} + \zeta^{\lambda^{i+1}})_{S_n}.$$

Dabei gilt die erste Gleichung, da wegen Lemma 2.4.9 jeder Konstituent von sgn$_{n-1}^q$ zu einer Partition aus Δ_{n-1}^p korrespondiert und da $\nu_i \notin \Delta_{n-1}^p$ ist für alle $1 \leq i \leq m - 1$. Da $\lambda_1^m = p - 1$ ist, erfüllt λ^m also die Voraussetzungen für den ersten Fall. Mit Gleichung (B.2) folgt $(\operatorname{sgn}_n^p, \zeta^{\lambda^m})_{S_n} = (-1)^x$ für ein $x \in \mathbb{N}$. Damit können wir nun induktiv schließen, dass $(\operatorname{sgn}_n^p, \zeta^\mu)_{S_n} = (-1)^{x+m-1}$ ist.

Damit haben wir jetzt insgesamt gezeigt, dass für $\mu \in \Delta_n^p$ gilt: $(\zeta^\mu, \operatorname{sgn}_n^p) = \pm 1$. Da nach Lemma 2.4.9 sgn$_n^p$ nur Konstituenten hat, die zu Partitionen aus Δ_n^p korrespondieren, folgt damit die Behauptung. □

Wir wollen jetzt im Spezialfall $p = 3$ die Konstituenten von sgn_n^3 und deren exakte Vielfachheit bestimmen. Dies geht in diesem Fall relativ einfach, da die Menge Δ_n^3 leicht zu beschreiben ist. Wir bestimmen zuerst die Menge Δ_n^3.

B.1.11 Lemma
Es sei $n \in \mathbb{N}$. Dann ist $|\Delta_n^3| = \lfloor \frac{n}{3} \rfloor + 1$. Für $1 \leq i \leq \lfloor \frac{n}{3} \rfloor + 1$ sei $m_{n,i} := n - 3(i-1)$ und

$$\lambda^{n,i} = \begin{cases} [2^{\frac{m_{n,i}}{2}}, 1^{3(i-1)}], & \text{falls } 2 \mid m_{n,i}, \\ [2^{\frac{m_{n,i}-1}{2}}, 1^{3(i-1)+1}], & \text{sonst.} \end{cases}$$

Dann ist $\Delta_n^3 = \{\lambda^{n,i} : 1 \leq i \leq \lfloor \frac{n}{3} \rfloor + 1\}$.

Beweis. Wir zeigen zuerst die Behauptung über die Mächtigkeit von Δ_n^3. Wir führen eine Induktion nach n. Für $n \leq 2$ ist die Behauptung klar, und für $n = 3$ gilt: $\Delta_3^3 = \{[2,1], [1^3]\}$, was genau der Behauptung entspricht. Es sei also $n > 3$. Wir machen nun eine Fallunterscheidung. Gilt $3 \nmid n$, so hat jedes $\lambda \in \Delta_n^3$ nach Korollar B.1.9 genau einen Vorgänger, und umgekehrt hat jedes $\mu \in \Delta_{n-1}^3$ genau einen Nachfolger in Δ_n^3. Dies bedeutet dann, dass für $\lambda, \nu \in \Delta_n^3$ mit $\lambda \neq \nu$ auch zwei verschiedene Vorgänger haben. Nach Induktion und da $3 \nmid n$ gilt also:

$$|\Delta_n^3| = |\Delta_{n-1}^3| = \lfloor \frac{n-1}{3} \rfloor + 1 = \lfloor \frac{n}{3} \rfloor + 1.$$

Es gelte jetzt $3 \mid n$. Nach Korollar B.1.9 hat $\lambda \in \Delta_n^3$ genau einen Vorgänger in Δ_{n-1}^3, falls $\lambda \neq [1^n]$ ist, und $[1^n]$ hat keinen, und weiter hat jedes $\mu \in \Delta_{n-1}^3$ genau einen Nachfolger in Δ_n^3. Dies Mit Induktion und da $3 \mid n$ erhalten wir dann:

$$|\Delta_n^3| = |\Delta_{n-1}^3| + 1 = \lfloor \frac{n-1}{3} \rfloor + 2 = \lfloor \frac{n}{3} \rfloor + 1.$$

Kommen wir nun zu der Gestalt der Elemente von Δ_n^3. Wenn wir zeigen, dass $\lambda^{n,i}$ denselben 3-Kern hat wie $[n]$, dann folgt $\lambda^{n,i} \in \Delta_n^3$. Wir zeigen dies durch Induktion nach n. Wie wir am Anfang des Beweises schon gesehen haben, ist die Behauptung für $n \leq 3$ klar. Also sei $n > 3$. Ist $2 \leq i$, und entfernt man aus der ersten Spalte von $\lambda^{n,i}$ die untersten drei Knoten, so erhält man $\lambda^{n-3,i-1}$. Nach Induktion ist $\lambda^{n-3,i-1} \in \Delta_{n-3}^3$. Damit hat $\lambda^{n-3,i-1}$ den gleichen 3-Kern wie $[n-3]$, dies ist aber auch der 3-Kern von $[n]$. Mit Satz 1.6.5 folgern wir, dass $\lambda^{n,i}$ dann den gleichen 3-Kern wie $[n]$ hat. Für $i = 1$ gilt: $\lambda^{n,1} = \mathrm{sc}(n,3)$. Mit Lemma 2.4.8 folgern wir damit, dass $\lambda^{n,1}$ in B_0 liegt, also auch denselben 3-Kern wie $[n]$ hat. Da wir schon gezeigt haben, dass $|\Delta_n^3| = \lfloor \frac{n}{3} \rfloor + 1$ ist, folgt nun $\Delta_n^3 = \{\lambda^{n,i} : 1 \leq i \leq \lfloor \frac{n}{3} \rfloor + 1\}$. Damit ist dann die Behauptung bewiesen. □

B.1.12 Korollar
Es sei $3 \leq n$, $m := \lfloor \frac{n}{3} \rfloor + 1$ und $\Lambda_n^3 = \{\lambda^{n,i} : 1 \leq i \leq m\}$ mit $\lambda^{n,i}$ wie in Lemma B.1.11. Dann gilt:

$$\mathrm{sgn}_n^3 = \sum_{i=1}^m (-1)^{i+1} \zeta^{\lambda^{n,i}}.$$

Beweis. Wir zeigen die Behauptung mit einer Induktion nach n. Im Fall $n < 3$ ist $\mathrm{sgn}_n^3 = \zeta^{[n]}$, und für $n = 3$ folgt die Behauptung aus Bemerkung B.1.1. Es sei also $n > 3$. Wir betrachten zuerst den Fall $i \neq m$. Nach Lemma B.1.11 ist $\Delta_n^3 = \{\lambda^{n,i} : 1 \leq i \leq \lfloor \frac{n}{3} \rfloor + 1\}$. Daraus folgern wir mit Korollar B.1.9, dass $\mathrm{Res}_{n-1}^n(\lambda^{n,i}) \cap \Lambda_n^3 = \{\lambda^{n-1,i}\}$ und $\mathrm{Ind}_{n-1}^n(\lambda^{n-1,i}) \cap \Lambda_n^3 = \{\lambda^{n,i}\}$ gilt. Da wegen Korollar B.1.10 sgn_n^p nur Konstituenten aus Λ_n^3 hat, folgt dann mit der Frobenius-Reziprozität:

$$(-1)^{i+1} = (\zeta^{\lambda^{n-1,i}}, \mathrm{sgn}_{n-1}^3)_{\mathcal{S}_{n-1}} = (\zeta^{\lambda^{n-1,i}}, \mathrm{Res}_{\mathcal{S}_{n-1}}^{\mathcal{S}_n}(\mathrm{sgn}_n^3))_{\mathcal{S}_{n-1}} = (\mathrm{Ind}_{\mathcal{S}_{n-1}}^{\mathcal{S}_n}(\zeta^{\lambda^{n-1,i}}), \mathrm{sgn}_n^3)_{\mathcal{S}_n} = (\zeta^{\lambda^{n,i}}, \mathrm{sgn}_n^3)_{\mathcal{S}_n}.$$

B.2. Tabellen

Es sei nun $i = m$. Ist $n \equiv 0 \pmod{3}$, so ist $\lambda^{n,m} = [1^n]$, und aus Lemma 2.4.4 folgt $(\zeta^{[1^n]}, \text{sgn}_n^3)_{\mathcal{S}_n} = (-1)^n = (-1)^{m+1}$. Ist nun $n \equiv 1,2 \pmod{3}$, so folgern wir mit Korollar B.1.9, dass $\text{Res}_{n-1}^n(\lambda^{n,m}) \cap \Lambda_n^3 = \{\lambda^{n-1,m}\}$ gilt, und somit $\text{Ind}_{n-1}^n(\lambda^{n-1,m}) \cap \Delta_n^3 = \{\lambda^{n,m}\}$. Nun folgt mit der Argumentation von oben, dass $(\zeta^{\lambda^{n,m}}, \text{sgn}_n^3)_{\mathcal{S}_n} = (-1)^{m+1}$ ist. Damit ist die Behauptung gezeigt. □

Die berechneten Beispiele, Bemerkung B.1.1 und Korollar B.1.10 legen die folgende Vermutung nahe.

B.1.13 Vermutung
Es seinen $n \in \mathbb{N}$, $2 < q$ und q keine Primzahl. Dann gilt:
$$\text{sgn}_n^q = \sum_{\mu \in \Delta_n^q} \delta_\mu \cdot \zeta^\mu$$
mit $\delta_\mu \in \{\pm 1\}$ für alle $\mu \in \Delta_n^q$. □

Eine Aussage, die wir im Fall, dass q keine Primzahl, bisher nicht haben, ist, dass sgn_n^q nur Konstituenten aus Δ_n^q hat. Im Fall q prim können wir dies in Lemma 2.4.9 mit den p-Kostkazahlen zum 1-PIM folgern.

B.2 Tabellen

Hier werden nun für $3 \leq q \leq 18$ und $q \leq n \leq 18$, die Konstituenten von sgn_n^q angegeben. Die entsprechenden Rechnungen wurden in GAP durchgeführt. Die Ergebnisse dieser Rechnungen bilden die Grundlage für die Vermutung B.1.13. In den Tabellen geben wir immer die entsprechenden Partitionen der irreduziblen gewöhnlichen Konstituenten von sgn_n^q an. Die Vielfachheit der Konstituenten ist immer ± 1; dies wird durch das Vorzeichen vor einer Partition angezeigt. Wir zeigen am Beispiel $q = 3$ und $n = 6$, wie die folgenden Tabellen zu lesen sind. In der entsprechenden Zeile steht dort: $+[1^6] - [2^1, 1^4] + [2^3]$. Dies bedeutet dann: $\text{sgn}_6^3 = \zeta^{[1^6]} - \zeta^{[2,1^4]} + \zeta^{[2^3]}$.

n	sgn_n^3
3	$-[1^3] + [2,1]$
4	$-[1^4] + [2^2]$
5	$-[2^1, 1^3] + [2^2, 1^1]$
6	$+[1^6] - [2^1, 1^4] + [2^3]$
7	$+[1^7] - [2^2, 1^3] + [2^3, 1^1]$
8	$+[2^1, 1^6] - [2^2, 1^4] + [2^4]$
9	$-[1^9] + [2^1, 1^7] - [2^3, 1^3] + [2^4, 1^1]$
10	$-[1^{10}] + [2^2, 1^6] - [2^3, 1^4] + [2^5]$
11	$-[2^1, 1^9] + [2^2, 1^7] - [2^4, 1^3] + [2^5, 1^1]$
12	$+[1^{12}] - [2^1, 1^{10}] + [2^3, 1^6] - [2^4, 1^4] + [2^6]$
13	$+[1^{13}] - [2^2, 1^9] + [2^3, 1^7] - [2^5, 1^3] + [2^6, 1^1]$
14	$+[2^1, 1^{12}] - [2^2, 1^{10}] + [2^4, 1^6] - [2^5, 1^4] + [2^7]$
15	$-[1^{15}] + [2^1, 1^{13}] - [2^3, 1^9] + [2^4, 1^7] - [2^6, 1^3] + [2^7, 1^1]$
16	$-[1^{16}] + [2^2, 1^{12}] - [2^3, 1^{10}] + [2^5, 1^6] - [2^6, 1^4] + [2^8]$
17	$-[2^1, 1^{15}] + [2^2, 1^{13}] - [2^4, 1^9] + [2^5, 1^7] - [2^7, 1^3] + [2^8, 1^1]$
18	$+[1^{18}] - [2^1, 1^{16}] + [2^3, 1^{12}] - [2^4, 1^{10}] + [2^6, 1^6] - [2^7, 1^4] + [2^9]$

Tabelle B.1: Konstituenten von sgn_n^3.

n	sgn_n^4
4	$+[1^4] - [2^1,1^2] + [3^1,1^1]$
5	$+[1^5] - [2^2,1^1] + [3^1,2^1]$
6	$+[2^1,1^4] - [2^2,1^2] + [3^2]$
7	$+[3^1,1^4] - [3^1,2^1,1^2] + [3^2,1^1]$
8	$+[1^8] - [2^1,1^6] + [2^4] + [3^1,1^5]$ $-[3^1,2^2,1^1] + [3^2,2^1]$
9	$+[1^9] - [2^2,1^5] + [2^4,1^1] + [3^1,2^1,1^4]$ $-[3^1,2^2,1^2] + [3^3]$
10	$+[2^1,1^8] - [2^2,1^6] + [2^5] + [3^2,1^4]$ $-[3^2,2^1,1^2] + [3^3,1^1]$
11	$+[3^1,1^8] - [3^1,2^1,1^6] + [3^1,2^4] + [3^2,1^5]$ $-[3^2,2^2,1^1] + [3^3,2^1]$
12	$+[1^{12}] - [2^1,1^{10}] + [2^4,1^4] - [2^5,1^2]$ $+[3^1,1^9] - [3^1,2^2,1^5] + [3^1,2^4,1^1] + [3^2,2^1,1^4] - [3^2,2^2,1^2]$ $+[3^4]$
13	$+[1^{13}] - [2^2,1^9] + [2^4,1^5] - [2^6,1^1]$ $+[3^1,2^1,1^8] - [3^1,2^2,1^6] + [3^1,2^5] + [3^3,1^4] - [3^3,2^1,1^2]$ $+[3^4,1^1]$
14	$+[2^1,1^{12}] - [2^2,1^{10}] + [2^5,1^4] - [2^6,1^2]$ $+[3^2,1^8] - [3^2,2^1,1^6] + [3^2,2^4] + [3^3,1^5] - [3^3,2^2,1^1]$ $+[3^4,2^1]$
15	$+[3^1,1^{12}] - [3^1,2^1,1^{10}] + [3^1,2^4,1^4] - [3^1,2^5,1^2]$ $+[3^2,1^9] - [3^2,2^2,1^5] + [3^2,2^4,1^1] + [3^3,2^1,1^4] - [3^3,2^2,1^2]$ $+[3^5]$
16	$+[1^{16}] - [2^1,1^{14}] + [2^4,1^8] - [2^5,1^6]$ $+[2^8] + [3^1,1^{13}] - [3^1,2^2,1^9] + [3^1,2^4,1^5] - [3^1,2^6,1^1]$ $+[3^2,2^1,1^8] - [3^2,2^2,1^6] + [3^2,2^5] + [3^4,1^4] - [3^4,2^1,1^2]$ $+[3^5,1^1]$
17	$+[1^{17}] - [2^2,1^{13}] + [2^4,1^9] - [2^6,1^5]$ $+[2^8,1^1] + [3^1,2^1,1^{12}] - [3^1,2^2,1^{10}] + [3^1,2^5,1^4] - [3^1,2^6,1^2]$ $+[3^3,1^8] - [3^3,2^1,1^6] + [3^3,2^4] + [3^4,1^5] - [3^4,2^2,1^1]$ $+[3^5,2^1]$
18	$+[2^1,1^{16}] - [2^2,1^{14}] + [2^5,1^8] - [2^6,1^6]$ $+[2^9] + [3^2,1^{12}] - [3^2,2^1,1^{10}] + [3^2,2^4,1^4] - [3^2,2^5,1^2]$ $+[3^3,1^9] - [3^3,2^2,1^5] + [3^3,2^4,1^1] + [3^4,2^1,1^4] - [3^4,2^2,1^2]$ $+[3^6]$

Tabelle B.2: Konstituenten von sgn_n^4.

n	sgn_n^5
5	$-[1^5]+[2^1,1^3]-[3^1,1^2]+[4^1,1^1]$
6	$-[1^6]+[2^2,1^2]-[3^1,2^1,1^1]+[4^1,2^1]$
7	$-[2^1,1^5]+[2^2,1^3]-[3^2,1^1]+[4^1,3^1]$
8	$-[3^1,1^5]+[3^1,2^1,1^3]-[3^2,1^2]+[4^2]$
9	$-[4^1,1^5]+[4^1,2^1,1^3]-[4^1,3^1,1^2]+[4^2,1^1]$
10	$+[1^{10}]-[2^1,1^8]+[2^5]+[3^1,1^7]$ $-[3^1,2^3,1^1]+[3^2,2^2]-[4^1,1^6]+[4^1,2^2,1^2]-[4^1,3^1,2^1,1^1]+[4^2,2^1]$
11	$+[1^{11}]-[2^2,1^7]+[2^5,1^1]+[3^1,2^1,1^6]$ $-[3^1,2^3,1^2]+[3^3,2^1]-[4^1,2^1,1^5]+[4^1,2^2,1^3]-[4^1,3^2,1^1]+[4^2,3^1]$
12	$+[2^1,1^{10}]-[2^2,1^8]+[2^6]+[3^2,1^6]$ $-[3^2,2^2,1^2]+[3^3,2^1,1^1]-[4^1,3^1,1^5]+[4^1,3^1,2^1,1^3]-[4^1,3^2,1^2]+[4^3]$
13	$+[3^1,1^{10}]-[3^1,2^1,1^8]+[3^1,2^5]+[3^2,1^7]$ $-[3^2,2^3,1^1]+[3^3,2^2]-[4^2,1^5]+[4^2,2^1,1^3]-[4^2,3^1,1^2]+[4^3,1^1]$
14	$+[4^1,1^{10}]-[4^1,2^1,1^8]+[4^1,2^5]+[4^1,3^1,1^7]$ $-[4^1,3^1,2^3,1^1]+[4^1,3^2,2^2]-[4^2,1^6]+[4^2,2^2,1^2]-[4^2,3^1,2^1,1^1]+[4^3,2^1]$
15	$-[1^{15}]+[2^1,1^{13}]-[2^5,1^5]+[2^6,1^3]$ $-[3^1,1^{12}]+[3^1,2^3,1^6]-[3^1,2^5,1^2]-[3^2,2^2,1^5]+[3^2,2^3,1^3]$ $-[3^5]+[4^1,1^{11}]-[4^1,2^2,1^7]+[4^1,2^5,1^1]+[4^1,3^1,2^1,1^6]$ $-[4^1,3^1,2^3,1^2]+[4^1,3^3,2^1]-[4^2,2^1,1^5]+[4^2,2^2,1^3]-[4^2,3^2,1^1]$ $+[4^3,3^1]$
16	$-[1^{16}]+[2^2,1^{12}]-[2^5,1^6]+[2^7,1^2]$ $-[3^1,2^1,1^{11}]+[3^1,2^3,1^7]-[3^1,2^6,1^1]-[3^3,2^1,1^5]+[3^3,2^2,1^3]$ $-[3^5,1^1]+[4^1,2^1,1^{10}]-[4^1,2^2,1^8]+[4^1,2^6]+[4^1,3^2,1^6]$ $-[4^1,3^2,2^2,1^2]+[4^1,3^3,2^1,1^1]-[4^2,3^1,1^5]+[4^2,3^1,2^1,1^3]-[4^2,3^2,1^2]$ $+[4^4]$
17	$-[2^1,1^{15}]+[2^2,1^{13}]-[2^6,1^5]+[2^7,1^3]$ $-[3^2,1^{11}]+[3^2,2^2,1^7]-[3^2,2^5,1^1]-[3^3,2^1,1^6]+[3^3,2^3,1^2]$ $-[3^5,2^1]+[4^1,3^1,1^{10}]-[4^1,3^1,2^1,1^8]+[4^1,3^1,2^5]+[4^1,3^2,1^7]$ $-[4^1,3^2,2^3,1^1]+[4^1,3^3,2^2]-[4^3,1^5]+[4^3,2^1,1^3]-[4^3,3^1,1^2]$ $+[4^4,1^1]$
18	$-[3^1,1^{15}]+[3^1,2^1,1^{13}]-[3^1,2^5,1^5]+[3^1,2^6,1^3]$ $-[3^2,1^{12}]+[3^2,2^3,1^6]-[3^2,2^5,1^2]-[3^3,2^2,1^5]+[3^3,2^3,1^3]$ $-[3^6]+[4^2,1^{10}]-[4^2,2^1,1^8]+[4^2,2^5]+[4^2,3^1,1^7]$ $-[4^2,3^1,2^3,1^1]+[4^2,3^2,2^2]-[4^3,1^6]+[4^3,2^2,1^2]-[4^3,3^1,2^1,1^1]$ $+[4^4,2^1]$

Tabelle B.3: Konstituenten von sgn_n^5.

n	sgn_n^6
6	$+[1^6] - [2^1,1^4] + [3^1,1^3] - [4^1,1^2] + [5^1,1^1]$
7	$+[1^7] - [2^2,1^3] + [3^1,2^1,1^2] - [4^1,2^1,1^1] + [5^1,2^1]$
8	$+[2^1,1^6] - [2^2,1^4] + [3^2,1^2] - [4^1,3^1,1^1] + [5^1,3^1]$
9	$+[3^1,1^6] - [3^1,2^1,1^4] + [3^2,1^3] - [4^2,1^1] + [5^1,4^1]$
10	$+[4^1,1^6] - [4^1,2^1,1^4] + [4^1,3^1,1^3] - [4^2,1^2] + [5^2]$
11	$+[5^1,1^6] - [5^1,2^1,1^4] + [5^1,3^1,1^3] - [5^1,4^1,1^2] + [5^2,1^1]$
12	$+[1^{12}] - [2^1,1^{10}] + [2^6] + [3^1,1^9]$ $-[3^1,2^4,1^1] + [3^2,2^3] - [4^1,1^8] + [4^1,2^3,1^2] - [4^1,3^1,2^2,1^1]$ $+[4^2,2^2] + [5^1,1^7] - [5^1,2^2,1^3] + [5^1,3^1,2^1,1^2] - [5^1,4^1,2^1,1^1] + [5^2,2^1]$
13	$+[1^{13}] - [2^2,1^9] + [2^6,1^1] + [3^1,2^1,1^8]$ $-[3^1,2^4,1^2] + [3^3,2^2] - [4^1,2^1,1^7] + [4^1,2^3,1^3] - [4^1,3^2,2^1,1^1]$ $+[4^2,3^1,2^1] + [5^1,2^1,1^6] - [5^1,2^2,1^4] + [5^1,3^2,1^2] - [5^1,4^1,3^1,1^1] + [5^2,3^1]$
14	$+[2^1,1^{12}] - [2^2,1^{10}] + [2^7] + [3^2,1^8]$ $-[3^2,2^3,1^2] + [3^3,2^2,1^1] - [4^1,3^1,1^7] + [4^1,3^1,2^2,1^3] - [4^1,3^2,2^1,1^2]$ $+[4^3,2^1] + [5^1,3^1,1^6] - [5^1,3^1,2^1,1^4] + [5^1,3^2,1^3] - [5^1,4^2,1^1] + [5^2,4^1]$
15	$+[3^1,1^{12}] - [3^1,2^1,1^{10}] + [3^1,2^6] + [3^2,1^9]$ $-[3^2,2^4,1^1] + [3^3,2^3] - [4^2,1^7] + [4^2,2^2,1^3] - [4^2,3^1,2^1,1^2]$ $+[4^3,2^1,1^1] + [5^1,4^1,1^6] - [5^1,4^1,2^1,1^4] + [5^1,4^1,3^1,1^3] - [5^1,4^2,1^2] + [5^3]$
16	$+[4^1,1^{12}] - [4^1,2^1,1^{10}] + [4^1,2^6] + [4^1,3^1,1^9]$ $-[4^1,3^1,2^4,1^1] + [4^1,3^2,2^3] - [4^2,1^8] + [4^2,2^3,1^2] - [4^2,3^1,2^2,1^1]$ $+[4^3,2^2] + [5^2,1^6] - [5^2,2^1,1^4] + [5^2,3^1,1^3] - [5^2,4^1,1^2] + [5^3,1^1]$
17	$+[5^1,1^{12}] - [5^1,2^1,1^{10}] + [5^1,2^6] + [5^1,3^1,1^9]$ $-[5^1,3^1,2^4,1^1] + [5^1,3^2,2^3] - [5^1,4^1,1^8] + [5^1,4^1,2^3,1^2] - [5^1,4^1,3^1,2^2,1^1]$ $+[5^1,4^2,2^2] + [5^2,1^7] - [5^2,2^2,1^3] + [5^2,3^1,2^1,1^2] - [5^2,4^1,2^1,1^1] + [5^3,2^1]$
18	$+[1^{18}] - [2^1,1^{16}] + [2^6,1^6] - [2^7,1^4]$ $+[3^1,1^{15}] - [3^1,2^4,1^7] + [3^1,2^6,1^3] + [3^2,2^3,1^6] - [3^2,2^4,1^4]$ $+[3^6] - [4^1,1^{14}] + [4^1,2^3,1^8] - [4^1,2^6,1^2] - [4^1,3^1,2^2,1^7]$ $+[4^1,3^1,2^4,1^3] - [4^1,3^4,2^1] + [4^2,2^2,1^6] - [4^2,2^3,1^4] + [4^2,3^3,1^1]$ $-[4^3,3^2] + [5^1,1^{13}] - [5^1,2^2,1^9] + [5^1,2^6,1^1] + [5^1,3^1,2^1,1^8]$ $-[5^1,3^1,2^4,1^2] + [5^1,3^3,2^2] - [5^1,4^1,2^1,1^7] + [5^1,4^1,2^3,1^3] - [5^1,4^1,3^2,2^1,1^1]$ $+[5^1,4^2,3^1,2^1] + [5^2,2^1,1^6] - [5^2,2^2,1^4] + [5^2,3^2,1^2] - [5^2,4^1,3^1,1^1]$ $+[5^3,3^1]$

Tabelle B.4: Konstituenten von sgn_n^6.

n	sgn_n^7
7	$-[1^7]+[2^1,1^5]-[3^1,1^4]+[4^1,1^3]-[5^1,1^2]+[6^1,1^1]$
8	$-[1^8]+[2^2,1^4]-[3^1,2^1,1^3]+[4^1,2^1,1^2]-[5^1,2^1,1^1]+[6^1,2^1]$
9	$-[2^1,1^7]+[2^2,1^5]-[3^2,1^3]+[4^1,3^1,1^2]-[5^1,3^1,1^1]+[6^1,3^1]$
10	$-[3^1,1^7]+[3^1,2^1,1^5]-[3^2,1^4]+[4^2,1^2]-[5^1,4^1,1^1]+[6^1,4^1]$
11	$-[4^1,1^7]+[4^1,2^1,1^5]-[4^1,3^1,1^4]+[4^2,1^3]-[5^2,1^1]+[6^1,5^1]$
12	$-[5^1,1^7]+[5^1,2^1,1^5]-[5^1,3^1,1^4]+[5^1,4^1,1^3]-[5^2,1^2]+[6^2]$
13	$-[6^1,1^7]+[6^1,2^1,1^5]-[6^1,3^1,1^4]+[6^1,4^1,1^3]-[6^1,5^1,1^2]+[6^2,1^1]$
14	$+[1^{14}]-[2^1,1^{12}]+[2^7]+[3^1,1^{11}]$ $-[3^1,2^5,1^1]+[3^2,2^4]-[4^1,1^{10}]+[4^1,2^4,1^2]-[4^1,3^1,2^3,1^1]$ $+[4^2,2^3]+[5^1,1^9]-[5^1,2^3,1^3]+[5^1,3^1,2^2,1^2]-[5^1,4^1,2^2,1^1]$ $+[5^2,2^2]-[6^1,1^8]+[6^1,2^2,1^4]-[6^1,3^1,2^1,1^3]+[6^1,4^1,2^1,1^2]$ $-[6^1,5^1,2^1,1^1]+[6^2,2^1]$
15	$+[1^{15}]-[2^2,1^{11}]+[2^7,1^1]+[3^1,2^1,1^{10}]$ $-[3^1,2^5,1^2]+[3^3,2^3]-[4^1,2^1,1^9]+[4^1,2^4,1^3]-[4^1,3^2,2^2,1^1]$ $+[4^2,3^1,2^2]+[5^1,2^1,1^8]-[5^1,2^3,1^4]+[5^1,3^2,2^1,1^2]-[5^1,4^1,3^1,2^1,1^1]$ $+[5^2,3^1,2^1]-[6^1,2^1,1^7]+[6^1,2^2,1^5]-[6^1,3^2,1^3]+[6^1,4^1,3^1,1^2]$ $-[6^1,5^1,3^1,1^1]+[6^2,3^1]$
16	$+[2^1,1^{14}]-[2^2,1^{12}]+[2^8]+[3^2,1^{10}]$ $-[3^2,2^4,1^2]+[3^3,2^3,1^1]-[4^1,3^1,1^9]+[4^1,3^1,2^3,1^3]-[4^1,3^2,2^2,1^2]$ $+[4^3,2^2]+[5^1,3^1,1^8]-[5^1,3^1,2^2,1^4]+[5^1,3^2,2^1,1^3]-[5^1,4^2,2^1,1^1]$ $+[5^2,4^1,2^1]-[6^1,3^1,1^7]+[6^1,3^1,2^1,1^5]-[6^1,3^2,1^4]+[6^1,4^2,1^2]$ $-[6^1,5^1,4^1,1^1]+[6^2,4^1]$
17	$+[3^1,1^{14}]-[3^1,2^1,1^{12}]+[3^1,2^7]+[3^2,1^{11}]$ $-[3^2,2^5,1^1]+[3^3,2^4]-[4^2,1^9]+[4^2,2^3,1^3]-[4^2,3^1,2^2,1^2]$ $+[4^3,2^2,1^1]+[5^1,4^1,1^8]-[5^1,4^1,2^2,1^4]+[5^1,4^1,3^1,2^1,1^3]-[5^1,4^2,2^1,1^2]$ $+[5^3,2^1]-[6^1,4^1,1^7]+[6^1,4^1,2^1,1^5]-[6^1,4^1,3^1,1^4]+[6^1,4^2,1^3]$ $-[6^1,5^2,1^1]+[6^2,5^1]$
18	$+[4^1,1^{14}]-[4^1,2^1,1^{12}]+[4^1,2^7]+[4^1,3^1,1^{11}]$ $-[4^1,3^1,2^5,1^1]+[4^1,3^2,2^4]-[4^2,1^{10}]+[4^2,2^4,1^2]-[4^2,3^1,2^3,1^1]$ $+[4^3,2^3]+[5^2,1^8]-[5^2,2^2,1^4]+[5^2,3^1,2^1,1^3]-[5^2,4^1,2^1,1^2]$ $+[5^3,2^1,1^1]-[6^1,5^1,1^7]+[6^1,5^1,2^1,1^5]-[6^1,5^1,3^1,1^4]+[6^1,5^1,4^1,1^3]$ $-[6^1,5^2,1^2]+[6^3]$

Tabelle B.5: Konstituenten von sgn_n^7.

n	sgn_n^8
8	$+[1^8] - [2^1,1^6] + [3^1,1^5] - [4^1,1^4]$ $+[5^1,1^3] - [6^1,1^2] + [7^1,1^1]$
9	$+[1^9] - [2^2,1^5] + [3^1,2^1,1^4] - [4^1,2^1,1^3]$ $+[5^1,2^1,1^2] - [6^1,2^1,1^1] + [7^1,2^1]$
10	$+[2^1,1^8] - [2^2,1^6] + [3^2,1^4] - [4^1,3^1,1^3]$ $+[5^1,3^1,1^2] - [6^1,3^1,1^1] + [7^1,3^1]$
11	$+[3^1,1^8] - [3^1,2^1,1^6] + [3^2,1^5] - [4^2,1^3]$ $+[5^1,4^1,1^2] - [6^1,4^1,1^1] + [7^1,4^1]$
12	$+[4^1,1^8] - [4^1,2^1,1^6] + [4^1,3^1,1^5] - [4^2,1^4]$ $+[5^2,1^2] - [6^1,5^1,1^1] + [7^1,5^1]$
13	$+[5^1,1^8] - [5^1,2^1,1^6] + [5^1,3^1,1^5] - [5^1,4^1,1^4]$ $+[5^2,1^3] - [6^2,1^1] + [7^1,6^1]$
14	$+[6^1,1^8] - [6^1,2^1,1^6] + [6^1,3^1,1^5] - [6^1,4^1,1^4]$ $+[6^1,5^1,1^3] - [6^2,1^2] + [7^2]$
15	$+[7^1,1^8] - [7^1,2^1,1^6] + [7^1,3^1,1^5] - [7^1,4^1,1^4]$ $+[7^1,5^1,1^3] - [7^1,6^1,1^2] + [7^2,1^1]$
16	$+[1^{16}] - [2^1,1^{14}] + [2^8] + [3^1,1^{13}]$ $-[3^1,2^6,1^1] + [3^2,2^5] - [4^1,1^{12}] + [4^1,2^5,1^2] - [4^1,3^1,2^4,1^1]$ $+[4^2,2^4] + [5^1,1^{11}] - [5^1,2^4,1^3] + [5^1,3^1,2^3,1^2] - [5^1,4^1,2^3,1^1]$ $+[5^2,2^3] - [6^1,1^{10}] + [6^1,2^3,1^4] - [6^1,3^1,2^2,1^3] + [6^1,4^1,2^2,1^2]$ $-[6^1,5^1,2^2,1^1] + [6^2,2^2] + [7^1,1^9] - [7^1,2^2,1^5] + [7^1,3^1,2^1,1^4]$ $-[7^1,4^1,2^1,1^3] + [7^1,5^1,2^1,1^2] - [7^1,6^1,2^1,1^1] + [7^2,2^1]$
17	$+[1^{17}] - [2^2,1^{13}] + [2^8,1^1] + [3^1,2^1,1^{12}]$ $-[3^1,2^6,1^2] + [3^3,2^4] - [4^1,2^1,1^{11}] + [4^1,2^5,1^3] - [4^1,3^2,2^3,1^1]$ $+[4^2,3^1,2^3] + [5^1,2^1,1^{10}] - [5^1,2^4,1^4] + [5^1,3^2,2^2,1^2] - [5^1,4^1,3^1,2^2,1^1]$ $+[5^2,3^1,2^2] - [6^1,2^1,1^9] + [6^1,2^3,1^5] - [6^1,3^2,2^1,1^3] + [6^1,4^1,3^1,2^1,1^2]$ $-[6^1,5^1,3^1,2^1,1^1] + [6^2,3^1,2^1] + [7^1,2^1,1^8] - [7^1,2^2,1^6] + [7^1,3^2,1^4]$ $-[7^1,4^1,3^1,1^3] + [7^1,5^1,3^1,1^2] - [7^1,6^1,3^1,1^1] + [7^2,3^1]$
18	$+[2^1,1^{16}] - [2^2,1^{14}] + [2^9] + [3^2,1^{12}]$ $-[3^2,2^5,1^2] + [3^3,2^4,1^1] - [4^1,3^1,1^{11}] + [4^1,3^1,2^4,1^3] - [4^1,3^2,2^3,1^2]$ $+[4^3,2^3] + [5^1,3^1,1^{10}] - [5^1,3^1,2^3,1^4] + [5^1,3^2,2^2,1^3] - [5^1,4^2,2^2,1^1]$ $+[5^2,4^1,2^2] - [6^1,3^1,1^9] + [6^1,3^1,2^2,1^5] - [6^1,3^2,2^1,1^4] + [6^1,4^2,2^1,1^2]$ $-[6^1,5^1,4^1,2^1,1^1] + [6^2,4^1,2^1] + [7^1,3^1,1^8] - [7^1,3^1,2^1,1^6] + [7^1,3^2,1^5]$ $-[7^1,4^2,1^3] + [7^1,5^1,4^1,1^2] - [7^1,6^1,4^1,1^1] + [7^2,4^1]$

Tabelle B.6: Konstituenten von sgn_n^8.

n	sgn_n^9
9	$-[1^9]+[2^1,1^7]-[3^1,1^6]+[4^1,1^5]$ $-[5^1,1^4]+[6^1,1^3]-[7^1,1^2]+[8^1,1^1]$
10	$-[1^{10}]+[2^2,1^6]-[3^1,2^1,1^5]+[4^1,2^1,1^4]$ $-[5^1,2^1,1^3]+[6^1,2^1,1^2]-[7^1,2^1,1^1]+[8^1,2^1]$
11	$-[2^1,1^9]+[2^2,1^7]-[3^2,1^5]+[4^1,3^1,1^4]$ $-[5^1,3^1,1^3]+[6^1,3^1,1^2]-[7^1,3^1,1^1]+[8^1,3^1]$
12	$-[3^1,1^9]+[3^1,2^1,1^7]-[3^2,1^6]+[4^2,1^4]$ $-[5^1,4^1,1^3]+[6^1,4^1,1^2]-[7^1,4^1,1^1]+[8^1,4^1]$
13	$-[4^1,1^9]+[4^1,2^1,1^7]-[4^1,3^1,1^6]+[4^2,1^5]$ $-[5^2,1^3]+[6^1,5^1,1^2]-[7^1,5^1,1^1]+[8^1,5^1]$
14	$-[5^1,1^9]+[5^1,2^1,1^7]-[5^1,3^1,1^6]+[5^1,4^1,1^5]$ $-[5^2,1^4]+[6^2,1^2]-[7^1,6^1,1^1]+[8^1,6^1]$
15	$-[6^1,1^9]+[6^1,2^1,1^7]-[6^1,3^1,1^6]+[6^1,4^1,1^5]$ $-[6^1,5^1,1^4]+[6^2,1^3]-[7^2,1^1]+[8^1,7^1]$
16	$-[7^1,1^9]+[7^1,2^1,1^7]-[7^1,3^1,1^6]+[7^1,4^1,1^5]$ $-[7^1,5^1,1^4]+[7^1,6^1,1^3]-[7^2,1^2]+[8^2]$
17	$-[8^1,1^9]+[8^1,2^1,1^7]-[8^1,3^1,1^6]+[8^1,4^1,1^5]$ $-[8^1,5^1,1^4]+[8^1,6^1,1^3]-[8^1,7^1,1^2]+[8^2,1^1]$
18	$+[1^{18}]-[2^1,1^{16}]+[2^9]+[3^1,1^{15}]$ $-[3^1,2^7,1^1]+[3^2,2^6]-[4^1,1^{14}]+[4^1,2^6,1^2]-[4^1,3^1,2^5,1^1]$ $+[4^2,2^5]+[5^1,1^{13}]-[5^1,2^5,1^3]+[5^1,3^1,2^4,1^2]-[5^1,4^1,2^4,1^1]$ $+[5^2,2^4]-[6^1,1^{12}]+[6^1,2^4,1^4]-[6^1,3^1,2^3,1^3]+[6^1,4^1,2^3,1^2]$ $-[6^1,5^1,2^3,1^1]+[6^2,2^3]+[7^1,1^{11}]-[7^1,2^3,1^5]+[7^1,3^1,2^2,1^4]$ $-[7^1,4^1,2^2,1^3]+[7^1,5^1,2^2,1^2]-[7^1,6^1,2^2,1^1]+[7^2,2^2]-[8^1,1^{10}]$ $+[8^1,2^2,1^6]-[8^1,3^1,2^1,1^5]+[8^1,4^1,2^1,1^4]-[8^1,5^1,2^1,1^3]+[8^1,6^1,2^1,1^2]$ $-[8^1,7^1,2^1,1^1]+[8^2,2^1]$

Tabelle B.7: Konstituenten von sgn_n^9.

n	sgn_n^{10}
10	$+[1^{10}] - [2^1, 1^8] + [3^1, 1^7] - [4^1, 1^6]$ $+[5^1, 1^5] - [6^1, 1^4] + [7^1, 1^3] - [8^1, 1^2] + [9^1, 1^1]$
11	$+[1^{11}] - [2^2, 1^7] + [3^1, 2^1, 1^6] - [4^1, 2^1, 1^5]$ $+[5^1, 2^1, 1^4] - [6^1, 2^1, 1^3] + [7^1, 2^1, 1^2] - [8^1, 2^1, 1^1] + [9^1, 2^1]$
12	$+[2^1, 1^{10}] - [2^2, 1^8] + [3^2, 1^6] - [4^1, 3^1, 1^5]$ $+[5^1, 3^1, 1^4] - [6^1, 3^1, 1^3] + [7^1, 3^1, 1^2] - [8^1, 3^1, 1^1] + [9^1, 3^1]$
13	$+[3^1, 1^{10}] - [3^1, 2^1, 1^8] + [3^2, 1^7] - [4^2, 1^5]$ $+[5^1, 4^1, 1^4] - [6^1, 4^1, 1^3] + [7^1, 4^1, 1^2] - [8^1, 4^1, 1^1] + [9^1, 4^1]$
14	$+[4^1, 1^{10}] - [4^1, 2^1, 1^8] + [4^1, 3^1, 1^7] - [4^2, 1^6]$ $+[5^2, 1^4] - [6^1, 5^1, 1^3] + [7^1, 5^1, 1^2] - [8^1, 5^1, 1^1] + [9^1, 5^1]$
15	$+[5^1, 1^{10}] - [5^1, 2^1, 1^8] + [5^1, 3^1, 1^7] - [5^1, 4^1, 1^6]$ $+[5^2, 1^5] - [6^2, 1^3] + [7^1, 6^1, 1^2] - [8^1, 6^1, 1^1] + [9^1, 6^1]$
16	$+[6^1, 1^{10}] - [6^1, 2^1, 1^8] + [6^1, 3^1, 1^7] - [6^1, 4^1, 1^6]$ $+[6^1, 5^1, 1^5] - [6^2, 1^4] + [7^2, 1^2] - [8^1, 7^1, 1^1] + [9^1, 7^1]$
17	$+[7^1, 1^{10}] - [7^1, 2^1, 1^8] + [7^1, 3^1, 1^7] - [7^1, 4^1, 1^6]$ $+[7^1, 5^1, 1^5] - [7^1, 6^1, 1^4] + [7^2, 1^3] - [8^2, 1^1] + [9^1, 8^1]$
18	$+[8^1, 1^{10}] - [8^1, 2^1, 1^8] + [8^1, 3^1, 1^7] - [8^1, 4^1, 1^6]$ $+[8^1, 5^1, 1^5] - [8^1, 6^1, 1^4] + [8^1, 7^1, 1^3] - [8^2, 1^2] + [9^2]$

Tabelle B.8: Konstituenten von sgn_n^{10}.

n	sgn_n^{11}
11	$-[1^{11}] + [2^1, 1^9] - [3^1, 1^8] + [4^1, 1^7]$ $-[5^1, 1^6] + [6^1, 1^5] - [7^1, 1^4] + [8^1, 1^3] - [9^1, 1^2] + [10^1, 1^1]$
12	$-[1^{12}] + [2^2, 1^8] - [3^1, 2^1, 1^7] + [4^1, 2^1, 1^6]$ $-[5^1, 2^1, 1^5] + [6^1, 2^1, 1^4] - [7^1, 2^1, 1^3] + [8^1, 2^1, 1^2] - [9^1, 2^1, 1^1] + [10^1, 2^1]$
13	$-[2^1, 1^{11}] + [2^2, 1^9] - [3^2, 1^7] + [4^1, 3^1, 1^6]$ $-[5^1, 3^1, 1^5] + [6^1, 3^1, 1^4] - [7^1, 3^1, 1^3] + [8^1, 3^1, 1^2] - [9^1, 3^1, 1^1] + [10^1, 3^1]$
14	$-[3^1, 1^{11}] + [3^1, 2^1, 1^9] - [3^2, 1^8] + [4^2, 1^6]$ $-[5^1, 4^1, 1^5] + [6^1, 4^1, 1^4] - [7^1, 4^1, 1^3] + [8^1, 4^1, 1^2] - [9^1, 4^1, 1^1] + [10^1, 4^1]$
15	$-[4^1, 1^{11}] + [4^1, 2^1, 1^9] - [4^1, 3^1, 1^8] + [4^2, 1^7]$ $-[5^2, 1^5] + [6^1, 5^1, 1^4] - [7^1, 5^1, 1^3] + [8^1, 5^1, 1^2] - [9^1, 5^1, 1^1] + [10^1, 5^1]$
16	$-[5^1, 1^{11}] + [5^1, 2^1, 1^9] - [5^1, 3^1, 1^8] + [5^1, 4^1, 1^7]$ $-[5^2, 1^6] + [6^2, 1^4] - [7^1, 6^1, 1^3] + [8^1, 6^1, 1^2] - [9^1, 6^1, 1^1] + [10^1, 6^1]$
17	$-[6^1, 1^{11}] + [6^1, 2^1, 1^9] - [6^1, 3^1, 1^8] + [6^1, 4^1, 1^7]$ $-[6^1, 5^1, 1^6] + [6^2, 1^5] - [7^2, 1^3] + [8^1, 7^1, 1^2] - [9^1, 7^1, 1^1] + [10^1, 7^1]$
18	$-[7^1, 1^{11}] + [7^1, 2^1, 1^9] - [7^1, 3^1, 1^8] + [7^1, 4^1, 1^7]$ $-[7^1, 5^1, 1^6] + [7^1, 6^1, 1^5] - [7^2, 1^4] + [8^2, 1^2] - [9^1, 8^1, 1^1] + [10^1, 8^1]$

Tabelle B.9: Konstituenten von sgn_n^{11}.

n	sgn_n^{12}
12	$+[1^{12}] - [2^1, 1^{10}] + [3^1, 1^9] - [4^1, 1^8]$ $+[5^1, 1^7] - [6^1, 1^6] + [7^1, 1^5] - [8^1, 1^4] + [9^1, 1^3] - [10^1, 1^2] + [11^1, 1^1]$
13	$+[1^{13}] - [2^2, 1^9] + [3^1, 2^1, 1^8] - [4^1, 2^1, 1^7]$ $+[5^1, 2^1, 1^6] - [6^1, 2^1, 1^5] + [7^1, 2^1, 1^4] - [8^1, 2^1, 1^3] + [9^1, 2^1, 1^2] - [10^1, 2^1, 1^1] + [11^1, 2^1]$
14	$+[2^1, 1^{12}] - [2^2, 1^{10}] + [3^2, 1^8] - [4^1, 3^1, 1^7]$ $+[5^1, 3^1, 1^6] - [6^1, 3^1, 1^5] + [7^1, 3^1, 1^4] - [8^1, 3^1, 1^3] + [9^1, 3^1, 1^2] - [10^1, 3^1, 1^1] + [11^1, 3^1]$
15	$+[3^1, 1^{12}] - [3^1, 2^1, 1^{10}] + [3^2, 1^9] - [4^2, 1^7]$ $+[5^1, 4^1, 1^6] - [6^1, 4^1, 1^5] + [7^1, 4^1, 1^4] - [8^1, 4^1, 1^3] + [9^1, 4^1, 1^2] - [10^1, 4^1, 1^1] + [11^1, 4^1]$
16	$+[4^1, 1^{12}] - [4^1, 2^1, 1^{10}] + [4^1, 3^1, 1^9] - [4^2, 1^8]$ $+[5^2, 1^6] - [6^1, 5^1, 1^5] + [7^1, 5^1, 1^4] - [8^1, 5^1, 1^3] + [9^1, 5^1, 1^2] - [10^1, 5^1, 1^1] + [11^1, 5^1]$
17	$+[5^1, 1^{12}] - [5^1, 2^1, 1^{10}] + [5^1, 3^1, 1^9] - [5^1, 4^1, 1^8]$ $+[5^2, 1^7] - [6^2, 1^5] + [7^1, 6^1, 1^4] - [8^1, 6^1, 1^3] + [9^1, 6^1, 1^2] - [10^1, 6^1, 1^1] + [11^1, 6^1]$
18	$+[6^1, 1^{12}] - [6^1, 2^1, 1^{10}] + [6^1, 3^1, 1^9] - [6^1, 4^1, 1^8]$ $+[6^1, 5^1, 1^7] - [6^2, 1^6] + [7^2, 1^4] - [8^1, 7^1, 1^3] + [9^1, 7^1, 1^2] - [10^1, 7^1, 1^1] + [11^1, 7^1]$

Tabelle B.10: Konstituenten von sgn_n^{12}.

n	sgn_n^{13}
13	$-[1^{13}] + [2^1, 1^{11}] - [3^1, 1^{10}] + [4^1, 1^9]$ $-[5^1, 1^8] + [6^1, 1^7] - [7^1, 1^6] + [8^1, 1^5] - [9^1, 1^4]$ $+[10^1, 1^3] - [11^1, 1^2] + [12^1, 1^1]$
14	$-[1^{14}] + [2^2, 1^{10}] - [3^1, 2^1, 1^9] + [4^1, 2^1, 1^8]$ $-[5^1, 2^1, 1^7] + [6^1, 2^1, 1^6] - [7^1, 2^1, 1^5] + [8^1, 2^1, 1^4] - [9^1, 2^1, 1^3]$ $+[10^1, 2^1, 1^2] - [11^1, 2^1, 1^1] + [12^1, 2^1]$
15	$-[2^1, 1^{13}] + [2^2, 1^{11}] - [3^2, 1^9] + [4^1, 3^1, 1^8]$ $-[5^1, 3^1, 1^7] + [6^1, 3^1, 1^6] - [7^1, 3^1, 1^5] + [8^1, 3^1, 1^4] - [9^1, 3^1, 1^3]$ $+[10^1, 3^1, 1^2] - [11^1, 3^1, 1^1] + [12^1, 3^1]$
16	$-[3^1, 1^{13}] + [3^1, 2^1, 1^{11}] - [3^2, 1^{10}] + [4^2, 1^8]$ $-[5^1, 4^1, 1^7] + [6^1, 4^1, 1^6] - [7^1, 4^1, 1^5] + [8^1, 4^1, 1^4] - [9^1, 4^1, 1^3]$ $+[10^1, 4^1, 1^2] - [11^1, 4^1, 1^1] + [12^1, 4^1]$
17	$-[4^1, 1^{13}] + [4^1, 2^1, 1^{11}] - [4^1, 3^1, 1^{10}] + [4^2, 1^9]$ $-[5^2, 1^7] + [6^1, 5^1, 1^6] - [7^1, 5^1, 1^5] + [8^1, 5^1, 1^4] - [9^1, 5^1, 1^3]$ $+[10^1, 5^1, 1^2] - [11^1, 5^1, 1^1] + [12^1, 5^1]$
18	$-[5^1, 1^{13}] + [5^1, 2^1, 1^{11}] - [5^1, 3^1, 1^{10}] + [5^1, 4^1, 1^9]$ $-[5^2, 1^8] + [6^2, 1^6] - [7^1, 6^1, 1^5] + [8^1, 6^1, 1^4] - [9^1, 6^1, 1^3]$ $+[10^1, 6^1, 1^2] - [11^1, 6^1, 1^1] + [12^1, 6^1]$

Tabelle B.11: Konstituenten von sgn_n^{13}.

n	sgn_n^{14}
14	$+[1^{14}] - [2^1, 1^{12}] + [3^1, 1^{11}] - [4^1, 1^{10}]$ $+[5^1, 1^9] - [6^1, 1^8] + [7^1, 1^7] - [8^1, 1^6] + [9^1, 1^5]$ $-[10^1, 1^4] + [11^1, 1^3] - [12^1, 1^2] + [13^1, 1^1]$
15	$+[1^{15}] - [2^2, 1^{11}] + [3^1, 2^1, 1^{10}] - [4^1, 2^1, 1^9]$ $+[5^1, 2^1, 1^8] - [6^1, 2^1, 1^7] + [7^1, 2^1, 1^6] - [8^1, 2^1, 1^5] + [9^1, 2^1, 1^4]$ $-[10^1, 2^1, 1^3] + [11^1, 2^1, 1^2] - [12^1, 2^1, 1^1] + [13^1, 2^1]$
16	$+[2^1, 1^{14}] - [2^2, 1^{12}] + [3^2, 1^{10}] - [4^1, 3^1, 1^9]$ $+[5^1, 3^1, 1^8] - [6^1, 3^1, 1^7] + [7^1, 3^1, 1^6] - [8^1, 3^1, 1^5] + [9^1, 3^1, 1^4]$ $-[10^1, 3^1, 1^3] + [11^1, 3^1, 1^2] - [12^1, 3^1, 1^1] + [13^1, 3^1]$
17	$+[3^1, 1^{14}] - [3^1, 2^1, 1^{12}] + [3^2, 1^{11}] - [4^2, 1^9]$ $+[5^1, 4^1, 1^8] - [6^1, 4^1, 1^7] + [7^1, 4^1, 1^6] - [8^1, 4^1, 1^5] + [9^1, 4^1, 1^4]$ $-[10^1, 4^1, 1^3] + [11^1, 4^1, 1^2] - [12^1, 4^1, 1^1] + [13^1, 4^1]$
18	$+[4^1, 1^{14}] - [4^1, 2^1, 1^{12}] + [4^1, 3^1, 1^{11}] - [4^2, 1^{10}]$ $+[5^2, 1^8] - [6^1, 5^1, 1^7] + [7^1, 5^1, 1^6] - [8^1, 5^1, 1^5] + [9^1, 5^1, 1^4]$ $-[10^1, 5^1, 1^3] + [11^1, 5^1, 1^2] - [12^1, 5^1, 1^1] + [13^1, 5^1]$

Tabelle B.12: Konstituenten von sgn_n^{14}.

n	sgn_n^{15}
15	$-[1^{15}] + [2^1, 1^{13}] - [3^1, 1^{12}] + [4^1, 1^{11}]$ $-[5^1, 1^{10}] + [6^1, 1^9] - [7^1, 1^8] + [8^1, 1^7] - [9^1, 1^6]$ $+[10^1, 1^5] - [11^1, 1^4] + [12^1, 1^3] - [13^1, 1^2] + [14^1, 1^1]$
16	$-[1^{16}] + [2^2, 1^{12}] - [3^1, 2^1, 1^{11}] + [4^1, 2^1, 1^{10}]$ $-[5^1, 2^1, 1^9] + [6^1, 2^1, 1^8] - [7^1, 2^1, 1^7] + [8^1, 2^1, 1^6] - [9^1, 2^1, 1^5]$ $+[10^1, 2^1, 1^4] - [11^1, 2^1, 1^3] + [12^1, 2^1, 1^2] - [13^1, 2^1, 1^1] + [14^1, 2^1]$
17	$-[2^1, 1^{15}] + [2^2, 1^{13}] - [3^2, 1^{11}] + [4^1, 3^1, 1^{10}]$ $-[5^1, 3^1, 1^9] + [6^1, 3^1, 1^8] - [7^1, 3^1, 1^7] + [8^1, 3^1, 1^6] - [9^1, 3^1, 1^5]$ $+[10^1, 3^1, 1^4] - [11^1, 3^1, 1^3] + [12^1, 3^1, 1^2] - [13^1, 3^1, 1^1] + [14^1, 3^1]$
18	$-[3^1, 1^{15}] + [3^1, 2^1, 1^{13}] - [3^2, 1^{12}] + [4^2, 1^{10}]$ $-[5^1, 4^1, 1^9] + [6^1, 4^1, 1^8] - [7^1, 4^1, 1^7] + [8^1, 4^1, 1^6] - [9^1, 4^1, 1^5]$ $+[10^1, 4^1, 1^4] - [11^1, 4^1, 1^3] + [12^1, 4^1, 1^2] - [13^1, 4^1, 1^1] + [14^1, 4^1]$

Tabelle B.13: Konstituenten von sgn_n^{15}.

n	sgn_n^{16}
16	$+[1^{16}] - [2^1, 1^{14}] + [3^1, 1^{13}] - [4^1, 1^{12}]$ $+[5^1, 1^{11}] - [6^1, 1^{10}] + [7^1, 1^9] - [8^1, 1^8] + [9^1, 1^7]$ $-[10^1, 1^6] + [11^1, 1^5] - [12^1, 1^4] + [13^1, 1^3] - [14^1, 1^2]$ $+[15^1, 1^1]$
17	$+[1^{17}] - [2^2, 1^{13}] + [3^1, 2^1, 1^{12}] - [4^1, 2^1, 1^{11}]$ $+[5^1, 2^1, 1^{10}] - [6^1, 2^1, 1^9] + [7^1, 2^1, 1^8] - [8^1, 2^1, 1^7] + [9^1, 2^1, 1^6]$ $-[10^1, 2^1, 1^5] + [11^1, 2^1, 1^4] - [12^1, 2^1, 1^3] + [13^1, 2^1, 1^2] - [14^1, 2^1, 1^1]$ $+[15^1, 2^1]$
18	$+[2^1, 1^{16}] - [2^2, 1^{14}] + [3^2, 1^{12}] - [4^1, 3^1, 1^{11}]$ $+[5^1, 3^1, 1^{10}] - [6^1, 3^1, 1^9] + [7^1, 3^1, 1^8] - [8^1, 3^1, 1^7] + [9^1, 3^1, 1^6]$ $-[10^1, 3^1, 1^5] + [11^1, 3^1, 1^4] - [12^1, 3^1, 1^3] + [13^1, 3^1, 1^2] - [14^1, 3^1, 1^1]$ $+[15^1, 3^1]$

Tabelle B.14: Konstituenten von sgn_n^{16}.

n	sgn_n^{17}
17	$-[1^{17}] + [2^1, 1^{15}] - [3^1, 1^{14}] + [4^1, 1^{13}]$ $-[5^1, 1^{12}] + [6^1, 1^{11}] - [7^1, 1^{10}] + [8^1, 1^9] - [9^1, 1^8]$ $+[10^1, 1^7] - [11^1, 1^6] + [12^1, 1^5] - [13^1, 1^4] + [14^1, 1^3]$ $-[15^1, 1^2] + [16^1, 1^1]$
18	$-[1^{18}] + [2^2, 1^{14}] - [3^1, 2^1, 1^{13}] + [4^1, 2^1, 1^{12}]$ $-[5^1, 2^1, 1^{11}] + [6^1, 2^1, 1^{10}] - [7^1, 2^1, 1^9] + [8^1, 2^1, 1^8] - [9^1, 2^1, 1^7]$ $+[10^1, 2^1, 1^6] - [11^1, 2^1, 1^5] + [12^1, 2^1, 1^4] - [13^1, 2^1, 1^3] + [14^1, 2^1, 1^2]$ $-[15^1, 2^1, 1^1] + [16^1, 2^1]$

Tabelle B.15: Konstituenten von sgn_n^{17}.

n	sgn_n^{18}
18	$+[1^{18}] - [2^1, 1^{16}] + [3^1, 1^{15}] - [4^1, 1^{14}]$ $+[5^1, 1^{13}] - [6^1, 1^{12}] + [7^1, 1^{11}] - [8^1, 1^{10}] + [9^1, 1^9]$ $-[10^1, 1^8] + [11^1, 1^7] - [12^1, 1^6] + [13^1, 1^5] - [14^1, 1^4]$ $+[15^1, 1^3] - [16^1, 1^2] + [17^1, 1^1]$

Tabelle B.16: Konstituenten von sgn_n^{18}.

Literaturverzeichnis

[1] ALPERIN, J.: *Projective modules and tensor products*. J. Pure Appl. Algebra, 8(2):235–241, 1976.

[2] ANDERSON, F. UND FULLER, K.: *Rings and categories of modules*. Springer-Verlag, New York, 1974.

[3] BENSON, D.: *Modular representation theory: new trends and methods*. Lecture Notes in Mathematics. Springer-Verlag, 1984.

[4] BENSON, D.: *Spin modules for symmetric groups*. J. London Math. Soc. (2), 38(2):250–262, 1988.

[5] BENSON, D.: *Representations and cohomology. I.* Cambridge University Press, 1991.

[6] BENSON, D. UND CARLSON, J.: *Nilpotent elements in the Green ring*. J. Algebra, 104(2):329–350, 1986.

[7] BENSON, D. UND PARKER, R.: *The Green ring of a finite group*. J. Algebra, 87(2):290–331, 1984.

[8] BESSENRODT, C. UND KLESHCHEV, A.: *On Kronecker products of spin characters of the double covers of the symmetric groups*. Pacific J. Math., 198(2), 2001.

[9] BESSENRODT, C.: *On mixed products of complex characters of the double covers of the symmetric groups*. Pacific J. Math., 199(2):257–268, 2001.

[10] BESSENRODT, C. UND OLSSON, J.: *Branching of modular representations of the alternating groups*. Journal of Algebra, 209:143–174, 1998.

[11] BRYANT, R. UND KOVÁCS, L.: *Tensor products of representations of finite groups*. Bull. London Math. Soc., 4:133–135, 1972.

[12] BURICHENKO, V., KLESHCHEV A. UND MARTIN S.: *On cohomology of dual Specht modules*. J. Pure Appl. Algebra, 112(2):157–180, 1996.

[13] CHEN, H.-X., UND HISS G.: *Projective summands in tensor products of simple modules of finite dimensional Hopf algebras*. 32(11):4247–4264, 2004.

[14] COHEN, F., HEMMER J. UND NAKAO D.: *On The Cohomology Of Young Modules For The Symmetric Groups*. arXiv:0803.2662v1 [math.RT], 2008.

[15] CURTIS, C. UND REINER, I.: *Methods of representation theory Vol. I*. Wiley, 1981.

[16] CURTIS, C. UND REINER, I.: *Methods of representation theory. Vol. II*. Wiley, 1987.

[17] DANZ, S., KÜLSHAMMER B. UND ZIMMERMANN R.: *On vertices of simple modules for symmetric groups of small degrees.* J. Algebra, 320(2):680–707, 2008.

[18] DANZ, S.: *On vertices of exterior powers of the natural simple module for the symmetric group in odd characteristic.* Arch. Math. (Basel), 89(6):485–496, 2007.

[19] DANZ, S.: *Theoretische und Algorithmische Methoden zur Berechnung von Vertizes irreduzibler Moduln symmetrischer Gruppen.* Dissertation, Friedrich-Schiller-Universität Jena, 2007.

[20] DONKIN, S.: *Symmetric and exterior powers, linear source modules and representations of Schur superalgebras.* Proc. London Math. Soc. (3), 83(3):647–680, 2001.

[21] FEIT, W.: *The Representation Theory of Finite Groups.* North-Holland, 1982.

[22] FORD, B. UND KLESHCHEV, A.: *A proof of the Mullineux conjecture.* Math. Z., 226(2):267–308, 1997.

[23] THE GAP GROUP: *GAP – Groups, Algorithms and Programming, Version 4.4*, 2004. www.gap-system.org.

[24] GOW, R. UND KLESHCHEV, A.: *Connections between the representations of the symmetric group and the symplectic group in characteristic 2.* J. Algebra, 221(1):60–89, 1999.

[25] GRABMEIER, J.: *Unzerlegbare Moduln mit trivialer Youngquelle und Darstellungstheorie der Schuralgebra.* Bayreuth. Math. Schr., (20):9–152, 1985.

[26] GRANVILLE, A. UND ONO, K.: *Defect zero p-blocks for finite simple groups.* Trans. Amer. Math. Soc., 348(1):331–347, 1996.

[27] GREEN, J.: *The modular representation algebra of a finite group.* Illinois J. Math., 6:607–619, 1962.

[28] GREEN, J.: *A transfer theorem for modular representations.* J. Algebra, 1:73–84, 1964.

[29] GREEN, J.: *Polynomial representations of* GL_n. Lecture Notes in Math. Springer, 1981.

[30] GROVE, L.: *Classical groups and geometric algebra*, 39 Graduate Studies in Mathematics. American Mathematical Society, 2002.

[31] HÄBERLE, L.: *The species and idempotents of the Green algebra of a finite group with a cyclic Sylow subgroup.* J. Algebra, 320(8):3120–3132, 2008.

[32] HEMMER, D.: *Irreducible Specht modules are signed Young modules.* J. Algebra, 305(1):433–441, 2006.

[33] HEMMER, D., KUJAWA J. UND NAKANO D.: *Representation type of Schur superalgebras.* J. Group Theory, 9(3):283–306, 2006.

[34] HISS, G. UND LUX, K.: *Brauer trees of sporadic groups.* Oxford Science Publications. The Clarendon Press Oxford University Press, New York, 1989.

[35] HOFFMAN, P. UND HUMPHREYS, J.: *Projective representations of the symmetric groups.* The Clarendon Press Oxford University Press, 1992.

[36] JAMES, G. UND KERBER, A.: *The representation theory of the symmetric group*. Addison-Wesley, 1981.

[37] JAMES, G.: *The irreducible representations of the symmetric groups*. Bull. London Math. Soc., 8(3):229–232, 1976.

[38] JAMES, G.: *The representation theory of the symmetric groups*. Lecture Notes in Mathematics. Springer, 1978.

[39] JAMES, G.: *Trivial source modules for symmetric groups*. Arch. Math. (Basel), 41(4):294–300, 1983.

[40] KHAMMASH, A.: *Functors and projective summands of permutation modules*. Journal of Algebra, 163(3):729–738, 1994.

[41] KLESHCHEV, A.: *Linear and Projective Representations of Symmetric Groups*. CUP, 2005.

[42] KLESHCHEV, A. UND SHETH, J.: *On extensions of simple modules over symmetric and algebraic groups*. J. Algebra, 221(2):705–722, 1999.

[43] KLESHCHEV, A. UND SHETH, J.: *Representations of the symmetric group are reducible over simply transitive subgroups*. Math. Z., 235(1):99–109, 2000.

[44] LANDROCK, P.: *Finite group algebras and their modules*. Cambridge University Press, 1983.

[45] LINDSEY, II, J.: *Groups with a T. I. cyclic Sylow subgroup*. J. Algebra, 30:181–235, 1974.

[46] LITTLEWOOD, D.: *The Kronecker product of symmetric group representations*. J. London Math. Soc., 31:89–93, 1956.

[47] LUX, K.: *Algorithmic Methods in Modular Representation Theory*. Habilitationschrift, RWTH Aachen, 1997.

[48] LUX, K., MÜLLER J. UND RINGE M.: *Peakword condensation and submodule lattices: an application of the MEAT-AXE*. J. Symbolic Comput., 17(6):529–544, 1994.

[49] LYLE, S.: *Some q-analogues of the Carter-Payne theorem*. J. Reine Angew. Math., 608:93–121, 2007.

[50] MARTIN, S.: *Schur algebras and representation theory*. Cambridge University Press, 1993.

[51] MÜLLER, J. UND ORLOB, J.: *On the structure of the tensor square of the natural module of the symmetric group*. Erscheint in Algebra Colloquium.

[52] MÜLLER, J. UND ZIMMERMANN, R.: *Green vertices and sources of simple modules of the symmetric group labelled by hook partitions*. Arch. Math., 89:97–108, 2007.

[53] MULLINEUX, G.: *Bijections of p-regular partitions and p-modular irreducibles of the symmetric groups*. J. London Math. Soc. (2), 20(1):60–66, 1979.

[54] MURNAGHAN, F.: *The Analysis of the Direct Product of Irreducible Representations of the Symmetric Groups*. Amer. J. Math., 60(1):44–65, 1938.

[55] NAGAO, H. UND TSUSHIMA, Y.: *Representations of finite groups*. Academic Press Inc., 1989. Translated from the Japanese.

[56] NEBE, G.: *Orthogonale Darstellungen endlicher Gruppen und Gruppenringe*. Wissenschaftsverlag Mainz in Aachen, 1999.

[57] OKUYAMA, T.: *Module correspondence in finite groups*. Hokkaido Math. J., 10(3):299–318, 1981.

[58] ORLOB, J.: *Zerlegung von Tensorprodukten einfacher Moduln der symmetrischen Gruppe*. Diplomarbeit, RWTH Aachen, 2006.

[59] PARKER, R.: *The computer calculation of modular characters (the meat-axe)*. Computational group theory (Durham, 1982), 267–274, 1984.

[60] PEACOCK, R.: *Blocks with a cyclic defect group*. J. Algebra, 34:232–259, 1975.

[61] PEEL, M.: *Hook representations of the symmetric groups*. Glasgow Math. J., 12:136–149, 1971.

[62] RINGE, M.: *The C-MeatAxe*. http://www.math.rwth-aachen.de/homes/MTX/.

[63] ROBINSON, G.: *On projective summands of induced modules*. J. Algebra, 122(1):106–111, 1989.

[64] SCOPES, J.: *Cartan matrices and Morita equivalence for blocks of the symmetric groups*. J. Algebra, 142(2):441–455, 1991.

[65] SCOPES, J.: *Symmetric group blocks of defect two*. Quart. J. Math. Oxford Ser. (2), 46(182):201–234, 1995.

[66] SHETH, J.: *Branching rules for two row partitions and applications to the inductive systems for symmetric groups*. Comm. Algebra, 27(7):3303–3316, 1999.

[67] SZŐKE, M.: *Examining Green Correspondents of Weight Modules*. Wissenschaftsverlag Mainz in Aachen, 1998.

[68] TSUSHIMA, Y.: *Notes on trivial source modules*. Osaka J. Math., 32(2):475–482, 1995.

[69] WAKI, K.: *The Loewy structure of the projective indecomposable modules for the Mathieu groups in characteristic* 3. Comm. Algebra, 21(5):1457–1485, 1993.

[70] WAKI, K.: *The projective indecomposable modules for the Higman-Sims group in characteristic* 3. Comm. Algebra, 21(10):3475–3487, 1993.

[71] WEBB, P.: *On the orthogonality coefficients for character tables of the Green ring of a finite group*. J. Algebra, 89(2):247–263, 1984.

[72] WILDON, M.: *Two theorems on the vertices of Specht modules*. Arch. Math. (Basel), 81(5):505–511, 2003.

[73] WILSON R., WALSH P., TRIPP J., SULEIMAN I., PARKER R., NORTON S., NICKERSON S., LINTON S., BRAY J. UND ABBOTT R.: *Atlas of Finite Group Representations*. http://brauer.maths.qmul.ac.uk/Atlas/.

[74] ZIMMERMANN, R.: *Vertizes einfacher Moduln der Symmetrischen Gruppen*. Dissertation, Friedrich-Schiller-Universität Jena, 2003.

Die VDM Verlagsservicegesellschaft sucht für wissenschaftliche Verlage abgeschlossene und herausragende

Dissertationen, Habilitationen, Diplomarbeiten, Master Theses, Magisterarbeiten usw.

für die kostenlose Publikation als Fachbuch.

Sie verfügen über eine Arbeit, die hohen inhaltlichen und formalen Ansprüchen genügt, und haben Interesse an einer honorarvergüteten Publikation?

Dann senden Sie bitte erste Informationen über sich und Ihre Arbeit per Email an *info@vdm-vsg.de*.

Sie erhalten kurzfristig unser Feedback!

VDM Verlagsservicegesellschaft mbH
Dudweiler Landstr. 99
D - 66123 Saarbrücken

Telefon +49 681 3720 174
Fax +49 681 3720 1749

www.vdm-vsg.de

Die VDM Verlagsservicegesellschaft mbH vertritt

Printed by Books on Demand GmbH, Norderstedt / Germany